Anthony Nnamdi Ezemerihe
Kevin Chuks Okolie
Shedrack A. Ume

Constrangimentos à realização de projectos sustentáveis no Estado de Enugu, Nigéria

Anthony Nnamdi Ezemerihe
Kevin Chuks Okolie
Shedrack A. Ume

Constrangimentos à realização de projectos sustentáveis no Estado de Enugu, Nigéria

Estudo dos factores que impedem a realização de projectos de construção sustentável

ScienciaScripts

Cover image: www.ingimage.com

This book is a translation from the original published under ISBN 978-620-7-46983-3.

Publisher:
Sciencia Scripts
is a trademark of
Dodo Books Indian Ocean Ltd. and OmniScriptum S.R.L publishing group

120 High Road, East Finchley, London, N2 9ED, United Kingdom
Str. Armeneasca 28/1, office 1, Chisinau MD-2012, Republic of Moldova, Europe
Printed at: see last page
ISBN: 978-620-8-35738-2

Conteúdo

DEDICAÇÃO 2
AGRADECIMENTOS 3
RESUMO 4
CAPÍTULO 1 5
CAPÍTULO 2 9
CAPÍTULO 3 94
CAPÍTULO 4 105
CAPÍTULO 5 141
REFERÊNCIAS 145
APÊNDICE 160

DEDICAÇÃO

Esta dissertação é dedicada a Deus Todo-Poderoso por me ter acompanhado ao longo deste trabalho de investigação.

AGRADECIMENTOS

Agradeço a Deus Todo-Poderoso pela sua graça, orientação e bênção que me ajudaram a atravessar a torrente deste trabalho de investigação.

Estou muito grato ao meu supervisor e mentor Bldr. K. C. Okolie pelo seu incansável esforço, orientação e encorajamento para a conclusão deste trabalho de investigação. Estou também grato ao Bldr. (Engr.) Dr. D.A. Obodoh pela sua assistência e contributo para a conclusão bem sucedida deste trabalho de investigação.

Agradeço também ao Chefe de Departamento, Departamento de Construção Civil, Dr. F.O. Ezeokoli, pelos seus esforços para garantir a conclusão deste trabalho de investigação. Dr. F.O. Ezeokoli pelos seus esforços para garantir a conclusão deste trabalho de investigação. Apreciei imenso a cooperação de todo o pessoal académico e não académico do Departamento de Construção Civil da Universidade Nnamdi Azikiwe de Awka, Estado de Anambra. Agradeço-vos a todos. O meu apreço vai para o Diretor da Faculdade de Ciências Ambientais, Prof. C. O. Okoye, para o Reitor da Faculdade de Estudos de Pós-Graduação, Prof. P.K. Igbokwe, pela sua compreensão e cooperação para a rápida conclusão do trabalho.

Agradeço sinceramente ao meu mentor; Bldr. Dr. M.E. Obiegbu por me ter apoiado sempre ao longo da minha vida académica. Agradeço também aos meus colegas mais velhos, Prof. G. O. Okoli, Prof. Emmanuel Achuenu, Prof. Ikemefuna Mbamali, Bldr. Asso. Dubem Ikediashi, Dr. Stanley Ugochukwu e outros que foram a minha fonte de encorajamento na realização deste trabalho de investigação. Estou igualmente grato aos meus examinadores, em especial à Prof. (Sra.) V. C. Nnodu e outros, pelos seus imensos contributos para este trabalho de investigação.

Agradeço profundamente ao meu amigo do peito, Prof. Prof. Chima Oji, pelo seu apoio e encorajamento. Agradeço também ao Engr. Augustine Chibuike Duru pelo seu trabalho árduo para garantir que este trabalho fosse produzido e que lhe fosse dado um toque profissional.

Agradeço também à minha querida mulher e aos meus filhos pelo seu sacrifício e compreensão ao embarcar neste programa.

Que Deus Todo-Poderoso vos abençoe a todos.

RESUMO

O trabalho de investigação sobre os constrangimentos à execução de projectos de construção sustentável no Estado de Enugu, na Nigéria, é pertinente porque a construção esgota os nossos recursos nacionais, o que constitui uma grande ameaça para o nosso ambiente de vida. A conceção e a construção de edifícios sustentáveis procuram reduzir o impacto negativo no ambiente, melhorar a saúde e o conforto dos ocupantes do edifício, melhorando assim o desempenho do edifício. O trabalho tem como objetivo examinar os constrangimentos à execução de projectos de construção sustentável no Estado de Enugu, com vista a desenvolver um quadro para uma execução eficaz e sustentável de projectos no Estado de Enugu. Nove áreas governamentais locais (três de cada uma das três zonas senatoriais do Estado) foram amostradas com base na projeção da população de 3 672 971 habitantes em março de 2023, segundo os dados do censo de 2006. O procedimento de cálculo do tamanho de Cochran foi utilizado para determinar o tamanho da amostra. Foi distribuído um total de quatrocentos (400) questionários aos inquiridos, tendo sido devolvidos trezentos e quarenta e quatro (344), que foram utilizados para a análise. A análise e o teste das hipóteses foram efectuados utilizando a análise percentual do tamanho comum, a pontuação média utilizando a escala de classificação de likert de cinco pontos, o índice de gravidade/classificação, a regressão e a análise de correlação. Os resultados mostram que os factores críticos de sucesso têm a classificação média mais elevada de 4,15, com um índice de gravidade de 82,9%, enquanto o impacto sobre os factores condicionantes tem uma média de 4,02, com um índice de gravidade de 80,4%, e os factores condicionantes menos identificados têm uma média de 3,70 e um índice de gravidade de 73,9%. Os factores críticos de sucesso estabelecidos foram utilizados para desenvolver um quadro para a execução de projectos de construção sustentável no Estado. O trabalho concluiu que os edifícios sustentáveis oferecem uma abordagem holística dos aspectos ecológicos (ambientais), socioculturais, económicos, técnicos, do processo e da localização. A integração na conceção, no planeamento, na execução e na manutenção da avaliação de toda a vida útil teria menos impacto no ambiente e seria mais rentável ao longo do ciclo de vida dos edifícios. O estudo recomenda que o Governo do Estado de Enugu crie o Gabinete para o Desenvolvimento de Edifícios Sustentáveis (BSBD) para ter a responsabilidade de articular e monitorizar todas as questões de sustentabilidade para integração na execução de projectos de construção, estabeleça uma parceria público-privada para acelerar o programa de renovação urbana e promulgue legislação para apoiar todas as propostas recomendadas sobre a execução de projectos de construção sustentáveis para uma aplicação adequada no Estado.

CAPÍTULO 1

INTRODUÇÃO

1.1 Antecedentes do estudo

A construção é um dos maiores sectores de atividade, tanto nos países em desenvolvimento como nos países desenvolvidos, em termos de investimento, emprego e contribuição para o Produto Interno Bruto (PIB) de qualquer nação. O seu impacto no ambiente é considerável, particularmente nos domínios da utilização de energia, da degradação dos solos, da perda de terras agrícolas, florestas e terras selvagens, da poluição do ar e da água e do esgotamento de fontes de energia e minerais não renováveis (Ametepy, Ansah e Gyadu-Asiedu, 2020). A indústria da construção é responsável, direta e indiretamente, por quase quarenta por cento (40%) do fluxo de materiais que entram na economia mundial (Clement, Cheng e Hong, 2018); e, nos países em desenvolvimento, por cerca de cinquenta por cento (50%) do consumo total de energia (Ametepy *et al.*, 2020; Ibrahim e Price, 2005).

Aluko (2011) afirmou que, na Nigéria, foram enunciadas muitas leis e regulamentos a nível federal, estatal e local para o planeamento adequado do ambiente e da arquitetura de conceção de edifícios sem a integração de conceitos de sustentabilidade. A maior parte dos projectos de construção não são sustentáveis, o que representa um perigo para o ambiente ao degradar a arquitetura natural. Embora os principais indicadores de desenvolvimento sustentável não estejam integrados na fase de planeamento da maioria dos projectos de construção, a sua execução também carece de um acompanhamento adequado por parte dos decisores políticos (Udegbunam, Agbazue e Ngang, 2017). Estes factores conduziram a uma má execução durante a construção, o que afecta drasticamente o nosso ambiente de vida. Para que um projeto de desenvolvimento de um edifício seja sustentável, deve ter a capacidade de ser sustentado durante um período definido sem danificar o ambiente ou sem esgotar um recurso (Hornby, Gatenby e Wakefield, 2000).

O desenvolvimento de um quadro para o desenvolvimento sustentável de projectos de construção procurará estabelecer um caminho ao longo do qual esse desenvolvimento possa progredir, melhorando simultaneamente a qualidade de vida das pessoas e assegurando a viabilidade dos sistemas naturais dos quais esse desenvolvimento depende (Udegbunam, *et al.,* 2017). Por conseguinte, o conceito de desenvolvimento sustentável deve abranger a interdependência entre o desenvolvimento económico, o ambiente natural e as pessoas que habitam o ambiente. A sustentabilidade visa aumentar a eficiência económica, proteger e restaurar os sistemas ecológicos e melhorar o bem-estar humano, com vista a minimizar o consumo de matéria e energia, a reutilização e a reciclagem de materiais, a satisfação humana, os impactos ambientais mínimos e a energia incorporada. Broman e Roberts (2017) afirmam que é importante minimizar o consumo porque, à medida que o material é consumido, as suas hipóteses de utilização futura diminuem; por conseguinte, perde-se a sua utilidade potencial para a geração futura. A adoção de um conceito verde ou sustentável na conceção tem como objetivo reduzir os consumos de energia, os custos de operação e manutenção, reduzir as doenças relacionadas com os edifícios, aumentar a produtividade e o conforto dos ocupantes dos edifícios, reduzir os resíduos e a poluição, aumentar a durabilidade e a flexibilidade dos edifícios e dos componentes. É necessário integrá-los nas fases iniciais do processo de construção, planeamento e construção. No entanto, o desenvolvimento sustentável para a realização de projectos de construção necessita de tempo, compreensão, aceitação, ajustamento e implementação. Estes objectivos podem ser alcançados através da sensibilização/compromisso dos indivíduos, da comunidade e dos profissionais.

A transformação da política de construção sustentável em prática ao nível do projeto é um processo institucional não tecnológico, que depende da estrutura da indústria, dos canais de comunicação e da organização e orientação estratégica dos seus intervenientes (Rohracer, 2001). A adoção e implementação da construção sustentável requerem processos de decisão integrados em várias interfaces ao nível do projeto, demarcadas por diferentes fases do ciclo de vida da construção. No entanto, a tarefa difícil pode resultar da natureza fragmentada e da complexidade do sector da construção (Myers, 2005), da natureza multidimensional da construção sustentável, da falta de uma metodologia estruturada e da falta de informação a vários níveis hierárquicos (Ugwu e Haupt, 2007).

A Nigéria, tal como outros países em desenvolvimento, regista um crescimento populacional fenomenalmente descontrolado, com um aumento correspondente da população urbana e uma elevada taxa de urbanização. A população projectada para a Nigéria em março de 2023 é de 233 859 823 habitantes, com base nos dados do último censo de 2006, que era de 140 431 790, em comparação com 53,3 milhões em 1968. A percentagem da população urbana nigeriana em relação à população total em 2017 é de 49,5%, contra 17,5% em 1968, com uma densidade populacional de 215,1 (pessoas por quilómetro quadrado). A distribuição etária de 0 a 14 anos é de 43,8%, de 15 a 64 anos é de 53,3% e a de 65 anos ou mais é de 2,8% (Knoema, 2019). Esta lacuna no planeamento e desenvolvimento sustentável de projetos de construção na Nigéria é sinónimo do estado de Enugu, na área geopolítica do sudeste da Nigéria. Por exemplo, a densidade populacional da Nigéria em 2006 era de 460/Km^2 (NPC, 2006), enquanto o Estado de Enugu tem uma densidade populacional de 1300/km^2 (National Population Commission (NPC), 2006). Prevê-se que a população do Estado de Enugu seja de 5.441.901 habitantes em 21 de março de 2023 (National Bureau of Statistics (NBS), 2023). A elevada taxa de crescimento populacional e de urbanização tem atormentado as nossas cidades, especialmente nas áreas de estudo, em resultado de um desenvolvimento não planeado e descontrolado, de infra-estruturas e serviços públicos inadequados, do aumento da poluição urbana atmosférica e sonora, da expansão de bairros de lata e de aglomerados populacionais com escassez crónica de alojamento para actividades residenciais, industriais, agro-alimentares/agrícolas, mineiras, comerciais e outras actividades conexas. Estes são factores sociais e económicos estratégicos que afectam o desenvolvimento de projectos de construção.

A situação atual no Estado de Enugu é a seguinte: (i) políticas governamentais incoerentes em matéria de desenvolvimento sustentável de projectos de construção que incorporam questões críticas de gestão ambiental e sustentabilidade. (ii) estrangulamento burocrático durante o processo de aprovação do projeto de construção. (iii) falta de cumprimento das regras e regulamentos em matéria de planeamento (iv) múltiplos organismos envolvidos na aprovação e no controlo da execução dos projectos de construção (v) elevado custo da aquisição de terrenos e do processamento do certificado de ocupação (vi) distorção na gestão da utilização dos terrenos em relação ao plano diretor original e planeamento futuro não conforme com as necessidades e aspirações da população crescente (vii) abate indiscriminado de árvores sem replantação, construção em canais de água e de drenagem, ravinas induzidas pela erosão em resultado de uma gestão ambiental deficiente. (viii) rede rodoviária e infra-estruturas deficientes para as zonas de desenvolvimento existentes e novas, e (ix) falta de integridade por parte dos participantes no projeto e dos indivíduos a quem foi confiado o controlo e a aplicação das regras e regulamentos estipulados (UN Habitat/UNEP, 2008).

O governo introduziu documentos de planeamento adicionais, como o relatório de avaliação do impacto ambiental e o relatório de análise do local, que não melhoraram a situação, ao passo que o programa de construção, o plano de gestão da qualidade, o plano de saúde e segurança, o relatório de levantamento das condições para projectos de manutenção, o manual de manutenção do edifício e os desenhos de construção não foram incorporados para reforçar o processo de produção. Existem muitos interesses contraditórios entre os profissionais do sector da construção que não foram harmonizados para uma execução eficiente de projectos de construção sustentável. É neste contexto que o estudo engloba uma investigação holística sobre os constrangimentos que dificultam a realização de projectos de construção sustentáveis, com vista a desenvolver um quadro para o desenvolvimento sustentável da execução de projectos de construção no estado de Enugu, no Sudeste da Nigéria.

1.2 Declaração do problema

A sustentabilidade da construção é fundamentalmente um processo de boas práticas que conduz a resultados sustentáveis (Muldavin, 2010). Normalmente, o processo de planeamento não é muito bem conduzido devido à sua complexidade e aos custos adicionais que lhe estão sempre associados (Mansur, Chewan Putra e Mohammed, 2003). O processo de planeamento não incentiva claramente a questão da sustentabilidade e as interações limitadas entre várias disciplinas têm impedido que os projectos de construção sustentável atinjam os resultados esperados. Os contributos dos grupos de operação e manutenção, dos gestores de construção e dos empreiteiros ou das partes interessadas externas são mínimos durante a fase de conceção e o processo de planeamento, o que dificulta a incorporação dos princípios de sustentabilidade nos projectos de construção (Construction Industry Development Board (CIDB), 2003).

Os constrangimentos à execução de projectos de construção sustentável no Estado de Enugu, na Nigéria, são pertinentes nesta era em que as actividades humanas, a queima de combustíveis fósseis, as emissões de gases com efeito de estufa e as actividades de construção conduziram à variabilidade da precipitação, da temperatura e de outras condições climáticas. Estes factores resultaram em insegurança alimentar, desflorestação, erosão induzida por ravinas, desequilíbrio do ecossistema, poluição do ar, da terra e da água, perda de vidas e propriedades no Estado.

A fim de abordar os constrangimentos à execução de projectos de construção sustentável no Estado de Enugu, é necessário identificar os factores de constrangimento que prejudicam a execução de projectos de construção sustentável e desenvolver um quadro para projectos de construção sustentável no Estado.

1.3 Finalidade e objectivos do estudo

1.3.1 Objetivo do estudo

O objetivo do estudo é examinar os obstáculos à execução de projectos de construção sustentável no Estado de Enugu, com vista a desenvolver um quadro para projectos de construção sustentável no Estado.

1.3.2 Objectivos do estudo

i) Identificar os factores de constrangimento à realização de projectos de construção sustentáveis no Estado de Enugu.

ii) Examinar o impacto dos factores de constrangimento na execução dos projectos de construção na área de estudo.

iii) Determinar os princípios-chave da integração da sustentabilidade no desenvolvimento de projectos de construção no Estado de Enugu.

iv) Estabelecer os factores críticos de sucesso para a realização de projectos de construção sustentáveis no Estado de Enugu

v) Desenvolver um quadro para a realização de projectos de construção sustentáveis no Estado de Enugu.

1.4 Questões de investigação

i) Quais são os factores de constrangimento à realização de projectos de construção sustentáveis no Estado de Enugu?

ii) Em que medida os factores de constrangimento tiveram impacto na execução dos projectos de construção no Estado de Enugu.

iii) Quais são os princípios-chave da integração da sustentabilidade no desenvolvimento de projectos de construção no Estado de Enugu?

iv) Quais são os factores críticos de sucesso para a realização de projectos de construção sustentáveis no Estado de Enugu?

v) Que tipo de quadro seria desenvolvido para a realização de um projeto de construção sustentável no Estado de Enugu?

1.5 Hipótese de investigação

H01: Não existem factores de constrangimento que afectem a execução de projectos de construção sustentável em
Estado de Enugu.

H02: Os factores de constrangimento não têm impacto na execução de projectos de construção sustentável em Enugu
Estado.

H03: Os princípios-chave da sustentabilidade não estão integrados nos projectos de construção desenvolvimento no Estado de Enugu.

H04: Os factores críticos de sucesso não afectam a execução de projectos de construção sustentável em
Estado de Enugu.

1.6 Importância do estudo

Este trabalho de investigação é significativo em muitos aspectos. Em primeiro lugar, melhoraria a execução de projectos de construção sustentáveis, fornecendo um quadro para a integração da sustentabilidade no planeamento e execução de projectos de construção para potenciais clientes e habitantes do Estado de Enugu.

O resultado sugeriu possíveis formas de facilitar o processo de aprovação de planos de desenvolvimento nas Autoridades Locais de Planeamento e formas de garantir que estas especificações são devidamente implementadas durante a construção de edifícios para alcançar a sustentabilidade do nosso ambiente construído.

Em terceiro lugar, o estudo proporcionará às partes interessadas uma melhor compreensão dos seus papéis e responsabilidades e das estratégias para integrar a sustentabilidade na fase inicial do desenvolvimento do projeto de construção e ao longo do ciclo de vida do projeto. Deste modo, será possível evitar formas insustentáveis, como o desperdício de materiais, o consumo de materiais não sustentáveis, o atraso do projeto, o abandono de projectos, a ultrapassagem de custos e muitas outras, durante o processo de produção dos produtos.

Em quarto lugar, contribuirá para o acervo de conhecimentos existente e sensibilizará o público para a forma de viver uma vida sustentável de hoje para amanhã.

Será igualmente relevante para académicos, investigadores, universitários e profissionais do ambiente construído.

1.7 Âmbito e delimitações do estudo

O estudo centra-se especificamente na análise das restrições à execução de projectos de construção sustentável no Estado de Enugu e nas estratégias para integrar os princípios de sustentabilidade no processo de planeamento e execução do projeto. Os projectos de construção examinados incluem edifícios individuais/privados e projectos de desenvolvimento de habitações no Estado. Um plano bem concebido sem execução é tão bom como a ausência de planos. É necessário conceber uma estratégia para garantir a execução adequada dos projectos de construção, tal como indicado nos documentos de planeamento. Para a investigação, foram selecionadas três (3) autoridades de planeamento de áreas governamentais locais de três zonas senatoriais do Estado. Estas incluem Enugu Norte, Enugu Sul e Enugu Leste para a zona senatorial de Enugu Leste; Oji River, Udi e Awgu para a zona senatorial de Enugu Oeste; e Nsukka, Igbo-Etiti e Igbo-Eze Norte da zona senatorial de Enugu Norte. As categorias de inquiridos foram selecionadas entre os profissionais do ambiente construído e os intervenientes na indústria da construção na área de estudo. Foram entrevistadas algumas partes interessadas no Estado e nestas áreas da administração local para averiguar os seus pontos de vista sobre o tema da investigação. A sustentabilidade do planeamento e da execução de edifícios é examinada em termos de desempenho de sustentabilidade, custo, tempo, qualidade e satisfação das partes interessadas. Os indicadores de construção sustentável examinados incluem actividades fora do local, no local e operacionais.

CAPÍTULO 2

REVISÃO DA LITERATURA RELACIONADA

A literatura relevante foi analisada em três grandes rubricas: revisão concetual, revisão teórica e revisão empírica.

2.1 REVISÃO CONCEPTUAL

A revisão concetual aborda vários conceitos associados ao desenvolvimento sustentável e à execução de projectos de construção. Estes foram discutidos em Definição de conceitos; Filosofia do desenvolvimento sustentável; Conceitos de sustentabilidade; Conceito de desenvolvimento sustentável; Desenvolvimento de projectos de construção sustentável; Conceito de edifícios verdes e desenvolvimento sustentável de projectos de construção; Implicação do clima no desenvolvimento da sustentabilidade; Construção verde e desafios ao desenvolvimento sustentável; Desafios e sustentabilidade das práticas de construção sustentável; Sistema internacional de avaliação do desempenho da construção sustentável de diferentes países; Abordagem da conceção de edifícios para atingir objectivos de desenvolvimento sustentável; Indicadores de construção sustentável; Análise de decisão multicritério (MCDA) com indicadores de impacto dos recursos ambientais e indicadores de impacto social; e Excertos do relatório sobre o processo do programa Cidades Sustentáveis.

2.1.1. Definição concetual de desenvolvimento sustentável

O desenvolvimento sustentável dos projectos de construção é um pecado se tivermos de nos integrar na agenda do objetivo de desenvolvimento sustentável. O desenvolvimento sustentável procura erradicar a pobreza, que é um desafio global, e o requisito para alcançar o desenvolvimento sustentável exige o aumento da base de recursos globais, alterando gradualmente a forma como desenvolvemos e utilizamos as tecnologias. Os objectivos também colocam a tónica numa abordagem sistemática para uma sinergia dos aspectos ambientais, sociais e económicos da sustentabilidade, com vista a soluções que beneficiem as pessoas e o ambiente construído.

O planeamento é muito importante para o desenvolvimento de qualquer projeto de construção. Envolve aspectos de gestão relacionados com a iniciação, o planeamento, a execução, o acompanhamento e o controlo do projeto. O processo de planeamento é considerado bem sucedido para a realização do projeto ao estabelecer e implementar um plano bem pensado para garantir que todo o projeto progride conforme planeado. O desenvolvimento é o processo de desenvolvimento; crescimento, mudança dirigida ou aplicação de novas ideias a problemas práticos na formulação de um curso de ação. Sustentável é a capacidade de ser sustentado por um período definido sem danificar o ambiente ou sem esgotar um recurso; renovável (Hornby e Wehmeier, 2000).

No entanto, **o desenvolvimento sustentável** é definido como "um desenvolvimento que satisfaz as necessidades do presente sem comprometer a capacidade da geração futura de satisfazer as suas necessidades e aspirações" (WCED, 1987). A Comissão Mundial para o Ambiente e o Desenvolvimento (WCED) também dá ênfase à governação e sugere os requisitos básicos para a consecução do desenvolvimento sustentável, nomeadamente

i. Um sistema político que garanta a participação efectiva dos cidadãos na tomada de decisões.

ii. Um sistema económico capaz de gerar excedentes e conhecimentos técnicos numa base autossuficiente e sustentada.

iii. Um sistema social que oferece soluções para aliviar as tensões resultantes de um desenvolvimento desarmónico.

iv. Um sistema de produção que respeita a obrigação de preservar a base ecológica para o desenvolvimento.

v. Um sistema tecnológico capaz de procurar continuamente novas soluções e

vi. Um sistema administrativo flexível e com capacidade de auto-correção.

2.1.2. Conceito de sustentabilidade

A sustentabilidade é a capacidade de sustentar algo ou um meio de configurar a civilização e a atividade humana de modo a que a sociedade, os seus membros e a sua economia possam satisfazer as suas necessidades e exprimir o seu maior potencial, preservando ao mesmo tempo a biodiversidade e os ecossistemas naturais, planeando e agindo no sentido de manter estes ideais para as gerações futuras (Hornby e Wehmeier, 2000).

Sustentabilidade significa capaz de ser sustentado ou capaz de ser sustentado por um período indefinido sem danificar o ambiente, ou sem esgotar um recurso, renovável. Construção é o ato ou processo de construir ou uma estrutura fechada com paredes e um telhado. Enquanto verde é ser amigo do ambiente (Hornby *et al.*, 2000). Assim, a sustentabilidade na construção não é uma simples fusão de design, técnicas e materiais ecológicos, mas é uma solução holística para alcançar o conceito de desenvolvimento sustentável ao longo do ciclo de vida do projeto. A Gestão Verde de Projectos (Green PM) surgiu mais tarde para incentivar as pessoas envolvidas na gestão de projectos a começarem a ter em consideração o ambiente durante o processo de tomada de decisões, as suas metodologias e processos (Mochal e Krasnoff, 2008). A Gestão Verde de Projectos considerou vários elementos operacionais, tais como responsabilidades, autoridades, procedimentos e recursos. Com efeito, a Gestão Verde de Projectos foi considerada um bom começo para a incorporação de princípios de sustentabilidade no processo de gestão de projectos, tendo-se observado que valoriza apenas a consideração ambiental sem ter em conta os outros aspectos do desenvolvimento sustentável que são a consideração económica e social. Embora exista atualmente um grande número de definições em circulação para o conceito de sustentabilidade, a sustentabilidade permanece, na sua maioria, mal definida ou contraditoriamente definida (Faber, Jorna e VanEngelen, 2005).

No entanto, existe um consenso relativo de que o desenvolvimento sustentável consiste em gerir a relação entre as necessidades dos seres humanos e o seu ambiente (biofísico e social) de modo a que os limites ambientais críticos não sejam ultrapassados e que os ideais modernos de equidade social e os direitos humanos básicos (incluindo o direito ao desenvolvimento) não sejam obstruídos (Du Plessis, 2007). Robinson (2004) afirmou que, em vez de considerar a sustentabilidade como um conceito único, é mais útil encará-la como uma "abordagem ou processo de pensamento comunitário que indica a necessidade de integrar as questões ambientais, sociais e económicas numa perspetiva de longo prazo, mantendo-se simultaneamente aberto a diferenças fundamentais quanto à forma de o realizar e mesmo quanto aos objectivos finais envolvidos". No entanto, foi argumentado que a sustentabilidade não é possível apenas através das acções tomadas por si só, mas no âmbito dos aspectos ambientais, sociais e económicos mencionados, que são amplamente conhecidos como os três pilares da sustentabilidade. Alcançar a sustentabilidade requer um pensamento holístico para considerar as complexas inter-relações entre estes três pilares (Atkinson, Yates e Wyatt, 2009; Du Plesis, 2007; Kiewiet e Vos, 2007). As actividades no sector da construção são importantes e têm impactos significativos em todas as três (3) áreas. Não é apenas um 'veículo para melhorar a qualidade de vida', mas é também o ator que irá determinar a sustentabilidade ambiental e social das actividades de desenvolvimento (Du Plesis, 2007). Para além dos aspectos sociais, ambientais e económicos, a consideração das questões de sustentabilidade também pode ajudar a reduzir alguns dos principais riscos associados à construção para os clientes. Isto pode ser conseguido através da redução da exposição a impostos verdes, minimizando o processamento e os atrasos dispendiosos dos pedidos de planeamento, evitando a perda de reputação e a resistência a grupos de pressão, tornando a construção mais acessível, etc. Um relatório do Grupo de Trabalho para a Construção Sustentável da Califórnia afirma que um aumento de dois por cento (2%) no investimento num edifício de "elevado desempenho" resultaria em poupanças no ciclo de vida dez (10) vezes superiores ao aumento do custo incremental (Kibert, 2008).

Os padrões de desenvolvimento global e os impactos que têm no ambiente, social e economicamente resultaram numa série de iniciativas que abriram caminho para o conceito de sustentabilidade e desenvolvimento sustentável. A essência do desenvolvimento sustentável na construção é atingir os Objectivos de Desenvolvimento Sustentável. Alguns termos como 'edifício verde' (Kibert, 2008; Rohrachers, 2001); 'edifício de alto desempenho' (Kibert, 2008) e 'edifício sustentável' (National Audit Office- NAO, 2007) estão associados à 'construção' sustentável. 'Sustentabilidade' é algo que é 'dependente de um objeto que deve ser descrito' (Laloe, 2007). Isto faz com que a parte 'sustentável' do paradigma do desenvolvimento sustentável seja simultaneamente um descritor de algo e um objetivo a atingir (Bell e Morse, 2008).

Num sentido lato, significa que as nossas acções de hoje não devem prejudicar as gerações vindouras. A "construção verde" e a "construção ecológica" também foram utilizadas para se referir à construção sustentável, que Kibert (2008) descreveu como "a criação e a gestão responsável de um ambiente construído saudável com base em princípios ecológicos e de eficiência de recursos".

2.1.3. Conceito de desenvolvimento sustentável

O conceito de desenvolvimento sustentável foi explicado com base na interdependência entre desenvolvimento económico, o ambiente natural e as pessoas, como mostra a Figura 2.1.

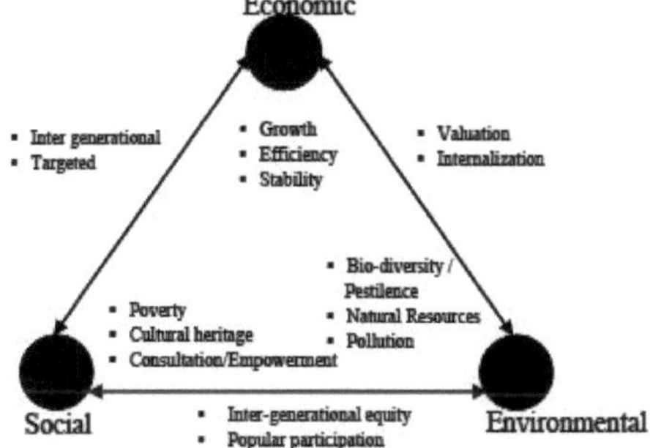

Figura 2.1: Elementos do desenvolvimento sustentável (Munasinghe, 1993)

A definição do Programa das Nações Unidas para o Ambiente (PNUA) é uma redação alternativa da definição de desenvolvimento sustentável mais amplamente utilizada, que resulta do relatório da **Comissão Mundial sobre Ambiente e Desenvolvimento**, presidida por Gro Harlem Brundtland. O princípio da equidade intergeracional enunciado neste extrato muito citado resume um dos principais temas do relatório Brundtland (WCED, 1987) e pode ser considerado como um dos pilares fundamentais do conceito de desenvolvimento sustentável. À primeira vista, a definição de desenvolvimento sustentável do Programa das Nações Unidas para o Ambiente (PNUA) é mais significativa do que a de Brundtland ou a do Rio. Define tanto o desenvolvimento (melhorar a qualidade da vida humana) como a sustentabilidade (viver dentro da capacidade de carga do ambiente), em termos que são mais imediatamente compreensíveis do que os equivalentes do Rio e da WCED. O objetivo do desenvolvimento é melhorar a qualidade de vida humana dentro da capacidade de suporte do ecossistema. No entanto, se o desenvolvimento passar no teste da equidade, pode ser deixado ao critério das próprias pessoas decidir o que é importante para a sua qualidade de vida e o que constitui uma melhoria propriamente dita. Embora o conceito de capacidade de carga introduzido pelo PNUA aborde diretamente considerações ambientais, tende a ser menos útil do que o princípio da equidade intergeracional que substitui. Isto deve-se ao facto de a capacidade de carga ser muitas vezes ainda mais difícil de medir do que a capacidade; "normalmente só descobrimos os seus limites depois de os termos ultrapassado". A capacidade de carga continua a mudar com a mesma rapidez, com o advento e a adoção de algumas tecnologias que a aumentam e outras que a diminuem. É um alvo móvel, que pode ser útil para o planeamento de actividades de desenvolvimento, especialmente quando estas envolvem escolhas entre tecnologias relevantes. Quando é mensurável, pode ser útil como forma de interpretar o princípio da equidade entre gerações. No entanto, a sua variabilidade torna-o bastante menos útil (IAIA,

2002).

Udegbunam, Agbazue e Ngang (2017) sugeriram que os passos a seguir durante a implementação de projectos de desenvolvimento para o desenvolvimento sustentável incluem

a) Actividades preliminares - informações de base

b) Identificação do impacto - análise geral dos impactos das actividades do projeto

c) Estudo de base - recolha de informações e dados pormenorizados, etc.

d) Avaliação do impacto - para permitir a tomada de decisões.

e) Avaliação - combinar perdas e ganhos ambientais com custos e benefícios económicos f) Documentação - preparar documentos de trabalho

g) Tomada de decisão - aceitar alternativas, solicitar um estudo mais aprofundado ou rejeitar a ação proposta h) Pós-auditoria - verificar a proximidade da realidade.

1) Mikesell (1994) estipula as condições que devem ser cumpridas para que os projectos sejam compatíveis com a sustentabilidade:

i. Os recursos naturais renováveis esgotados devem ser restaurados ou o custo social da compensação adequada à geração futura pela perda de recursos naturais e de capital deve ser incluído no custo social do projeto.

ii. A compensação à geração futura pela perda de recursos naturais não renováveis esgotados, o capital deve ser incluído no custo social do projeto.

iii. Os danos causados aos recursos naturais de suporte à vida e aos bens ambientais devem ser evitados, ou o custo de evitá-los deve ser incluído no custo social do projeto.

A compensação incluída no custo social do projeto pode assumir a forma de contribuição para a qualidade e/ou qualidade dos recursos naturais equivalente ao que foi esgotado ou danificado pelo projeto, ou a acumulação de fundos suficientes para compensar a perda de rendimento das gerações futuras resultante do esgotamento do capital de recursos naturais associado ao projeto.

A saúde humana e ambiental é gravemente afetada devido à poluição e aos extremos climáticos provocados pelas alterações climáticas. A produção de vários bens de consumo, a agricultura e a construção civil fazem com que se perca o ímpeto de corrigir os erros ou de encontrar soluções para as crises ambientais criadas pela vida moderna. A queda das chuvas ácidas e a destruição do ozono estratosférico aumentam a exposição do planeta aos potenciais raios ultravioleta nocivos. A perda de biodiversidade é acelerada, provocando o declínio ou a extinção de muitas aves, abelhas, peixes e insectos. Estas actividades humanas estão a alterar a química e a biologia básicas do planeta numa escala crescente e muito grande, com redução dos recursos finitos de água e petróleo. A energia, os materiais, a água e o solo são consumidos na construção, funcionamento e manutenção de edifícios e infra-estruturas, porque os edifícios, as infra-estruturas e o ambiente estão indissociavelmente associados.

Os edifícios consomem um sexto da água doce do mundo, utilizam um quarto da madeira extraída e expandem dois quintos dos seus fluxos de materiais e energia (Gottfried, 2005). Uma estimativa global efectuada por Davoudi, Layare e Betty (2001) afirma que setenta por cento (70 %) de toda a madeira é utilizada em edifícios; quarenta e cinco por cento (45 %) da energia gerada destina-se a alimentar e manter os edifícios e cinco por cento (5 %) à sua construção. As estruturas também têm impacto em áreas para além da sua localização imediata, afectando as bacias hidrográficas, a qualidade do ar e os padrões de transporte das comunidades (Mckeown e Denidinger, 2002). O conceito de sustentabilidade na construção não deve centrar-se apenas nos recursos limitados, especialmente na energia, e na forma de reduzir os impactos no ambiente natural, nas questões técnicas, nos componentes dos edifícios, nos materiais, nas tecnologias de construção e nos conceitos de conceção relacionados com a energia, mas também na ética e nos valores humanos dos ocupantes dos edifícios. A construção sustentável no conceito de desenvolvimento sustentável é a aplicação de práticas sustentáveis no sector da construção, incluindo a conceção e a construção (Kibert, 2008). A análise do ciclo de vida demonstra que a conceção e a construção sustentáveis fazem sentido do ponto de vista económico, tendo em conta o impacto ambiental. A Figura 2.2

mostra um diagrama de interação para atingir a fase sustentável.

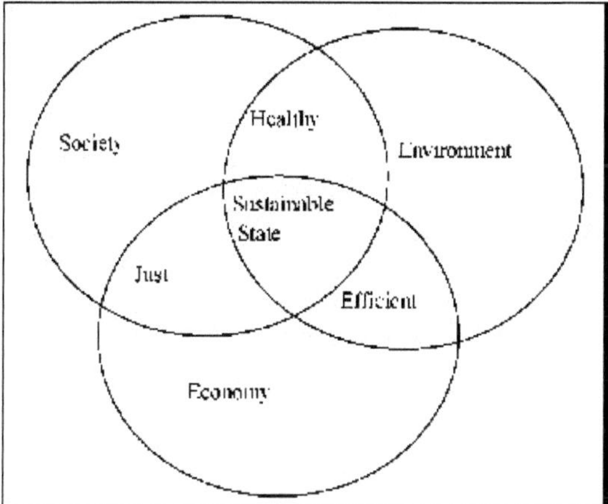

Figura 2.2: Interação dos três pilares dos conceitos de sustentabilidade
Fonte: Darwish, Agnello e Buelinckx (2010)

Além disso, as decisões éticas podem variar muito entre as pessoas e entre as sociedades, o que pode ser visto de duas perspectivas. Em primeiro lugar, a ética pode referir-se a padrões bem fundamentados de certo e errado que prescrevem o que os seres humanos devem fazer, geralmente em termos de direitos, obrigações, benefícios para a sociedade, justiça ou valores específicos. Em segundo lugar, refere-se ao estudo do desenvolvimento dos padrões éticos de cada um (Velasquez, Andre, Shanks e Meyer, 1987). A distinção entre moral e ética é que a ética é a reflexão prática de alguns valores morais. A moral refere-se ao padrão geralmente aceite de certo e errado na sociedade, frequentemente aprendido durante a infância, mas a ética é aprendida no momento da confrontação dos problemas (Darwish, Agnello e Burgess, 2010).

Du Plessis (2005) definiu a construção sustentável como "os princípios do desenvolvimento sustentável são aplicados a todo o ciclo de construção, desde a extração e beneficiação de matérias-primas, passando pelo planeamento, conceção e construção de edifícios e infra-estruturas, até à sua desconstrução final e gestão dos resíduos resultantes. Trata-se de um processo holístico que visa restaurar e manter a harmonia entre o ambiente natural e o ambiente construído, bem como criar povoações que afirmem a dignidade humana e incentivem a equidade económica". Esta definição explica que a construção sustentável deve basear-se no ponto de vista de que os ambientes natural e construído estão fundamentalmente interligados e, em segundo lugar, que contém 'conotações éticas, morais e espirituais' que exigem "mudanças de atitude e orientação de valores" (Du Plessis, 2005).

O desafio que a indústria da construção enfrenta atualmente é transformar os objectivos estratégicos de sustentabilidade para a nação, que estão representados nas políticas específicas da indústria e noutros documentos consultivos, em acções concretas ao nível dos projectos. Apesar da abundância destas políticas e diretrizes, o sector revela uma fraca eficiência no envolvimento na sustentabilidade, sem resultados substanciais.

O National Audit Office (NAO) (2007) constatou que, mesmo nos casos em que a construção sustentável é considerada, certos aspectos (como a utilização de madeira sustentável, a poupança de energia através da incorporação de um sistema de iluminação energeticamente eficiente, etc.) foram adoptados mais amplamente em comparação com outros (como a utilização de fontes renováveis de energia, a produção, a monitorização dos impactos ambientais durante o processo de construção e questões sociais como as consultas à comunidade local). Mesmo os conhecimentos tecnológicos disponíveis parecem estar a ser subutilizados, como evidenciado pelo atual desfasamento entre a capacidade tecnológica e o desempenho real do parque imobiliário (Rohracher, 2001).

É necessário um planeamento adequado das infra-estruturas dos projectos de construção com o aumento do crescimento demográfico. O Produto Interno Bruto da construção na Nigéria aumentou para 671448,37 milhões de NGN no primeiro trimestre de 2019, de 671448,37 milhões de NGN no quarto trimestre de 2018. O PIB da construção foi em média de 574132,56 milhões de NGN de 2010 a 2019, atingindo um máximo histórico de 747860,30 milhões de NGN no segundo trimestre de 2018 e um mínimo recorde de 369190,91 milhões de NGN no terceiro trimestre de 2010 (Trading Economics, 2019). Há indicações de que, com o crescimento da população, são esperadas mais atividades de construção, daí a necessidade de desenvolvimento sustentável no planeamento e execução de projetos de construção.

O conceito de desenvolvimento sustentável é utilizado como base para uma melhor compreensão da construção sustentável. Os princípios da construção sustentável abrangem atributos sociais, económicos, biofísicos e técnicos. Os desafios e práticas da construção sustentável terão em conta a eficiência energética, a conceção integrada, a qualidade do ar interior, o conforto térmico, o conforto visual, a adequação do local, o conforto acústico, o conforto espacial e a integridade do edifício. Os custos devastadores da corrupção na prática da construção sustentável podem ser reduzidos significativamente através da aplicação de princípios e mecanismos comprovados, como a integridade do edifício. Lucas e Rubel (2004) afirmaram que a abordagem básica consiste em estabelecer as acções que constituem corrupção moral e eticamente, com a punição prevista associada a essas acções. Esta ação pode dissuadir alguns indivíduos de se tornarem vítimas de tais acções ilegais por receio da punição associada.

Na sequência das discussões anteriores, considera-se que a fraca transformação da construção sustentável da política para a prática ao nível do projeto pode dever-se basicamente a duas possibilidades.

a) Falta de compreensão ou má interpretação da construção sustentável pelas partes interessadas a nível do projeto e/ou

b) Ineficiência ou ineficácia dos processos institucionais adoptados para operacionalizar a construção sustentável ao nível do projeto.

Tendo em conta o que precede, é necessário:

i. Examinar o conceito de construção sustentável tal como definido na investigação académica e nas políticas governamentais e documentos consultivos e compará-lo com o que é entendido como construção sustentável pelos intervenientes no projeto.

ii. Estudar os processos institucionais de transformação da política de construção sustentável em práticas ao nível do projeto e estabelecer os factores de influência neste processo.

iii. No entanto, o quadro para a construção sustentável adotado e modificado de Hill e Bowen (1997) é apresentado na Figura 2.3. Todas estas questões foram incorporadas no quadro modificado, como se mostra. A Figura 2.3 mostra que um quadro de construção sustentável consiste na integração dos princípios da construção sustentável e da legislação ambiental na avaliação sustentável das instalações, na política sustentável, na estrutura da organização e na avaliação da sustentabilidade da gestão ambiental em cada fase do processo.

A. Construção sustentável

A construção sustentável captou o entusiasmo de inquilinos, proprietários e promotores imobiliários. A essência da construção sustentável é alcançar o desenvolvimento sustentável através da incorporação de questões ambientais, sociais e económicas na conceção e construção de projectos de construção. Muitas autoridades locais de planeamento na Nigéria estão a tentar adotar normas e regulamentos de construção ecológicos e sustentáveis, mas a sensibilização é ainda muito reduzida. No entanto, é necessária uma sensibilização adequada e a concessão de incentivos financeiros para encorajar o desenvolvimento sustentável no nosso contexto de desenvolvimento.

Alguns investigadores consideram que o conceito de sustentabilidade na construção tem um custo inferior ao método convencional e poupa energia através da utilização eficiente dos recursos, de uma maior produtividade e da redução dos riscos (Yates, 2001). Outros opinam que os edifícios sustentáveis têm um custo de construção superior ao dos edifícios convencionais, que se situa entre 5 % e 7,5 % do custo de construção, a recuperar em cinco a oito anos (CBRE, 2009). Embora seja opinião generalizada que a poupança de custos a longo prazo na operação e manutenção do edifício permite uma recuperação do custo inicial (USGBC, 2006a; 2006b), os benefícios da poupança operacional já não são importantes, especialmente para o desenvolvimento especulativo que não tem interesse a longo prazo em operar ou arrendar um edifício.

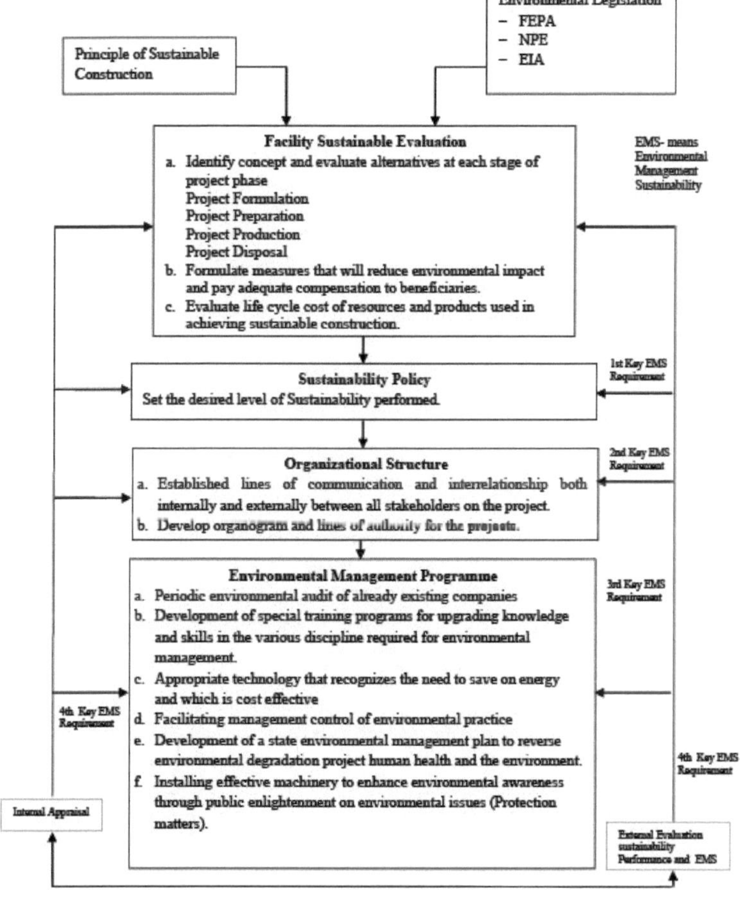

Figura 2.3: Quadro para a construção sustentável

Fonte: Hill e Bowen (1997)

HoerWagen (2000), Bartlett e Howard (2000) reiteraram que a sustentabilidade na construção contribuirá positivamente para uma melhor qualidade de vida, eficiência no trabalho e ambiente de trabalho saudável. Yates (2001), ao explorar os benefícios comerciais da sustentabilidade, concluiu que os benefícios são diversos e potencialmente muito significativos. A abordagem da sustentabilidade na construção permitirá que os intervenientes no sector da construção sejam mais responsáveis pelas necessidades de proteção ambiental sem negligenciar as necessidades sociais e económicas na luta por uma vida melhor.

A integração da sustentabilidade nos projectos de construção acarreta o risco de um custo inicial mais elevado e de constrangimentos financeiros associados devido à necessidade de mais tempo para a conceção, à necessidade de reunir profissionais com as competências adequadas (Doyle, Brown, De-Leon e Ludwig, 2009), à necessidade de estudar os aspectos de sustentabilidade dos edifícios e de se familiarizar com os relatórios de investigação, a disponibilidade para assumir riscos no desenvolvimento de novos protótipos de edifícios, a necessidade de uma compreensão adequada da relação entre o capital e os custos de funcionamento nos domínios financeiro, energético e ambiental, as horas pessoais e a utilização de materiais e tecnologias inovadores (Korkmaz, Horman, Molennar e Gransberg, 2010; Centre for Building Research Establishment (CBRE), 2009; Mckee, 1998).

Algumas das dificuldades sentidas podem incluir;

a) custos elevados ou aumento do custo inicial do projeto,

b) tempo necessário para a conceção em relação ao programa do cliente e aos honorários, c) os riscos e custos da inovação, especialmente em relação a uma escala de honorários competitiva, d) a necessidade de desenvolver e testar protótipos,

e) a necessidade de gerir a relação e o entendimento entre o contratante e o subcontratante,

f) problemas com certas formas de contrato, como a conceção e construção,

g) a necessidade de feedback e de acompanhamento para fundamentar novos projectos,

h) falta de iniciativas governamentais coerentes,

i) falta de padrões de desempenho e de feedback consistentes, j) e falta de projectos exemplares (Francis, 1998).

Robichand e Anantatmula (2011) afirmam que a integração da sustentabilidade em projectos de construção de edifícios aumentará as suas hipóteses de sucesso financeiro se uma equipa interdisciplinar estiver envolvida nas primeiras fases de planeamento e ao longo do projeto. Há também falta de conhecimentos, competências e sensibilização para a sustentabilidade e para o processo de integração entre as partes interessadas do projeto, o que acaba por causar atrasos no projeto (Doyle *et al.*, 2009).

Os projectos de construção sustentável são naturalmente diferentes dos projectos convencionais devido à exigência de materiais e práticas de construção especiais, bem como ao empenho da gestão na sustentabilidade. Exige também considerações adicionais sobre muitos aspectos mais do que o projeto convencional. Choi (2009) afirmou que a maior parte da integração da sustentabilidade nos projectos de construção não atinge os seus objectivos devido ao fracasso do seu processo e prática de planeamento. Os projectos convencionais são concluídos de forma isolada, utilizando as ferramentas e técnicas descritas no Project Management Body of Knowledge (PMBOK). Os princípios sustentáveis afirmam que nada de sustentável pode ocorrer isoladamente e que, para garantir o desenvolvimento sustentável, é necessário examinar continuamente as nossas actividades do ponto de vista das considerações económicas, sociais e ambientais.

A integração da sustentabilidade na construção envolve uma solução holística para alcançar o conceito de desenvolvimento sustentável ao longo do ciclo de vida do projeto. Este conceito de ciclo de vida é adotado pela maioria dos profissionais, mas foi mais direcionado para a conceção e áreas técnicas relacionadas, o que é contrário ao conceito de sustentabilidade. O termo "sustentável" é sempre diluído pela comercialização e marketing do movimento verde. "Edifício verde" e "edifício sustentável" são frequentemente utilizados como sinónimos e indistintamente. Foi argumentado que as pessoas estão a confundir a compreensão e a prática dos termos (CBRE, 2009; Schumann, 2010).

Gething e Bordass (2006) opinaram que a consideração da sustentabilidade fez com que a avaliação dos edifícios se tornasse cada vez mais pormenorizada e complicada. O conceito de sustentabilidade na construção sustentável indica que os recursos são limitados e que é necessário reduzir o impacto das nossas actividades de construção no ambiente natural. Isto beneficiará o bem-estar humano. Comunidade, saúde ambiental e custos do ciclo de vida. A prática da construção sustentável implica a criação e o funcionamento de um ambiente construído saudável, baseado na eficiência dos recursos e na conceção ecológica, com sete princípios fundamentais ao longo da vida do edifício, com ênfase na proteção da natureza, na qualidade, na redução do consumo de recursos, na utilização de recursos recicláveis, na reutilização de recursos, na eliminação de substâncias tóxicas e na aplicação dos custos do ciclo de vida (Kibert, 2005). Ao integrar a sustentabilidade nos projectos de construção, devem também ser identificados os princípios de sustentabilidade da construção, a fim de fornecer um guia claro de sustentabilidade às partes interessadas ao longo do processo de integração. É necessário desenvolver uma estratégia de contenção de custos durante a fase de planeamento do projeto para reduzir os custos iniciais dos promotores na execução dos projectos de construção sustentável.

A sustentabilidade nos projectos de construção só resultará de profissionais que trabalhem em conjunto para atingir este objetivo comum e de clientes que simpatizem com este ideal, de utilizadores que compreendam e valorizem os conceitos e de projectistas e empreiteiros que, em equipa, desenvolvam o projeto com uma perspetiva sustentável (Edward, 1998). Um bom processo de planeamento permite que todos os envolvidos compreendam e desempenhem o seu papel no projeto. Serve também como ferramenta de monitorização, permitindo a tomada de medidas precoces em caso de discrepâncias e problemas que afectem o desempenho do projeto.

2.1.4 Desenvolvimento de projectos de construção sustentável

Jalendran (2011) afirmou que o sector da construção é a maior fonte de emissões de gases com efeito de estufa a nível mundial, com 40% (quarenta por cento). Em 2003, quarenta e quatro por cento (44 %) das emissões de carbono no Reino Unido foram geradas por edifícios (CBRE, 2009). Os edifícios são também responsáveis por quarenta por cento (40 %) da produção de resíduos sólidos a nível mundial e utilizam um quarto dos recursos mundiais. Os edifícios utilizam doze por cento (12%) da água do mundo e contribuem com até cinco (5) vezes mais poluição para a qualidade do ar interior do que para o ar exterior (Jallendran, 2011). Oportunamente, muitos investigadores demonstram que a construção sustentável pode reduzir consideravelmente o consumo de energia e, por sua vez, reduzir as emissões de carbono (Robichaud e Anantatmula, 2011). Os custos de capital não são mais elevados para os elementos de construção sustentáveis e, mesmo quando os custos iniciais são elevados, podem ser compensados pela diminuição dos custos operacionais (Yates, 2001). Assim, o incentivo e a atenção séria à integração da sustentabilidade na implementação de projectos de construção são considerados muito urgentes para ultrapassar ou reduzir o fenómeno da construção convencional numa hiperurbanização no Estado de Enugu, na Nigéria.

O processo de planeamento é considerado fundamental para a realização bem sucedida de um projeto. Isto é conseguido através do estabelecimento e implementação de um plano bem pensado para garantir que todo o projeto decorre como planeado (Zainul-Abidin, 2009; Clement e Gido, 2006). No entanto, a execução efectiva da construção deve ser devidamente integrada no processo de planeamento para garantir o êxito dos projectos de construção sustentável. A integração da sustentabilidade no planeamento e a subsequente implementação para garantir que os projectos de construção são executados conforme planeado conduzirão ao sucesso do projeto, que pode ser referido como sucesso dos projectos de construção sustentável.

O ponto de partida do planeamento é a fase de conceção, que é de importância crucial para realizar o objetivo da sustentabilidade (Wu e Low, 2010), mas a falta de execução adequada do plano anula o objetivo do planeamento. O que se passa na área de estudo é que o planeamento é feito e aprovado, mas falta o cumprimento das especificações do processo de planeamento durante a execução. Uma vez efectuados os pagamentos necessários às autoridades locais de planeamento, os clientes avançam com a construção do edifício antes da conclusão do processo de aprovação que, em algumas circunstâncias, demora mais de um a dois anos. O resultado é que a maioria dos

edifícios são
ocupados antes da aprovação do projeto. Clark (2002) opinou que o processo de planeamento requer o maior tempo na gestão de projectos (aproximadamente 35%) do tempo do gestor de projectos, porque este precisa de pensar no projeto e manter-se concentrado no objetivo final, que é a entrega final. Zwikael (2009) afirmou que um bom plano deve estabelecer um conjunto de direcções com detalhes suficientes para dizer à equipa do projeto exatamente o que deve ser feito, quando deve ser feito e quais os recursos a utilizar para produzir com sucesso os resultados do projeto. A Building Construction Authority (BCA), (2007) e Hayles (2004) também acentuaram que as práticas sustentáveis no projeto de construção melhorariam o desempenho do projeto.

A. Distinção entre construção sustentável e construção ecológica

É necessário combinar projectos de construção sustentável com edifícios ecológicos, a fim de os integrar num quadro para o desenvolvimento bem sucedido de projectos de construção em Enugu. As suas definições são utilizadas indistintamente por muitos investigadores. Um edifício ecológico é um edifício que apresenta eficiência energética, reduz o esgotamento de recursos, reduz o impacto ambiental e protege a saúde humana e o ambiente. Enquanto o edifício sustentável deve englobar outros requisitos como, 'minimização do custo do ciclo de vida; proteção e/ou aumento do valor do capital, proteção da saúde, conforto e segurança dos trabalhadores, ocupantes, utilizadores, visitantes e vizinhos, e preservação dos valores culturais e do património' para além dos requisitos dos edifícios verdes (Lutzkendeft e Lorenz, 2006). As várias definições de edifícios verdes dadas por alguns autores são as seguintes

(a) **A construção ecológica** é a forma como as estruturas são concebidas, construídas e mantidas, a fim de diminuir o consumo e os custos de energia e água, melhorar a eficiência e a sustentabilidade dos sistemas de construção e reduzir o impacto negativo que os edifícios têm no ambiente e na saúde pública (Beatlety, 2008).

(b) **Green Building** é a conceção, construção, operação e reutilização ou remoção cuidadosa do ambiente construído de uma forma sustentável, eficiente do ponto de vista ambiental e energético, que pode ser utilizada indistintamente com a conceção de edifícios de elevado desempenho, a construção sustentável e a conceção sustentável (McGraw Hill Construction, 2006).

(c) **A construção ecológica** é o processo de construção que incorpora considerações ambientais em todas as fases do processo de construção, ou seja, a eficiência energética e hídrica, a qualidade, a manutenção do proprietário e o impacto global do edifício no ambiente são tidos em conta durante a conceção, a construção e o funcionamento de um edifício (National Association of Homebuilders (NAHB), 2006).

(d) **A construção ecológica** é uma forma de melhorar o ambiente, que beneficia o bem-estar humano, a comunidade, a saúde ambiental e os custos do ciclo de vida (Adler *et al.*, 2006).

(e) Os edifícios **verdes** são edifícios concebidos, construídos e explorados de modo a melhorar o desempenho ambiental, económico, sanitário e produtivo em relação aos edifícios convencionais (United States Green Building Council (USGBC), 2003).

(f) **Green Building** é a prática de (i) aumentar a eficiência com que os edifícios e os seus locais utilizam a energia, a água e os materiais e (ii) reduzir os impactos na saúde humana e no ambiente através de um melhor planeamento, conceção, construção, operação, manutenção e processo de remoção (Casidy, 2003).

(g) **Os edifícios verdes** são edifícios que reduzem o consumo de recursos (energia, terra, água, materiais), as cargas ambientais (emissões atmosféricas, resíduos sólidos, resíduos líquidos) e melhoram a qualidade ambiental interior (qualidade do ar, térmica, visual e acústica) (Cole e Larsson, 1999).

Um edifício pode ser um edifício ecológico na sua aplicação final, mas não ser sustentável no seu fabrico e utilização inicial. A construção sustentável é a integração de considerações de desenvolvimento sustentável ao longo de toda a vida do processo de construção (Yudelson, 2009). Está relacionada com os princípios sociais, económicos, biofísicos e técnicos. A Tabela 2.1 mostra as diferenças identificadas no conceito de construção ecológica e sustentável (Schumann, 2010).

Tabela 2.1: Diferenciação entre edifícios sustentáveis e edifícios verdes

Aspeto	Considerações sobre sustentabilidade	
Ecológico	Utilização dos recursos Verde A Ar e emissões Edifícios Gestão de resíduos	
Social-cultural	Bem-estar, conforto Satisfação do utilizador Funcionalidade	
Económico	Custos do ciclo de vida Crescimento do valor Utilização flexível	Construção sustentável
Técnica	Durabilidade dos materiais Capacidade de desconstrução / reciclagem Facilidade de manutenção	
Processo	Planeamento Construção de edifícios Manutenção	
Localização	Micro Localização Utilidades Fornecimento de infra-estruturas /	

Fonte: Adaptado de Schumann (2010)

B. Benefícios da construção sustentável

Doyle, Brown, Deleon e Ludwig (2009) resumiram que o impacto dos edifícios sustentáveis no ambiente é menor, proporcionam um local mais saudável para os seus ocupantes e são mais económicos ao longo do ciclo de vida quando comparados com os edifícios convencionais. Os benefícios da integração da sustentabilidade na construção são diretos e indirectos e incluem

a. Benefícios diretos

(i) . **Redução do consumo de energia, economias nos custos operacionais e nas facturas de combustível para o cliente e/ou inquilino**. O USGBC (2006) afirmou que se espera que os edifícios sustentáveis reduzam os custos de funcionamento entre 8 e 9%, aumentem o valor total em cerca de 7,5% e aumentem as taxas de ocupação em 3,5%.

(ii) . **Vantagem de mercado e menor exposição a longo prazo a problemas de saúde ambiental**. A CBRE (2009) observou que os edifícios sustentáveis não atraem rendas mais elevadas e beneficiam de taxas mais elevadas de crescimento das rendas nos Estados Unidos e na Austrália (Muldavin, 2011; Edward, 1998 e Mckee, 1998).

(iii) . **Maior produtividade da força de trabalho**: O USGBC (2003) indicou que as caraterísticas de projeto que promovem a sustentabilidade resultaram em menores taxas de absentismo e maiores taxas de produtividade entre os trabalhadores; e têm impactos sociais na saúde e bem-estar dos ocupantes dos edifícios do que os edifícios convencionais.

b. Benefícios indirectos

Heerwagen (2000) opinou que os edifícios sustentáveis contribuem positivamente para a atração da força de trabalho, a qualidade de vida e as relações com os clientes. Os benefícios indirectos dos edifícios sustentáveis são identificados como sendo mais saudáveis para utilização, vantagem psicológica, melhoria da imagem da empresa e benefícios globais.

(i) . **A utilização mais saudável** indica que a utilização de fontes de luz mais naturais, de energia solar e de materiais mais orgânicos nos edifícios ecológicos e sustentáveis acaba por resultar num edifício mais saudável do que o tradicional (Heerwagen, 2000).

(ii) . **Vantagens psicológicas**. Isto mostra que as pessoas se sentem melhor em edifícios sustentáveis e não só mais saudáveis, como também afirmam ter uma maior sensação de bem-estar do que em edifícios convencionais (Edward, 1998).

(iii) . **Melhora a imagem da empresa.** Edward (1998) e Mckee (1998) opinaram que a construção sustentável é normalmente o resultado de um pensamento holístico de uma equipa de profissionais, incluindo o cliente, que partilham ideias sustentáveis semelhantes que se propagam de uma empresa para os seus edifícios, do edifício para a empresa e da empresa para o indivíduo, melhorando assim a sua imagem.

(iv) . **Benefícios globais.** A filosofia da construção sustentável consiste em ter em conta toda a gama de impactos ambientais e ecológicos. Isto implica que a conceção e a construção do edifício têm de ter em conta o aquecimento global, a destruição da camada de ozono, a biodiversidade, as milhas de produto e a reciclagem (Zainul-Abidin, 2009 e Edward, 1998).

2.1.5. Conceito de edifícios verdes e desenvolvimento sustentável de projectos de construção

O conceito de edifícios verdes foi enunciado com o objetivo de responder às exigências de habitação da crescente poluição com melhores qualidades, eficiência energética, utilização de materiais reciclados e recicláveis, melhorar a vida útil dos edifícios e a saúde dos ocupantes (Chukwu, Anaele, Omeje e Ohanu, 2019). Este conceito não existe na maioria dos países em desenvolvimento. As indústrias de construção civil nos países em desenvolvimento ainda se dedicam ao uso convencional de tijolo/blocos, argamassa e betão como principais materiais para um produto final de um edifício convencional. Isto é feito sem qualquer atenção adequada à **poupança de energia, poupança de terrenos, redução do escoamento de águas pluviais, conservação de materiais e redução da poluição**.

Os edifícios ecológicos de elevado desempenho são instalações concebidas, construídas, exploradas, renovadas e eliminadas com base em princípios ecológicos, com o objetivo de promover a saúde dos ocupantes e a eficiência dos recursos, bem como de minimizar os impactos do ambiente construído no ambiente natural. A construção sustentável, que engloba a noção de edifício verde, mas que, no espírito do desenvolvimento sustentável, aborda as questões sociais e económicas do habitat, bem como o contexto comunitário dos edifícios, é por vezes referida como construção de edifícios verdes (Kibert, 2008). Os edifícios verdes são um subconjunto da construção sustentável, representando simplesmente as estruturas. De facto, os edifícios comerciais "verdes" verdadeiramente sustentáveis, concebidos para serem sustentáveis no sentido de sistemas de energia renovável, circuitos fechados de materiais e integração total na paisagem, são escassos ou inexistentes.

A construção ecológica ou sustentável é a prática de criar e utilizar modelos de construção, renovação, funcionamento, manutenção e demolição mais saudáveis e mais eficientes em termos de recursos (Qian, Chan e Khalid, 2015). Os edifícios verdes integram medidas de poupança de energia, tais como células de energia solar, dispositivos de proteção solar, vidros de baixa emissividade, sistemas de ar condicionado energeticamente eficientes, planeamento e orientação do espaço do edifício, tecnologia de telhados verdes, entre outras considerações de conceção para um melhor desempenho sustentável (Darko e Chan, 2018).

Riley, Thatcher e Workman (2006) opinam que, em resposta à agenda 21, a indústria da construção deve utilizar um design energeticamente eficiente, aumentar a utilização de recursos disponíveis localmente e melhorar as técnicas de construção tradicionais e indígenas. Além disso, a utilização de materiais disponíveis localmente é uma resposta adequada para reduzir o custo dos materiais de construção para os cidadãos com baixos rendimentos e promover a utilização de práticas de trabalho intensivo para gerar emprego. Outros aspectos da conceção de edifícios ecológicos abrangerão as necessidades do local, as necessidades de construção, as necessidades de funcionamento e manutenção e as necessidades de gestão dos resíduos de construção e demolição.

O conceito geral de edifícios verdes está a ganhar aceitação nos nossos esforços de desenvolvimento sustentável, mas há muito a fazer no que diz respeito à compreensão do conceito de conceção ecológica e à integração dos sistemas naturais com o ambiente construído. A chave para o sucesso da construção ecológica e para o desenvolvimento de uma filosofia coerente estará na compreensão de como criar uma relação sinérgica em que os sistemas naturais prestem serviços aos edifícios e em que o ambiente construído, por sua vez, forneça apoio e nutrientes aos sistemas naturais (Kibert, 2004).

A principal ênfase na "construção verde" diz respeito à conservação dos recursos ambientais e ao conforto dos ocupantes, através de uma conceção clássica dos edifícios baseada na economia, utilidade, durabilidade e prazer. Estes incluem:

i) Redução da exposição humana a materiais nocivos.
ii) Construção com energia não renovável e materiais escassos.
iii) Minimizar o impacto ecológico do ciclo de vida da energia e dos materiais utilizados.
iv) Utilizar energia renovável e materiais obtidos de forma sustentável.
v) Proteção e recuperação do ar, da água, dos solos, da flora e da fauna locais.
vi) Apoiar os peões, as bicicletas, os transportes colectivos e outras alternativas aos combustíveis fósseis.

A. Desafios à conceção e construção de edifícios ecológicos

Estes são destacados nas perspectivas institucional, organizacional e de gestão para a sua sustentabilidade.

O Chartered Institute of Building (CIB) (1999) afirmou que a gestão e a organização são um aspeto fundamental da construção sustentável e que o assunto deve envolver questões técnicas, sociais, legais, económicas e políticas. A consistência em todos os níveis do sector é necessária para alcançar resultados sustentáveis e a integração como princípios fundamentais da sustentabilidade.

As questões associadas ao ambiente podem incluir o planeamento e o desenvolvimento, a conceção, os materiais, os métodos de construção e o comportamento dos ocupantes. O CIB (1999) destacou os principais obstáculos ao progresso em termos de questões de processo e gestão, incluindo

a) A inércia profissional e institucional que defende o status quo.
b) Falta de compreensão do problema entre os profissionais da construção
c) Veículos inadequados ou defeituosos para a participação das partes interessadas.
d) Atraso do mercado e dados insuficientes.
e) Falta de comunicação entre os sectores que existem f) Falta de convicção dos clientes e insegurança política.

Estes são os desafios responsáveis pela implementação do conceito de sustentabilidade dos edifícios ecológicos. O Grupo de Trabalho e Parceiros para a Sustentabilidade dos Edifícios do Estado da Califórnia considera que, para atingir os objectivos de sustentabilidade dos edifícios, que consistem em localizar, conceber, desconstruir, renovar, operar e manter, é necessário abordar os seguintes obstáculos administrativos, organizacionais e fiscais.

a) Integração incompleta
b) Falta de cálculo dos custos do ciclo de vida
c) Normas de desempenho e de funcionamento insuficientes
d) Falta de incentivos e informação técnica insuficiente.

O planeamento e o desenvolvimento, bem como o fabrico e a produção de materiais, têm um papel fundamental a desempenhar na consecução da sustentabilidade. O projetista de edifícios dispõe dos elementos estruturais necessários para construir um edifício ecológico, uma vez que estes componentes críticos estejam implementados. Algumas das maiores oportunidades de intervenção para a criação de aglomerados populacionais mais sustentáveis são através da conceção urbana sustentável, como a conceção de novos aglomerados populacionais, infra-estruturas, edifícios e instalações (Newton, 2001a). O planeamento urbano e o desenvolvimento de loteamentos, sejam eles novos ou revitalizados, estão indissociavelmente ligados. A Figura 2.4 mostra o diagrama ou o número de questões que podem ser consideradas num quadro integrado para alcançar um assentamento mais sustentável.

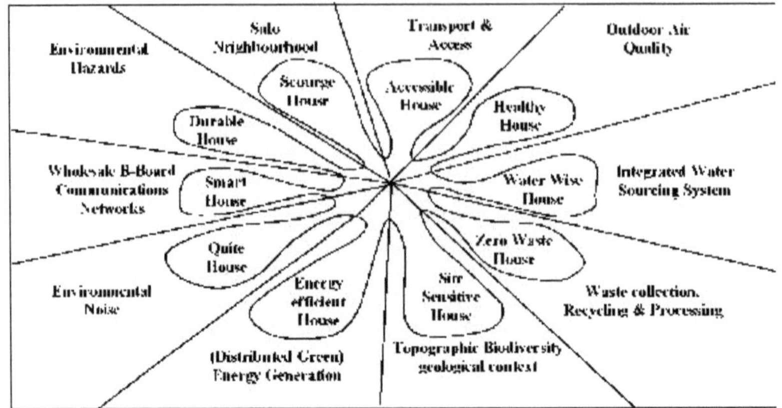

Figura 2.4: Planeamento Sustentável da Atividade de Uso do Solo, Subdivisão e Habitação
Fonte: Adotado de (Newton, 2001b)

Outras questões de planeamento a considerar em relação à sustentabilidade incluem: densidade urbana e preenchimento, integridade ambiental e valor intrínseco, incluindo a retenção da forma natural do terreno, vegetação nativa e retenção/proteção de zonas húmidas ou outras áreas significativas. O CIB (1999) afirma que, no que diz respeito ao fabrico de produtos, as questões significativas são:

(a) reduzir a quantidade incorporada de material e energia dos produtos (material renovável, reciclagem de baixo consumo de energia, aumento da durabilidade e da esperança de vida técnica).

(b) baixas emissões dos produtos em utilização (revestimentos ecológicos, pré-tratamento).

(c) reparabilidade (conceção para desmontagem e reparação na fábrica) e reciclabilidade (produtos usados devolvidos aos seus produtores; gestão de produtos).

Existem várias abordagens para avaliar um edifício ecológico, mas a sustentabilidade destas práticas depende dos requisitos específicos do país e do quadro legislativo disponível. Um método de avaliação do desempenho ambiental de um edifício tem um papel vital a desempenhar na implementação e realização do desenvolvimento sustentável. Deve ser integrado em todo o processo de planeamento, conceção, construção, funcionamento e manutenção de um projeto de construção. É capaz de fornecer incentivos de mercado para um elevado desempenho ambiental, estimular a conceção de edifícios mais ecológicos e sugerir objectivos de desempenho ambiental para a construção e outras indústrias relacionadas (Akadiri, Chinyio e Olomolaiye, 2012). Os sistemas de classificação ambiental dos edifícios são ferramentas que tentam avaliar todo o projeto de construção que foi iniciado e dirigido num quadro integrado de sustentabilidade.

2.1.6. Implicações das alterações climáticas para o desenvolvimento da sustentabilidade

A mudança climática é referida como uma situação em que uma mudança no clima continua numa direção, a um ritmo rápido e por um período de tempo invulgarmente longo (com duração de vários anos). As três principais causas das alterações climáticas são;

(a) **Causas astronómicas**: variações da obliquidade da eclítica, a excentricidade da órbita da Terra em torno do Sol, a precessão dos equinócios causada pelas causas anteriores e o bombardeamento da Terra por objectos extra-terrestres.

(b) **Erupções vulcânicas**

(c) **Alterações do ambiente terrestre resultantes das actividades socioeconómicas humanas, tais como alterações do carácter da superfície terrestre devidas às actividades socioeconómicas do homem, por** exemplo, desflorestação, represamento de rios para criar lagos artificiais; adição de energia à atmosfera devido às actividades socioeconómicas do homem,

combustão de combustíveis fósseis como a gasolina, o carvão diesel; e alterações da composição da atmosfera terrestre devido às actividades socioeconómicas do homem, tais como a queima de gás, a queima de arbustos, a emissão de gases pelos escapes dos automóveis.
Todos estes gases resultaram na acumulação de monóxido de carbono (CO), metano (CH_4), óxido de enxofre (SO_2), etc. Estes gases são designados por gases com efeito de estufa porque absorvem a radiação terrestre e a irradiam de volta para a Terra. Isto leva a um aumento geral da temperatura, designado por aquecimento global.
Os efeitos das alterações climáticas incluem: a subida do nível do mar devido ao degelo das calotas polares do Ártico e da Antárctida; alterações nas datas de início e fim de muitas estações; redução da quantidade de precipitação em algumas zonas e aumento das perturbações de intensidade atmosférica, como trovoadas e tempestades. As alterações climáticas afectam a produção e a utilização de energia, o conflito de recursos, o emprego, os meios de subsistência, a pobreza e a saúde dos habitantes da Terra. As formas de atenuar as alterações climáticas assentam na redução destas emissões e na utilização de fontes de energia renováveis.
O desenvolvimento sustentável tem por objetivo melhorar a qualidade da vida humana:
(a) **Do ponto de vista económico,** minimizando as fontes de energia não renováveis, reutilizando, reduzindo, reciclando e recuperando recursos minerais escassos; utilização sustentável de fontes de energia renováveis para garantir a taxa natural de recarga; manter sob controlo a capacidade de absorção de carga e os sumidouros globais de resíduos, ou seja, a capacidade dos rios para decompor os biodegradáveis e a capacidade do sistema ambiental global para absorver os gases com efeito de estufa (GEE).
(b) **Socialmente**, reduzindo a pressão da população sobre os recursos (como alimentos e água), regulando a taxa de crescimento da população, controlando a incidência de pragas e doenças, melhorando a satisfação das necessidades culturais e espirituais das pessoas.
(c) **Politicamente**, através da boa governação. Isto implica envolver as pessoas da base na tomada de decisões que têm um impacto direto nas suas vidas e interesses, de uma forma transparente e responsável para a estabilidade e unidade da política, a fim de melhorar a realização dos planos e dos objectivos estabelecidos.
A Cimeira da Terra da Convenção do Rio (1992) subscreveu **a Convenção-Quadro das Nações Unidas sobre as Alterações Climáticas (CQNUAC)** com o objetivo de estabilizar a concentração de gases com efeito de estufa na atmosfera, a fim de permitir que os ecossistemas se adaptem naturalmente, assegurar que a produção alimentar não seja ameaçada e permitir que o desenvolvimento económico prossiga de forma sustentável. Em 1995, os países do G-8 mais o Brasil, a Rússia, a Índia e a China (BRIC) aprovaram o Painel Intergovernamental sobre as Alterações Climáticas (IPCC). O objetivo é aconselhar os governos de todo o mundo a tomarem medidas urgentes para reduzir o impacto das alterações climáticas.
O IPCC indicou que as emissões globais de gases com efeito de estufa têm de ser reduzidas em pelo menos oitenta por cento (80%) nas próximas quatro décadas para termos a possibilidade de manter o aumento da temperatura a menos de 2° C. Caso contrário, o mundo enfrentará danos irreparáveis nos seus recursos naturais (Practical Action, 2007).
A maioria dos países em desenvolvimento tem dado atenção urgente às acções de adaptação. Estes países são os mais vulneráveis aos impactos das alterações climáticas porque dispõem de menos recursos para se adaptarem: social, tecnológica e financeiramente (UNFCCC, 2007). Prevê-se que as alterações climáticas tenham efeitos de grande alcance no desenvolvimento sustentável dos países em desenvolvimento. Isto aumentará a sua capacidade de atingir os Objectivos de Desenvolvimento do Milénio (ODM) das Nações Unidas até 2015 (ONU, 2007). Os relatórios da CQNUAC e do IPCC mostraram que ocorrerão danos generalizados mesmo com pequenos aumentos da temperatura global. Foi projetado que as emissões globais de dióxido de carbono (óxido de carbono (IV)) CO_2 devem ser reduzidas para menos de 50% (cinquenta por cento) do nível de 1990 até 2050. As emissões médias nos países desenvolvidos devem ser reduzidas em

pelo menos 80% (oitenta por cento) em relação ao nível de 1990.

A. Processos, caraterísticas e ameaças das alterações climáticas

As actividades humanas, como a queima de combustíveis fósseis (agricultura, transportes, aquecimento, indústria) e as alterações da utilização dos solos (desflorestação, urbanização e aumento da superfície impermeável), fazem parte das actividades antropogénicas que conduzem a processos de alteração climática. A queima de combustíveis fósseis liberta gases com efeito de estufa (GEE) (CO_2, CH_4, NO_2), enquanto as alterações da utilização dos solos provocam perturbações no ciclo do carbono e a libertação de gases com efeito de estufa que, em última análise, resultam no efeito de estufa. O gráfico da Figura 2.5 mostra os processos de mudança, as caraterísticas e as ameaças.

O efeito de estufa leva à alteração das principais caraterísticas climáticas, incluindo a fusão das calotes polares, o aumento da temperatura média (aquecimento global), as alterações da precipitação, a perturbação da circulação oceânica e as nuvens, provocando assim alterações climáticas abruptas. Estas alterações climáticas abruptas constituem grandes ameaças (para a economia e os meios de subsistência), incluindo catástrofes como a subida do nível do mar, a propagação de doenças, a seca e a fome, perdas económicas, inundações, ondas de calor, ciclones, perdas de biodiversidade, etc.

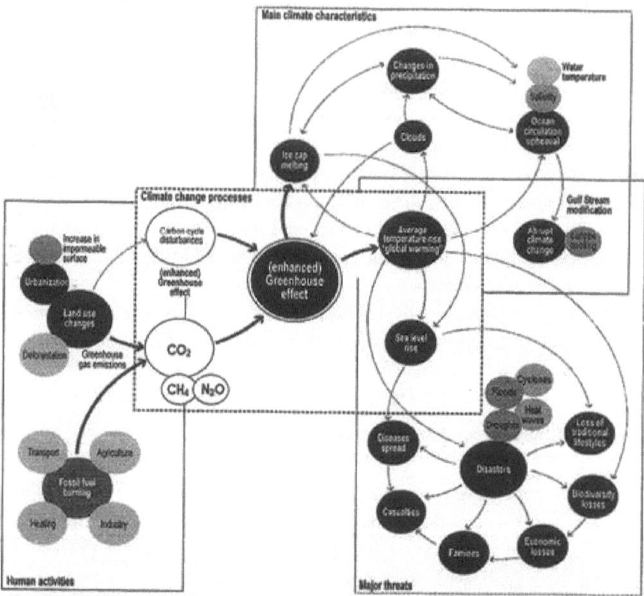

Figura 2.5: Processos, caraterísticas e ameaças das alterações climáticas

Fonte: Programa das Nações Unidas para o Ambiente (PNUA)/GRID-Arenal, (2008)

O processo de construção e a utilização do produto das actividades de construção geram estes gases que resultam em alterações climáticas. Esta foi a base do clamor por uma construção sustentável, edifícios ecológicos e desenvolvimento sustentável para reduzir drasticamente o efeito das emissões de gases com efeito de estufa. As alterações no planeamento e na utilização dos solos também constituem uma ameaça ao desenvolvimento sustentável dos projectos de construção se as soluções prováveis não forem integradas no processo de desenvolvimento dos edifícios.

2.1.7 A construção verde e os desafios ao desenvolvimento sustentável

A construção ecológica faz parte de um quadro ideológico mais vasto denominado sustentabilidade (Plaut, 2006), que está a evoluir rapidamente nos sectores da conceção e da construção. A construção ecológica faz parte de um movimento mais vasto em direção à sustentabilidade na nossa sociedade e em todo o mundo. As ideias complexas, os sistemas e as relações inter-relacionadas da construção ecológica estão a desafiar a indústria da construção a mudar e a adaptar as ideologias sustentáveis, devendo efetuar mudanças fundamentais na sua governação (Bungau, Bungau, Prada e Prada, 2023).

A sustentabilidade é entendida como uma preocupação em preservar a capacidade da Terra para suportar uma rica diversidade de formas de vida, incluindo a da raça humana. No entanto, viver dentro dos limites dos recursos da Terra, compreender as interconexões entre economia, sociedade e ambiente e distribuir equitativamente os recursos e as oportunidades não são objectivos claros. Embora se registem melhorias em algumas áreas, a situação global é ténue e está a depreciar-se, o que sugere que as funções básicas da Terra para suportar a vida estão seriamente ameaçadas. Questões globais como a perda de solos, a destruição da camada de ozono e as alterações climáticas globais colocam desafios significativos à capacidade de sobrevivência da humanidade enquanto espécie. Os problemas antigos persistirão e surgirão novos desafios à medida que forem sendo colocadas exigências cada vez maiores aos recursos que, em muitos casos, já se encontram num estado frágil. A pobreza e a injustiça social têm de ser resolvidas, caso contrário os seres humanos continuarão a destruir a capacidade da Terra para suportar a vida até perderem a capacidade de sobreviver como espécie. Espera-se uma mudança de consciência que possa resultar na restauração dos ecossistemas da Terra, na eliminação da pobreza e na criação de uma economia estável. A criação de uma utopia não parece realista, uma vez que as mudanças na forma como os seres humanos vivem podem ser capazes de travar ou, melhor ainda, inverter os danos ecológicos e a injustiça social. Para alcançar a sustentabilidade, os sistemas humanos e o consumo de recursos devem ser inerentemente benignos ou mesmo restauradores para o ambiente natural.

A indústria da construção, que se caracteriza por uma taxa de inovação relativamente lenta devido à sua dimensão, diversidade, fragmentação e baixo investimento em investigação e demonstração, é normalmente desafiada a acompanhar as tecnologias actuais e as melhores práticas. As práticas sustentáveis são uma das tecnologias que desafiam o sector da construção a mudar e a adaptar-se. Os desafios ao crescimento da construção ecológica para práticas de construção sustentáveis incluem a falta de análise dos custos do ciclo de vida, a perceção de custos iniciais mais elevados, a separação orçamental entre os custos de capital e os custos de funcionamento, a insuficiência da investigação e dos resultados da investigação, a aversão ao risco, a falta de informação e a desinformação (Ramon, Allacker, Trigaux, Wouters e Lipzig, 2023).

A abordagem comportamental baseada nas atitudes pessoais e na mentalidade dos indivíduos em relação à sustentabilidade inclui a rejeição, a não-responsividade, a conformidade, a eficiência, a proactividade estratégica e a corporação sustentável (Plaut, 2006 citado em Dumphy, Griffiths e Benn, 2003).

(i) . **A rejeição** é caracterizada pela atitude de que os recursos humanos e ecológicos existem apenas para fins de exploração e de lucro económico.

(ii) . **A falta de reação** é caracterizada pelo "business as usual" e resulta da ignorância e da falta de sensibilização.

(iii) . **A conformidade** é motivada pelo desejo de ser uma "boa empresa cidadã". Este grupo reage às pressões e regulamentações das agências governamentais e dos cidadãos.

(iv) . **Eficiência**, que se caracteriza pela redução de custos através de uma maior eficácia humana e ecológica.

(v) . **A proactividade estratégica**, que abraça a sustentabilidade como um valor fundamental e a sustentabilidade é vista como uma oportunidade de vantagem económica competitiva.

(vi) . **A empresa sustentável** representa a internalização da sustentabilidade como uma ideologia.

Note-se que, enquanto a proactividade estratégica se centra principalmente nos ganhos internos, uma cooperação sustentável promoverá ativamente a sustentabilidade na indústria e na sociedade em geral.

Plaut (2006), citado em Dumphy, Griffiths e Benn (2007), refere que as mudanças incrementais e transformacionais são os dois tipos de mudança organizacional. A **abordagem incremental** procura mover-se numa trajetória constante através das fases da sustentabilidade. **A mudança transformacional** é caracterizada por um afastamento radial das práticas actuais e pode implicar saltar uma ou mais fases. No entanto, a propagação da mudança é essencialmente um processo social em que os indivíduos de uma organização diferem na forma como se relacionam com novas ideias e tecnologias. Qualquer que seja a abordagem utilizada, o apoio dos indivíduos determina o sucesso final e o grau de adaptação das iniciativas de mudança sustentável.

2.1.8. Desafios e sustentabilidade das práticas de construção sustentável

O sector da construção é reconhecido como um dos principais contribuintes para o consumo de energia e, consequentemente, para as emissões de gases com efeito de estufa. A Organização para a Cooperação e o Desenvolvimento Económico (OCDE) afirma que a construção é responsável por cerca de 25 a 40 % do consumo final de energia nos países da OCDE (OCDE, 2006). A crescente preocupação com o ambiente e as alterações climáticas chama a atenção para a forma como as novas estruturas são encomendadas e construídas em termos de utilização de energia e recursos. Há considerações como o impacto social no ambiente, a poluição sonora, a poluição por poeiras e a poluição por odores, com alterações do clima e dos ecossistemas, que devem ser integradas no processo de conceção e construção.

A OCDE identifica cinco objectivos de edifícios sustentáveis para um projeto de construção sustentável: eficiência dos recursos; eficiência energética (incluindo a redução dos gases com efeito de estufa); prevenção da poluição (incluindo a qualidade do ar interior e a redução do ruído); harmonização com o ambiente; e abordagens integradas e sistémicas (John, Clements-Croome e Jeronimidis, 2005). A construção sustentável é uma série de decisões sustentáveis ou de boas práticas, que começam muito antes da construção (nas fases de planeamento e conceção) e continuam muito depois de a equipa de construção ter deixado o local: um processo que abrange a conceção, a construção e a manutenção contínua do que é referido como um "edifício verde" (Hayles e Holdsworth, 2005).

As vantagens das abordagens sustentáveis à conceção e construção têm benefícios económicos diretos, sociais e psicológicos indirectos e ambientais, respetivamente. A integração de princípios de edifícios ecológicos no processo de planeamento e conceção pode gerar mais 40% de poupanças e 40% de melhor desempenho do que a simples adição de tecnologias ecológicas a uma instalação tradicionalmente planeada e concebida (Lockwood, 2006). A redução dos custos energéticos, a diminuição dos problemas de saúde dos trabalhadores e o aumento da produtividade são também benefícios adicionais. Hayles e Kooloos (2008) enumeraram os desafios à adoção de edifícios sustentáveis em cinco categorias: custo; informação; processos de conceção; processo de construção; e materiais e tecnologia.

(i) **Custo de capital**: Há a perceção de que os edifícios sustentáveis têm custos mais elevados do que os edifícios convencionais, o que foi desmentido. Tal pode dever-se à falta de informação exacta, completa e quantificável sobre os impactos financeiros e económicos dos edifícios de elevado desempenho (Suttle, 2006). Os promotores são da opinião de que as instituições de crédito podem não compreender os aspectos do elevado desempenho e os seus valores no mercado. Os obstáculos económicos à conceção sustentável incluem (a) Falta de informação sobre os benefícios económicos inerentes a longo prazo da construção sustentável; (b) Falta de integração entre vários programas intensivos (descontos, empréstimos, assistência técnica e programas de reconhecimento); (c) realidade de que o primeiro custo é a principal preocupação entre as instituições financeiras e os investidores; e (d) natureza inerentemente conservadora da indústria da construção (Townsend, 2015).

(ii) **Recolha de informação**: As questões nesta área são a fiabilidade da tecnologia, a acessibilidade dos preços e o desempenho (Edwards, 1998); a complexidade de algumas concepções ecológicas (alto desempenho tecnológico) pode provocar a obsolescência mais cedo do que a conceção convencional (Mckee, 1998); a falta de consenso sobre o significado de construção sustentável; quais devem ser as normas mínimas de desempenho; quais as actividades consideradas prejudiciais para o ambiente; quais são as economias; e como avaliar ou medir a construção sustentável (Townsend, 2015).

(iii) **O processo de conceção**: Este aspeto tem a ver com a compreensão das opções ecológicas disponíveis por parte dos profissionais de conceção, como por exemplo, conhecimentos insuficientes para produzir especificações; falta de materiais de elevado desempenho disponíveis; dificuldades em obter a aprovação de novas tecnologias e questões laborais devido a potenciais medidas de poupança de mão de obra; todos estes aspectos constituem desafios adicionais à conceção sustentável (Zerkin, 2006). Os profissionais da conceção têm de investir muito tempo na avaliação de potenciais materiais e tecnologias, porque não existe uma avaliação normalizada dos produtos que permita a sua avaliação (Weber, 2005).

(iv) **O processo de construção**: Isto envolve falta de conhecimentos e, consequentemente, de mão de obra qualificada para instalar e manter novas tecnologias (e disponibilidade mínima de formação para a indústria); e infra-estruturas limitadas para tratar e disponibilizar material reciclado proveniente da desconstrução, tornando assim os custos proibitivos (Zerkin, 2006). Existe também uma pressão financeira e de tempo que pode ter um impacto negativo na eficácia dos sistemas de gestão ambiental nos estaleiros de construção (Shen, Yao e Griffith, 2006).

(v) **Materiais e tecnologia**: As práticas de construção sustentável podem fazer uma enorme diferença na sustentabilidade ambiental global, através de uma redução drástica na utilização do consumo de recursos naturais e de materiais intensivos em energia, como o cimento, o aço, os agregados e o alumínio (du Plessis, 2002). O processo de transporte de materiais por estrada, mar ou ar pode deixar um rasto de poluição, tornando mais insustentável a utilização de produtos locais. Por vezes, o que é considerado o produto ecológico mais adequado para um determinado fim não está disponível localmente, tornando assim a seleção de materiais extremamente complexa (Edwards, 1998). A dificuldade de determinar a energia incorporada ou os custos do ciclo de vida de um determinado produto é também um grande desafio. Além disso, os conhecimentos dos clientes são frequentemente limitados, o que torna a construção sustentável menos atractiva se estes não compreenderem o que estão a pagar (incluindo os elevados custos de capital).

Há outras questões que giram em torno deste conceito no nosso sector do desenvolvimento, como por exemplo,

(i) . Participação precoce de todos os consultores do projeto no processo de conceção para uma conceção integrada.

(ii) . A necessidade de reconhecer que os princípios da construção sustentável em todas e cada uma das fases de planeamento, avaliação, conceção, construção, funcionamento e desativação dos projectos é um quadro de ciclo de vida.

(iii) . As mudanças para acomodar a educação e a formação dos profissionais do ambiente construído para alargar a sensibilização para a sustentabilidade, a fim de desenvolver áreas mais críticas de práticas de conceção e construção sustentáveis em todos os países desenvolvidos e em desenvolvimento.

(iv) . A escolha dos materiais, a tecnologia e a acessibilidade dos preços, com uma seleção local limitada de materiais autóctones sustentáveis fornecidos a preços mais elevados e com prazos de entrega longos.

(v) . Falta de capacidade do sector da construção; ambiente económico incerto; falta de dados precisos; pobreza e baixo investimento urbano; falta de interesse das partes interessadas na questão da sustentabilidade; inércia e dependência tecnológica; falta de investigação integrada e códigos e normas coloniais enraizados.

(vi) . Em países em desenvolvimento como a Nigéria, onde a maioria da população é pobre e tem uma capacidade de investimento muito limitada, as tecnologias e os materiais que representam custos mais elevados não serão facilmente aceites.

A. Problemas na implementação de práticas de construção sustentável

A construção de edifícios tem impactos negativos no ambiente ecológico e no ambiente construído, mas a normalização das práticas de desenvolvimento de edifícios sustentáveis anulará esses impactos para a saúde do planeta e dos seus habitantes.

O crescimento do ambiente construído tem um efeito palpável na ecologia através da destruição de ecossistemas, da redução de terras virgens, do esgotamento de recursos naturais e da utilização de energia inerente. Este facto levou os sectores comercial e institucional do desenvolvimento a concentrarem-se em práticas de construção sustentáveis.

No Leadership Energy and Environmental Design (LEED), a tónica é colocada na eficiência energética, faltando outros aspectos como a redução do consumo de recursos naturais e a saúde humana no macro e microambiente.

Áreas de contenção: A definição de caraterísticas sustentáveis que encontrem o equilíbrio entre a proteção da ecologia, os interesses da sociedade e a economia torna vagas as melhores práticas de implementação.

Os promotores que atrasam a integração de práticas sustentáveis podem ser prejudicados num futuro próximo. As pessoas podem construir um futuro mais próspero, mais justo e mais seguro.

A Agência de Proteção do Ambiente dos Estados Unidos (EPA) (2007) elaborou o seguinte esquema para a sustentabilidade, tal como apresentado no Quadro 2.2.

Quadro 2.2: Disposição para a sustentabilidade

Sistema de recursos naturais	Resultado pretendido
Ar	Manter um ar limpo e saudável. Alterar os padrões industriais para reduzir e eliminar as emissões nocivas.
Terreno	Apoiar a gestão e o desenvolvimento de terras ecologicamente sensíveis. Eliminar práticas que promovam a tributação indevida da terra e incitem à desflorestação, à desertificação e à perda de biodiversidade.
Água	Manter os recursos hídricos garantindo a sua qualidade e disponibilidade
Energia	Produzir energia limpa e eficiente para satisfazer as necessidades da humanidade, com ênfase no desenvolvimento e implementação de fontes alternativas economicamente viáveis e sem impacto e na redução das emissões de gases com efeito de estufa (GEE)
Materiais (Recursos Naturais)	Fazer mais com menos. Alterar os padrões industriais para reduzir e eliminar padrões insustentáveis de produção e consumo. Promover a eficiência dos recursos e os sistemas de recursos renováveis.
Ecossistemas	Proteger e restaurar as funções, bens e serviços dos ecossistemas. Apoiar a biodiversidade.

Fonte: United States EPA (2007)

O grupo Earth First declarou que 'No Compromise in Defense of Mother Earth' e 'a civilização industrial e a sua filosofia são anti-terra'. Afirmam que a humanidade e o planeta não podem existir em harmonia um com o outro enquanto promovermos uma sociedade industrializada.

Brundtland (1987), no seu relatório sobre o nosso futuro comum, afirma que o ambiente não existe como uma esfera separada das acções, ambições e necessidades humanas e que as tentativas de o defender isoladamente das preocupações humanas deram à própria palavra "ambiente" uma conotação de ingenuidade em alguns círculos políticos. A palavra "desenvolvimento" também foi reduzida por alguns a um foco muito limitado, do tipo "o que as nações pobres devem fazer para se tornarem mais ricas", e assim o ganho é automaticamente descartado por muitos na arena internacional como sendo preocupação de especialistas. O "ambiente" é o local onde todos vivemos; e o "desenvolvimento" é o que todos fazemos para tentar melhorar a nossa sorte nesse local. Os dois são inseparáveis.

A integração da ecologia, da economia e da sociedade de uma forma saudável, prática e sustentável pode ser melhor alcançada no nosso desenvolvimento tecnológico através de um esforço concertado para melhorar os níveis de sustentabilidade e reduzir os impactos ambientais negativos, equilibrando simultaneamente as necessidades, o orçamento, a função e o carácter prático (Tomkiewicz, 2011). O relatório da Comissão Brundtland refere que não é possível alcançar um formato único de prática sustentável que possa abordar as variadas condições económicas, sociais e ecológicas que ocorrem em todo o mundo. As variações geográficas, climáticas e económicas, por si só, poderiam ter um impacto suficiente para impedir tal realidade. Por conseguinte, o desenvolvimento de um modelo sustentável plenamente funcional só pode ser implementado de forma viável se for criado como um mecanismo regional.

B. Práticas de desenvolvimento sustentável

Os dez sistemas distintos considerados nas questões do desenvolvimento sustentável incluem a eficiência energética, a qualidade do ar, a água, a utilização dos solos, os ecossistemas, os recursos naturais, a produção e o consumo de materiais, os resíduos químicos, os resíduos de materiais e, por último, a interação espacial (conceção universal). Estas facetas não podem ser abordadas como entidades individuais separadas em termos de aplicabilidade, uma vez que, na realidade, muitas facetas integram ou sobrepõem múltiplos sistemas de desenvolvimento de edifícios. Os factores de sustentabilidade devem ser considerados como um todo e cada elemento deve ser combinado com os outros para criar um sistema de desenvolvimento sustentável coeso, caso contrário, torna-se ineficaz.

A USEPA (2007) observou que, para alcançar a sustentabilidade na gestão dos sistemas naturais, é necessário compreender melhor a complexidade desses sistemas, incluindo os seus limiares críticos, a sua resiliência e adaptabilidade. A capacidade do biota (organismos vivos de uma região) para filtrar eficazmente os poluentes atmosféricos criados pelo aumento da industrialização e do desenvolvimento trouxe impactos negativos das emissões de gases com efeito de estufa (GEE) que resultaram no aquecimento global.

O aumento dos gases com efeito de estufa através do consumo de combustíveis fósseis, da agricultura e da produção industrial provoca a alteração do equilíbrio e o aumento das concentrações atmosféricas. Os resíduos dos aterros sanitários foram responsáveis por vinte e dois por cento (22%) das emissões de metano nos EUA em 2008. As práticas de desflorestação reduzem os ciclos naturais de filtragem, fazendo com que estas acumulações se mantenham. Estas concentrações provocam alterações climáticas que são a base do aquecimento global (USEPA, 2009). As práticas actuais de desflorestação, através do corte raso de locais de construção, do recontorno geográfico severo e da remoção da camada superior do solo para revenda, não só retiram à terra os seus ecossistemas, como também aumentam a fractalização dos ecossistemas remanescentes e forçam a conformidade biótica num ambiente não natural. Os biota são removidos e substituídos por subsituação artificial sob a forma de jardins e relvados bem cuidados. A integração habitual destes biota selectivos, que têm de ser mantidos regularmente de forma artificial, pode ser vista como residentes e praticantes "naturais", mas na realidade não designa um bio-sistema funcional.

Estas alterações artificiais destroem a paisagem residencial que necessita de manutenção através de aditivos químicos no solo para manter a estética perfeita desejada. Servem também para compensar desequilíbrios químicos no solo e contêm toxinas utilizadas para controlar espécies indesejáveis, como ervas daninhas e insectos. Este facto tem um impacto cíclico no ecossistema, uma vez que estas toxinas se infiltram nas fontes de água através do escoamento de águas pluviais e da permeação do solo. Alguns destes materiais não se biodegradam, tornando-se contaminantes persistentes do ambiente. Estas práticas controlam a natureza e perpetuam uma psicologia de embaraço entre o homem e a natureza.

Há um aumento da aplicação de superfícies impermeáveis como resultado da expansão contínua da urbanização. A proverbial selva de asfalto é criada pela construção de estradas, telhados e parques de estacionamento. Isto aumenta o volume de água de escoamento superficial, os telhados e degrada ainda mais a qualidade da água, uma vez que os óleos, os produtos químicos e outras toxinas são arrastados para fora deles. Isto reduz a capacidade de recarga dos aquíferos, uma vez que a água é redireccionada, pelo que é necessário controlar as fontes poluentes.

A sustentabilidade da utilização dos solos vai para além das implicações de ultrapassar a flora e a fauna e invadir os ecossistemas para fins de desenvolvimento. A questão de "onde? e como?" é necessária, ou seja, onde estamos a colocar os nossos ambientes de vida e qual a melhor forma de planear com o menor impacto possível no ambiente, promovendo simultaneamente a sustentabilidade? Embora a concentração urbana de alta densidade promova o sentido de comunidade e a coesão social, os aspectos sociais positivos podem resultar numa diminuição do consumo de energia, em padrões de atividade menos intensivos em energia, numa menor dependência dos automóveis e numa habitação com paredes partilhadas que minimiza as perdas de energia térmica, promovendo simultaneamente a sustentabilidade da vida urbana.

No decurso da implementação de práticas de construção sustentáveis, a necessidade de habitantes a longo prazo é necessária para uma interação mais rentável e prática entre o utilizador e a estrutura. Quando estes factores não são tidos em consideração, a necessidade de renovação e adaptação aumenta, o que leva a um aumento dos resíduos associados à casa. Uma casa construída de acordo com todas as outras normas sustentáveis pode potencialmente anular esses aspectos, alterando estes valores importantes.

C. Sustentabilidade e códigos de construção

Os códigos de construção regulam a conceção, a construção e o desenvolvimento das infra-estruturas dos edifícios. Representam a personificação do nosso conhecimento e compreensão acumulados dos materiais e da forma de os utilizar com segurança na construção de estruturas. Existem como definições, prescrições, regras e tabelas de um conjunto de dados desencarnados - desenvolvidos e evoluídos através de um processo que tem uma lógica interna muito forte, mas que ignora as consequências que não se prendem com a preocupação com a saúde física e a segurança das pessoas que vivem em edifícios individuais ou na sua proximidade. Há muito trabalho feito para documentar os impactos ambientais, económicos e sociais do ambiente construído, mas não se fez muito para avaliar os códigos de construção deste ponto de vista (British Building Code (BBC), 2019).

A consciência dos impactos reais das nossas decisões nos processos de conceção, construção e regulamentação é necessária porque não podemos negligenciar a enorme complexidade desses impactos. É um facto que não os podemos compreender totalmente e que é difícil começar a basear as nossas acções na ideia de reduzir o nível de consequências ininterruptas. A fim de abordar as consequências ininterruptas, a tecnologia adequada pode ser definida como o nível mais baixo de tecnologia que fará bem o que precisa de ser feito, em oposição à nossa tendência cultural para utilizar o nível mais elevado de tecnologia que pensamos poder pagar. Os códigos de construção evoluíram no sentido da utilização de níveis mais elevados de tecnologia e, quase exclusivamente, de materiais processados industrialmente, o que amplificou as consequências não intencionais. Os códigos e regulamentos, bem como os processos para o seu desenvolvimento e modificação, carecem de mecanismos para resolver este problema, em parte porque o problema não foi reconhecido.

O conceito de sustentabilidade é afastado do desenvolvimento do código, uma vez que se baseia na base industrial dos produtos especificados. Estes produtos são materiais e sistemas de elevado impacto e menos sustentáveis, enquanto as alternativas locais e de baixo impacto são ignoradas. Há outras questões que os códigos de construção ignoram, como

(i) . de onde provêm os recursos, com que eficiência são utilizados ou se podem ser reutilizados no final da vida útil de uma estrutura.

(ii) . impactos ambientais da aquisição ou esgotamento de recursos, transporte, processos de fabrico, eliminação após utilização, energia incorporada dos materiais ou contribuição para o aquecimento global.

(iii) . as questões relativas aos recursos são frequentemente identificadas como estando no centro do desenvolvimento de padrões sustentáveis de construção e desenvolvimento, mas estão totalmente ausentes dos códigos de construção.

(iv) . os materiais e sistemas de construção não manufacturados e autóctones não estão incluídos nos códigos de construção.
(v) . em muitos climas, os edifícios indígenas não construídos com qualquer código são muito mais confortáveis e têm muito menos impactos negativos e custos do que os edifícios modernos que os substituíram.
(vi) . a toxicidade dos processos de extração, fabrico e utilização dos materiais são as questões da construção sustentável que estão para além dos problemas.
(vii). a questão de tratar todos os edifícios como se exigissem o mesmo nível de sofisticação tecnológica, independentemente da utilização, localização, preferência do proprietário, custo ou impactos.
(viii) As variações nos códigos existentes, que são em grande parte o resultado de diferentes tipos de ocupação, são relativamente pequenas em quase todos os casos.
(ix) . os códigos de construção são inicialmente desenvolvidos pelas indústrias que produzem os materiais e sistemas de construção que são regulados pelos códigos.
A maioria dos códigos de construção não foi desenvolvida de acordo com o conceito de sustentabilidade e, para que possamos defender plenamente a causa do desenvolvimento sustentável dos projectos de construção, a preservação dos investimentos de capital em edifícios e a redução da exposição de responsabilidade e dos proprietários são forças poderosas e devem ter um lugar legítimo neste processo.
Para desenvolver um processo de avaliação dos códigos com base no facto de estes preservarem ou ameaçarem efetivamente a saúde e a segurança, é necessário envolver as melhores pessoas, com um conhecimento profundo, no desenvolvimento de um processo de avaliação e integração dos impactos, custos, benefícios e riscos nos códigos. É necessário criar um tipo diferente de sabedoria sobre o projeto e a regulamentação da construção que se baseie na procura de uma compreensão dos resultados locais e globais.

2.1.9. Sistema internacional de avaliação do desempenho de edifícios sustentáveis de diferentes países

Os princípios de sustentabilidade dos edifícios podem ser avaliados utilizando várias técnicas e metodologias que variam consoante as organizações e os países. Existem alguns sistemas internacionais de avaliação do desempenho de edifícios (BPAS) que são utilizados, como o Leadership in Energy and Environmental Design (LEED) (Estados Unidos), BREEAM (Reino Unido), SBTool (Canadá / Internacional) e Green Star (Austrália)), Green Mark (Singapura), HK-BEAM (Hong Kong), Green Building Index (GBI (Malásia)).

A. Leadership in Energy and Environmental Design (LEED) (Estados Unidos)

Os edifícios têm um impacto muito significativo no ambiente. O movimento de conceção e construção de edifícios sustentáveis teve a sua origem durante a crise americana, no início da década de 1970, com a criação da Agência de Proteção do Ambiente (EPA) para tratar das condições e políticas ambientais dos Estados Unidos, em colaboração com o Departamento de Energia. O United States Green Building Council (USGBC) foi criado na década de 1990 e está atualmente a liderar a conceção de edifícios sustentáveis com a implementação do sistema de classificação de edifícios das normas Leadership in Energy and Environmental Design (LEED).
As diretrizes da norma LEED foram estruturadas para incluir o seguinte:

i) Selecionar e desenvolver locais para promover comunidades habitáveis.
ii) Desenvolver uma conceção flexível para aumentar a longevidade do edifício.
iii) Utilizar estratégias naturais para proteger e recuperar os recursos hídricos.
iv) Melhorar a eficiência energética, assegurando simultaneamente o conforto térmico
v) Reduzir os impactos ambientais relacionados com a utilização de energia.
vi) Promover a saúde e o bem-estar dos ocupantes no ambiente interior.
vii) Conservar a água e considerar sistemas de reutilização da água.

viii) Utilizar materiais de construção preferíveis do ponto de vista ambiental.

ix) Utilizar materiais vegetais adequados.

x) Plano de Reciclagem durante a Construção, Demolição e Ocupação.

B. BREEAM (Reino Unido)

O BREEAM foi o primeiro Sistema de Avaliação do Desempenho de Edifícios (BPAS) a ser lançado no mundo em 1990 pelo Building Research Establishment (BRE), a Organização Nacional de Investigação da Construção no Reino Unido. O BREEAM (Building Research Establishment Environmental Assessment Method) foi lançado pelo BRE para vários sectores de construção, como escritórios, residências, educação, saúde, industrial, prisões e retalho (BRE, 2013).

O BREEAM classifica os edifícios numa escala de Aprovado (>30), Bom (>45), Muito Bom (>55), Excelente (>70) e Excecional (>85). A definição de um valor de referência para a sustentabilidade e o incentivo às inovações para atingir o objetivo permitiram ao BREEAM aumentar a sustentabilidade e a inovação nos projectos de construção e no ambiente construído. O BREEAM já certificou mais de um quarto de milhão de edifícios e está atualmente ativo em mais de 50 países em todo o mundo (BRE, 2013). Até 2005, o BREEM foi adotado no Canadá e em vários países europeus e asiáticos (Kibert, 2005). Um edifício certificado BREEAM é identificável como tendo sido planeado, concebido, construído e operado de acordo com os princípios das melhores práticas de sustentabilidade. O BREEAM International (2013) foi desenvolvido e lançado em junho de 2013 para ser utilizado em países (em todo o mundo) sem um operador de sistema nacional (NSP) afiliado ao BREEAM. Avalia novos projectos de construção que abrangem escritórios, unidades industriais, edifícios de retalho e edifícios de habitação independentes. O BREEAM avalia o desempenho dos edifícios nos seguintes domínios: gestão, saúde e bem-estar, utilização de energia, transportes, água, materiais, resíduos, utilização do solo e ecologia, poluição e inovação.

O BREEAM trabalha para sensibilizar os proprietários, ocupantes, projectistas e operadores para os benefícios da adoção de uma abordagem de ciclo de vida à sustentabilidade. Também os ajuda a adotar soluções com sucesso e de forma rentável, e facilita o reconhecimento pelo mercado das suas realizações (BRE, 2013).

C. SBTool (Canadá/Internacional)

A Sustainable Building Tool (SBTool) foi iniciada no Canadá em 1996 por equipas internacionais de catorze países. Esta ferramenta SBTool era anteriormente designada por Green Building Tool (GBTool), que é um sistema de software para avaliar o desempenho de sustentabilidade de edifícios para a implementação dos sistemas de avaliação do Green Building Challenge (Kibert, 2005).

O processo GBC foi lançado pela Natural Resources Canada, mas a responsabilidade foi transferida para a International Initiative for a Sustainable Built Environment (iiSBE) em 2002 (iiSBE, 2006). A ferramenta é implementada sob a forma de uma sofisticada folha de cálculo Excel que pode ser descarregada do sítio Web da iiSBE. Trata-se de um quadro flexível que pode ser configurado para se adaptar a quase todas as condições locais do tipo de edifício (Larsson, 2012).

A SBTool (2012) estabelece uma distinção clara entre diretrizes para as caraterísticas de conceção e estratégias de funcionamento e factores de desempenho. Esta distinção resulta da constatação de que muitos sistemas de classificação, incluindo versões anteriores do SBTool, misturaram os dois, levando a sistemas que são excessivamente complexos e prescritivos por natureza. O processo de classificação no SBTool baseia-se numa série de comparações entre as caraterísticas do edifício-objeto e as referências nacionais ou regionais de práticas minimamente aceitáveis, "boas práticas" e "melhores práticas". O sistema SBTool consiste em dois módulos de avaliação distintos que estão ligados a fases do ciclo de vida; um para a "avaliação do local", realizado na fase de pré-conceção; e outro para a "avaliação do edifício", realizado nas fases de conceção, construção ou funcionamento. A ferramenta também inclui uma secção sobre o Processo Integrado de Conceção

(PDI), que será uma orientação útil para os projectistas que trabalham no processo de conceção. Os parâmetros do PDI não estão funcionalmente ligados à pontuação, mas estão ligados, apenas para fins informativos, a referências de pontuação adequadas. O sistema SBTool permite que as avaliações sejam feitas em quatro fases distintas, a saber 1) fase de pré-conceção: esta fase é relevante para a seleção do local do projeto e das suas caraterísticas 2) fase de conceção: as avaliações do potencial desempenho operacional do projeto são realizadas nesta fase, com base em documentos e dados pré-construção 3) fase de construção: a avaliação nesta fase abrange o processo de construção e não resulta numa avaliação do potencial desempenho operacional do projeto, avaliado num período de, pelo menos, dois anos após a ocupação. As oito questões de avaliação do SBTool 2012 são (iiSBE, 2012);

1. Localização do sítio, serviços disponíveis e caraterísticas do sítio (apenas na fase de pré-conceção)
2. Registo e ordenamento do território, conceção urbana e infra-estruturas (estado de conceção, construção e exploração)
3. Consumo de energia e de recursos
4. Cargas ambientais
5. Qualidade do ambiente interior
6. Qualidade do serviço
7. Aspectos sociais, culturais e perceptivos
8. Custos e aspectos económicos.

D. Green Star (Austrália)

O sistema de avaliação Green Star, desenvolvido pelo Green Building Council of Australia (GBCA) em 2003, baseou-se nos sistemas de classificação existentes do BREEAM e do LEED, com adaptações para se adequar às condições locais da Austrália (Reeder, 2010; Kirert, 2005). O Green Star é um sistema de classificação ambiental abrangente, nacional e voluntário que avalia a conceção e a construção ambiental de edifícios e comunidades. O Green Star foi desenvolvido para o sector imobiliário a fim de estabelecer uma linguagem comum, definir um padrão de medição para a sustentabilidade do ambiente construído, promover uma conceção integrada e holística, reconhecer a liderança ambiental, identificar e melhorar os impactos do ciclo de vida e sensibilizar para os benefícios da conceção, construção e planeamento urbano sustentáveis.

A ferramenta de classificação Green Star Office V3 abrange as seguintes categorias:

1. Gestão (12 pontos)
2. Qualidade do ambiente interior (27 pontos)
3. Energia (29 pontos)
4. Transportes (11 pontos)
5. Água (12 pontos)
6. Materiais (25 pontos)
7. Utilização dos solos e ecologia (8 pontos)
8. Emissões (19 pontos)
9. Inovação (5 pontos).

Está disponível um máximo de 148 pontos para o Green Star Office Design. É determinado um grau de 1 a 6 estrelas para a pontuação mínima global de 10, 20, 30, 45, 60 e 75, respetivamente, que se baseia na abordagem de classificação original do BREEAM. No entanto, a GBCA certifica apenas as três últimas, ou seja, a certificação verde de quatro estrelas, que representa as "melhores práticas", a certificação verde de cinco estrelas, que representa a "excelência australiana", e a certificação de seis estrelas, que significa "liderança mundial" (GBCA, 2008).

E. Marca Verde (Singapura)

A Marca Verde foi lançada pela Building Construction Authority (BCA) do Ministério do Desenvolvimento Nacional de Singapura em janeiro de 2005. O LEED (Estados Unidos) e o Green Star Australia foram utilizados como base para adaptar o Green Mark às condições locais de

Singapura (BCA, 2013a). No quadro de avaliação para os novos edifícios, os promotores e as equipas de conceção são incentivados a conceber e construir edifícios verdes e sustentáveis que possam promover poupanças de energia, poupanças de água, ambientes interiores mais saudáveis, bem como a adoção de uma vegetação mais extensa nos seus projectos. No caso dos edifícios existentes, os proprietários e operadores dos edifícios são incentivados a cumprir os seus objectivos de operações sustentáveis e a reduzir os impactos adversos dos seus edifícios no ambiente e na saúde dos ocupantes ao longo de todo o ciclo de vida do edifício. Atualmente, estão a ser utilizados vários sistemas de marca verde, nomeadamente a marca verde para novos edifícios não residenciais, novos edifícios residenciais, edifícios não residenciais existentes, edifícios residenciais existentes, escolas existentes, interiores de escritórios, casas térreas, infra-estruturas, bairros, restaurantes, supermercados, centros de dados existentes e novos, comércio retalhista, Parques existentes e novos (BCA, 2013b). Abrange os seguintes critérios de avaliação para novos edifícios não residenciais e novos edifícios residenciais (BCA, 2012; BCA, 2013b):

(a) Eficiência energética
(b) Eficiência hídrica
(c) Proteção do ambiente
(d) Qualidade do ambiente interior
(e) Outras caraterísticas ecológicas e inovação.

Com base numa avaliação global, será atribuída a um edifício uma das quatro classificações de Marca Verde seguintes: Certificado (50 a 70 pontos), Ouro (75 a 84 pontos), Ouro^{plus} (85 a 89 pontos) e Platina (90 ou mais pontos). Devem ser cumpridos três requisitos importantes para obter o prémio Green Star: 1) devem ser preenchidos todos os pré-requisitos relevantes 2) obter um mínimo de 30 pontos na "categoria Energia" e 3) obter pelo menos 20 pontos noutras categorias (BCA, 2012). Os edifícios certificados com a Marca Verde devem ser reavaliados de três em três anos para manterem o estatuto de Marca Verde. Os novos edifícios certificados serão subsequentemente reavaliados de acordo com os critérios dos edifícios existentes. Os edifícios existentes serão reavaliados de acordo com os critérios de construção existentes (BCA, 2013b; BCA, 2012).

F. HK-BEAM (Hong Kong)

O método de avaliação ambiental de edifícios de Hong Kong (HK-BEAM) foi desenvolvido em 1996 e é um sistema de avaliação do desempenho ambiental concebido para edifícios de grande altura na comunidade. Atualmente, foi melhorado para abranger tipos de edifícios novos e existentes, incluindo escritórios, residências, centros comerciais, hotéis, escolas, hospitais, edifícios ventilados ou mistos. Aborda também a higiene, a saúde e outras questões ambientais de uma forma holística.

O HK-BEAM é um sistema de avaliação abrangente, justo e transparente com os seguintes atributos

(i) abrange muitos domínios da sustentabilidade, nomeadamente social e ambiental;
(ii) reconhece as melhores práticas;
(iii) permite um método global de quantificação do desempenho global;
(iv) demonstrar qualidades de desempenho aos utilizadores finais; e
(v) proporciona benefícios económicos às partes interessadas.

A HK-BEAM tem duas normas que abrangem todos os edifícios locais de acordo com a fase do seu ciclo de vida.

(a) HK-BEAM versão 4/04 para novos edifícios (para planeamento, projeto, construção e entrada em funcionamento, com disposições de projeto e especificação para desconstrução):
(b) HK-BEAM versão 5/04 para edifícios existentes (para gestão, operação e manutenção, com algumas sobreposições sobre a entrada em funcionamento e a conceção inerente do edifício),

O quadro de avaliação do ciclo de vida completo da HK-BEAM foi apresentado como ilustrado na Figura 2.6.

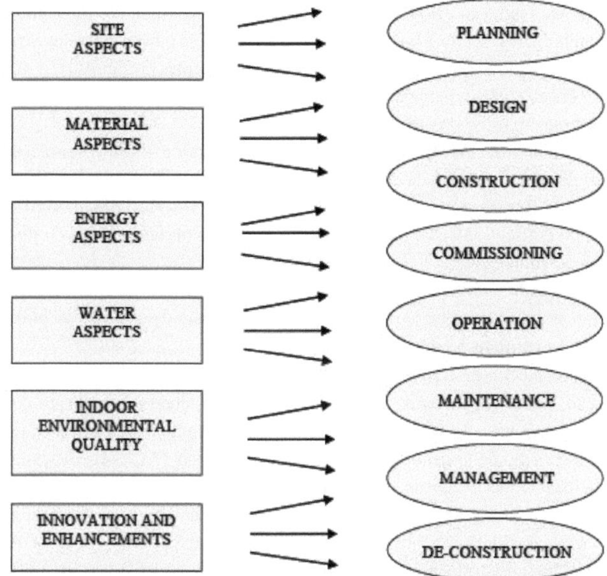

Figura 2.6: O quadro de avaliação do ciclo de vida completo da HK-BEAM

Fonte: HK-BEAM (1996)

A cobertura das questões da HK-BEAM vai para além do ambiente. Desde a sua criação e ao longo do tempo, o HK-BEAM tem abrangido um número crescente de questões socioeconómicas relacionadas com os edifícios, como, por exemplo, a utilização do solo, a comodidade e acessibilidade do local, o conforto dos peões, a saúde e higiene ambientais, a estética, a saúde e o bem-estar dos ocupantes, etc. Como tal, o HK-BEAM continua a evoluir como um método de avaliação da "sustentabilidade ambiental" e, à medida que os parâmetros se tornam mais bem compreendidos e definidos, acaba por se tornar um método de avaliação da "sustentabilidade dos edifícios".

Os critérios de boas práticas propostos pela HK-BEAM são agrupados num quadro geral semelhante a outros sistemas utilizados a nível mundial, tendo em devida consideração a sua importância relativa:

(i) . **Aspectos do sítio**: - utilização e localização do terreno, otimização da disposição do sítio, transportes, acessibilidade, ecologia, comodidade, interfaces entre o sítio e a vizinhança, emissões e gestão do sítio, etc.

(ii) . **Aspectos materiais**: - otimização da conceção e do funcionamento, métodos de construção inovadores, flexibilidade e durabilidade dos edifícios, prevenção de materiais nocivos para o ambiente, minimização dos resíduos, etc.

(iii) . **Aspectos energéticos**: - Conceção passiva/baixa energia, microclima, eficiência das instalações/equipamentos, energias renováveis, redução do consumo anual de energia, etc.

(iv) . **Aspectos relativos à água**: qualidade da água potável, economia e reciclagem da água, gestão de efluentes, etc.

(v) . **Qualidade do ambiente interior**: - Segurança, proteção, higiene, comodidades, conforto térmico, eficácia da ventilação, qualidade do ar interior (poluentes internos e externos), iluminação natural/artificial, acústica e vibrações, etc.

(vi) . **Técnicas inovadoras**: - Técnicas inovadoras e melhorias para além das estipuladas nos critérios HK-BEAM acima indicados.

Ao avaliar edifícios saudáveis, a HK-BEAM avalia a sustentabilidade ambiental dos edifícios numa abordagem holística, sendo a higiene, a saúde, o conforto e o bem-estar dos ocupantes partes integrantes e essenciais do quadro. Estes podem incluir os seguintes domínios:

(a) . **Higiene**: - canalização e drenagem, contaminação biológica, instalações de eliminação de resíduos, microclima em torno dos edifícios.

(b) . **Qualidade do ar interior (QAI)**: - Poluentes do ar exterior e interior, ventilação

(c) . Qualidade da **água**:- Qualidade do abastecimento de água portátil

(d) . **Qualidade da iluminação**: - Luz do dia, vistas para o exterior, desconforto e insatisfação dos utilizadores do edifício, fator de luz do dia vertical (VDF) ou fator de luz do dia de cobertura (DF), iluminação artificial, etc.

(e) . **Acústica e Ruído**:- O ruído pode causar inteligibilidade da fala, desconforto, irritação e interferência com as actividades no local de trabalho; efeitos fisiológicos a longo prazo, etc.

G. Índice de Construção Verde (Malásia)

O Índice de Construção Verde (GBI) (Malásia) é a ferramenta de classificação verde reconhecida para a construção, com o objetivo de promover a sustentabilidade no ambiente construído. Foi desenvolvido pelo Instituto de Arquitectos da Malásia - Arquitectos Profissionais da Malásia (PAM) e pela Associação de Engenheiros Consultores da Malásia (ACEM) e lançado oficialmente pelo Ministério das Obras Públicas da Malásia em maio de 2009. A GBI foi desenvolvida especialmente para o clima tropical, o contexto ambiental e de desenvolvimento, a cultura e as necessidades sociais da Malásia, com base nas experiências da Estrela Verde da Austrália e da Marca Verde de Singapura (que, por sua vez, aprenderam com o LEED dos EUA) (GSB, 2013b). Existem várias categorias atualmente em uso no GBI, que são o projeto GBI para Novas Construções Não Residenciais (NRCN), Novas Construções Residenciais (RCN), Novas Construções Industriais (INC), Edifícios Existentes Não Residenciais (NREB), Novas Construções Industriais (INC), Edifícios Existentes Industriais (IEB) e Município.

A classificação GBI é atribuída aos edifícios com base nos seis critérios seguintes (GSB, 2013a; GSB, 2013c):

(1) . Eficiência energética

(2) . Qualidade do ambiente interior

(3) . Planeamento e gestão de sítios sustentáveis

(4) . Material e recursos

(5) . Eficiência da água

(6) . Inovação.

As ferramentas de classificação GBI são revistas anualmente. O GBI foi desenvolvido especificamente para o clima tropical da Malásia, o contexto ambiental e de desenvolvimento e as necessidades culturais e sociais. Foi criado com o objetivo de definir edifícios ecológicos, estabelecendo uma linguagem e uma norma de medição comuns, promover uma conceção integrada de todo o edifício, reconhecer e recompensar a liderança ambiental, transformar o ambiente construído para reduzir o seu impacto ambiental e garantir que os novos edifícios continuem a ser relevantes no futuro e que os edifícios existentes sejam renovados e modernizados de forma adequada para se manterem relevantes. Os actores da construção na Malásia são encorajados a utilizar a GBI para validar as iniciativas ambientais na fase de projeto de uma nova construção ou na fase de renovação ou construção e aquisição de um edifício (GSB, 2012b). Os prémios de certificação GBI Malásia são atribuídos a edifícios que cumprem os requisitos GBI, conforme ilustrado no Quadro 2.3.

Quadro 2.3: Classificação do Índice de Construção Verde

Pontos	Classificação GBI
86+	Platina
76-85	Ouro

66-75	Prata
50-65	Certificado

Fonte: GSB (2012b)

H. Quadro de Relatórios de Sustentabilidade da GRI

Em 1997, a Global Reporting Initiatives (GRI) foi criada como uma instituição independente cuja missão tem sido desenvolver e divulgar diretrizes para a elaboração de relatórios de sustentabilidade aplicáveis a nível mundial. É um centro colaborador oficial do Programa das Nações Unidas para o Ambiente (PNUA). As Diretrizes para a Elaboração de Relatórios GRI são um relatório organizacional que fornece informações sobre o desempenho económico, ambiental, social e de governação. A versão 3 das Diretrizes para a Elaboração de Relatórios de Sustentabilidade da GRI (Diretrizes G3) foi lançada em 2006 e inclui divulgações de sustentabilidade que as organizações podem adotar de forma flexível e progressiva, permitindo-lhes ser transparentes quanto ao seu desempenho em áreas-chave da sustentabilidade. As Diretrizes G3 foram atualizadas em 2011 com a realização das Diretrizes Versão 3.1 (Diretrizes G3.1) (GRI, 2014). Em maio de 2013, a GRI lançou a quarta geração de Diretrizes, conhecida como Diretrizes G4. Os relatórios publicados após 31 de dezembro de 2015 devem ser elaborados de acordo com as Diretrizes G4 (GRI, 2014).

As Diretrizes GRI são um excelente exemplo de aplicação empresarial dos Objectivos de Desenvolvimento do Milénio (ODM) das Nações Unidas. Por conseguinte, é importante ser utilizado para demonstrar o empenho da organização ou da equipa no desenvolvimento sustentável para este estudo, para comparar o desempenho organizacional e o processo de planeamento do projeto ao longo do tempo e para medir o desempenho organizacional e do projeto relativamente a todo o processo de planeamento do projeto. O quadro estabelece os princípios e os indicadores de desempenho que a organização pode utilizar para medir o seu desempenho económico, ambiental e social. Por conseguinte, para efeitos do presente estudo, o investigador considera que os princípios e indicadores de desempenho de sustentabilidade do relatório são compatíveis para serem utilizados para medir os princípios de sustentabilidade do edifício que devem ser incorporados durante o processo e a construção do projeto.

I. Ferramenta de avaliação da construção sustentável (SBAT) nos países em desenvolvimento

A ferramenta de avaliação de edifícios sustentáveis foi desenvolvida para apoiar a implementação de práticas mais sustentáveis no sector da construção civil. A ênfase é colocada nos aspectos sociais, económicos e ambientais da sustentabilidade, especialmente no desenvolvimento da sensibilização e do apoio à sustentabilidade entre as partes interessadas na construção, clientes, utilizadores de edifícios, gestores de instalações e equipas de projeto. O SBAT foi concebido para integrar a sustentabilidade na conceção, construção e gestão de edifícios. Esta abordagem reflecte-se na vasta gama de métodos e guias de avaliação ambiental de edifícios, como o BREEAM (Reino Unido), o LEED (EUA) (GBC, 2000) e a GB Tool (Canadá) (GB Tool, 1999).

A Ferramenta de Avaliação de Edifícios Sustentáveis (Sustainable Building Assessment Tool - SBAT) sugere que há quinze (15) áreas principais nos edifícios que precisam de ser avaliadas para se ter uma ideia da medida em que um edifício apoia a sustentabilidade, as quais estão organizadas em aspectos ambientais, económicos e sociais.

(a) Ambiental	**(b) Económico**	**(c) Social**
• Água	• Economia local	• Conforto dos ocupantes
• Energia	• Eficiência de utilização	• Ambientes inclusivos
• Reciclagem e reutilização de resíduos	• Adaptabilidade e flexibilidade	• Acesso às instalações
		• Participação e controlo
• Sítio e paisagismo	• Custos correntes	• Educação, saúde e Segurança dos contratantes locais
• Materiais e componentes	• Custos de capital	

O SBAT tem por objetivo avaliar o desempenho dos edifícios em termos de sustentabilidade e o grau de contribuição do edifício para apoiar e desenvolver sistemas mais sustentáveis à sua volta. A fim de influenciar os processos normais de conceção, construção e gestão de edifícios, foi desenvolvido um processo de nove (9) fases (designado por abordagem estruturada) baseado no ciclo de vida típico de um edifício, que inclui

(i) . Briefing	(v) . Análise do sítio	(ix). Fixação de objectivos
(ii) . Projeto	(vi) . Desenvolvimento do projeto	
(iii) . Construção	(vii) . Transferência	
(iv). Funcionamento	(viii). Inverter/refazer/reciclar	

O SBAT pode ser utilizado durante o briefing, a análise do local, a definição de objectivos, o desenvolvimento do projeto, a construção, a operação e a reutilização/reabilitação/reciclagem. O SBAT opinou que as estratégias para o desenvolvimento nacional sustentável devem abranger o sistema humano, que faz parte do ecossistema, e as relações cruciais para o bem-estar das pessoas e do ecossistema. Trata-se de dois ciclos interactivos de pressões, condições e condições. Um ciclo está dentro do sistema humano e o outro entre o sistema humano e o ecossistema, como mostra a Figura 2.7.

Karaitiana (2004) postulou que, sobre a **sustentabilidade e a indústria da construção**, a sustentabilidade é uma das questões mais importantes que desafiam a indústria da construção e continuará a fazê-lo nos próximos anos. Existe um certo grau de apreensão por parte da indústria da construção de que a sustentabilidade é má para o negócio. No entanto, a indústria não pode fugir nem esconder-se desta questão, que está a ser impulsionada tanto pela pressão dos clientes como pela política governamental ou pelo lobby ecológico. Por conseguinte, é necessária informação prática e relevante sobre a sustentabilidade e, mais importante ainda, sobre o que significa para a indústria, para que as consequências de alterações potencialmente importantes na política governamental possam ser fácil e economicamente incorporadas na prática empresarial quotidiana.

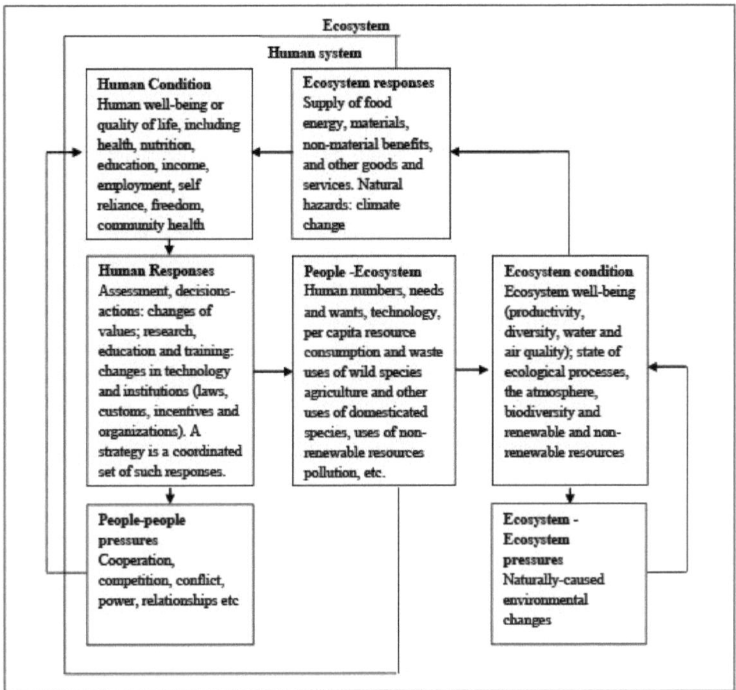

Figura 2.7: Relações entre as pessoas e a Terra
Fonte: Karaitiana (2004)

2.1.10. Abordagem da conceção de edifícios para atingir os Objectivos de Desenvolvimento Sustentável

Os Objectivos de Desenvolvimento Sustentável (ODS), que derivam dos Objectivos de Desenvolvimento do Milénio (ODM), definem os desafios que temos de enfrentar hoje para alcançar um futuro melhor e mais sustentável para todos (Nnaemeka-Okeke, Okeke e Sam-Amobi, 2020).

A Agenda 2030, concebida em 2015 pelos líderes mundiais sobre o desenvolvimento sustentável, foi enquadrada em dezassete (17) objectivos e duzentos e trinta (230) indicadores. A agenda contém objectivos e metas, aborda os desafios da implementação e o quadro de acompanhamento e revisão. Os dezassete (17) Objectivos de Desenvolvimento Sustentável (ODS) aplicam-se a todas as nações, aos sectores público e privado e a todas as profissões, com o objetivo de "não deixar ninguém para trás". Os objectivos também enfatizam uma abordagem sistemática para uma verdadeira sinergia dos aspectos ambientais, sociais e económicos da sustentabilidade para soluções que beneficiarão as pessoas e o ambiente construído.

O relatório das Nações Unidas (2018) sobre os Objectivos de Desenvolvimento Sustentável (ODS) forneceu um plano para a prosperidade partilhada num mundo sustentável onde todas as pessoas podem viver vidas produtivas, vibrantes e pacíficas num planeta saudável. Os Objectivos de Desenvolvimento Sustentável (ODS) consideram o ambiente, a economia e a sociedade como um sistema integrado e abordam questões que afectam as pessoas, o planeta, a prosperidade, a paz e a parceria (Nações Unidas, 2015). A conservação dos recursos para as gerações futuras distingue a política de desenvolvimento sustentável da política ambiental tradicional, que também procura internalizar as externalidades da degradação ambiental. A maior parte dos profissionais do ambiente construído encara a construção como um processo económico, e não como uma forma ecológica e sociocultural de responder às necessidades das pessoas, e ainda não adoptou as práticas dos objectivos de desenvolvimento sustentável. Este problema resultou no aumento da produção de resíduos, no fornecimento inadequado de água potável, na má utilização dos solos, em instalações inadequadas, no aumento de cidades não planeadas que deram origem a bairros de lata, na pobreza urbana, na falta de infra-estruturas e de comodidades básicas e no declínio geral da qualidade de vida.

O primeiro passo no fornecimento de infra-estruturas de construção é o projeto de arquitetura. Para conseguir uma construção sustentável de projectos de edifícios, a conceção sustentável é a base para a realização de um edifício bem sucedido. A conceção e a construção de infra-estruturas resilientes que possam resistir aos desafios das alterações climáticas podem ser conseguidas através da integração da produção de energias renováveis, da expansão de sistemas de transporte sustentáveis, da redução do transporte de materiais de construção e da ênfase na utilização de materiais de construção locais e renováveis. Além disso, a conceção específica da região torna o processo de conceção muito eficaz para a obtenção de um edifício sustentável. A Tabela 2.4 apresenta os dezassete (17) Objectivos de Desenvolvimento Sustentável (ODS) para os arquitectos alcançarem uma conceção sustentável do ambiente construído.

Tabela 2.4: ODS e a contribuição do arquiteto para a realização dos objectivos

S/N	ODS	Avaliação atual	Contribuição do arquiteto para a realização dos objectivos
1	Sem pobreza	**Grande desafio** O ambiente construído pode afetar o impacto da pobreza na vida das pessoas através do acesso a habitação e a instituições a preços acessíveis.	1) Através da conceção e do planeamento da construção, os arquitectos podem desenvolver edifícios e aglomerados urbanos baratos, seguros e saudáveis. Por exemplo, projectos de habitação social e programas de renovação urbana 2) O desenvolvimento de novas soluções arquitectónicas em que os edifícios são eficientes do ponto de vista energético, permitindo às pessoas poupar eletricidade e outros serviços. 3) Os processos de construção devem ser realizados em condições que protejam o ambiente, bem como as partes interessadas pobres e marginalizadas
2	Fome zero	**Grande desafio** O ambiente construído contribui para garantir o abastecimento alimentar através do planeamento, da conceção paisagística e da construção de estruturas que protegem os ecossistemas existentes, preservam e expandem as áreas de produção alimentar.	1) Desenvolver projectos que favoreçam a utilização dos solos para a produção de alimentos em várias escalas. Por exemplo, projectos de agricultura urbana e conceção de paisagens regenerativas. 2) Os projectos em zonas de produção alimentar devem ser robustos e adaptados para fazer face a condições meteorológicas extremas, secas e inundações. 3) A construção e a conceção paisagística devem envolver os utilizadores finais numa co-criação de áreas para a produção alimentar.
3	Boa saúde e bem-estar	**Grande desafio** A maioria das pessoas passa a maior parte da sua vida dentro de casa, o que faz com que o clima interior seja um fator influente para a saúde.	1) A luz, a acústica, a qualidade do ar e a radiação solar devem ser tidas em conta na conceção de um edifício para um clima interior saudável. 2) A utilização de materiais e substâncias perigosos para o ambiente deve ser evitada nos edifícios. 3) A conceção dos edifícios, bem como a disposição dos aglomerados populacionais e das zonas urbanas, são igualmente importantes para travar a propagação de doenças e a exposição a bactérias. 4) Os edifícios, as aglomerações e as zonas urbanas devem ser planeados de forma a permitir e incentivar a atividade física e a reduzir o risco de acidentes, especialmente no trânsito.
4	Educação de qualidade	**Desafio significativo** As escolas e os espaços educativos são partes cruciais do nosso investimento no futuro, uma vez que definem o futuro dos nossos filhos.	1) Um ambiente de aprendizagem acessível e produtivo deve ser previsto como um projeto arquitetónico. 2) Os arquitectos podem criar o ambiente construído para proporcionar oportunidades de formação no que diz respeito ao desempenho sustentável dos edifícios, aglomerações e zonas urbanas, tanto para os utilizadores como para os artesãos. 3) A colaboração com a comunidade nas fases de conceção e

			utilização pode promover uma cultura local sustentável. 4) A ênfase no conhecimento da conceção sustentável e do artesanato ao nível do ensino primário pode ajudar a construir o futuro desenvolvimento sustentável.
5	Igualdade dos géneros	**Grande desafio** Para apoiar um movimento no sentido da igualdade entre homens e mulheres, a conceção de edifícios, aglomerações e zonas urbanas deve ser inclusiva para todos os cidadãos, independentemente do género	1) Os espaços, instalações e serviços públicos devem ser seguros para as raparigas, mulheres e cidadãos e ajudar a minimizar os riscos de abuso. 2) Devem ser disponibilizadas instalações seguras e acessíveis, com serviços de saúde e sanitários, bem como locais de encontro. 3) A conceção de parques infantis, parques públicos e instalações desportivas deve oferecer às raparigas e às mulheres igualdade de acesso ao lazer e às actividades físicas, criando simultaneamente condições que incentivem a sua utilização por todos. 4) O sector da construção deve trabalhar no sentido da igualdade de remuneração, promover a diversidade e opor-se ao assédio sexual. 5) Os arquitectos, desde a fase de conceção até à fase de construção, devem evitar uma cultura de trabalho estritamente baseada no género, a fim de promover a diversidade e a apropriação, para que mais mulheres possam aderir à profissão
6	Água potável e saneamento	**Grande desafio** O acesso à água, ao saneamento e à higiene é um direito humano, mas milhares de milhões de pessoas continuam a enfrentar desafios diários para ter acesso a essas comodidades. Milhões de pessoas, incluindo crianças, morrem todos os anos de doenças associadas a um abastecimento de água, saneamento e higiene inadequados. Igualdade dos géneros	1) Os edifícios e as zonas urbanas devem ser concebidos de modo a que a água da chuva possa ser recolhida, purificada e utilizada como água potável. 2) A água da chuva não deve ser misturada com as águas residuais para que possa entrar nas águas subterrâneas. 3) Os edifícios e os sistemas de esgotos devem ser concebidos de forma a manter as bactérias e a água contaminada separadas da água limpa e fora do contacto com os cidadãos. 4) Durante a extração e a construção, devem ser utilizados materiais de construção que não contribuam para a contaminação das águas subterrâneas. 5) O ambiente construído deve ser concebido para resistir às alterações climáticas relacionadas com a água, incluindo precipitações extremas, secas e inundações. 6) A arquitetura paisagística e o planeamento urbano devem proteger os recursos de água doce através de projectos de conservação e da conceção de áreas recreativas que protejam, recolham e tratem a água.
7	Energia acessível e limpa	**Grande desafio** A nossa vida quotidiana depende de serviços energéticos fiáveis e acessíveis para funcionar sem problemas e para nos desenvolvermos de forma equitativa. A energia está no centro de quase todos os grandes desafios que o mundo enfrenta atualmente. A necessidade de um maior acesso a combustíveis e tecnologias limpas deve ser satisfeita através da integração das energias renováveis nas aplicações de utilização final em edifícios, transportes e indústria.	1) Redução do consumo de energia através da otimização da disposição dos edifícios e da seleção do ambiente construído para minimizar o aquecimento excessivo. 2) Produzir e reciclar energia, armazenando o excesso de calor durante o dia e utilizando-o durante a noite. 3) Analisar as condições geográficas, climáticas e culturais e projetar o ambiente construído em conformidade. 4) A utilização da luz do dia, a ventilação natural ou a escolha de materiais que favorecem o aquecimento ou o arrefecimento, como paredes exteriores pesadas num clima quente e seco. 5) O sector da construção também deve contribuir para a redução do consumo total de energia através do desenvolvimento de soluções que utilizem fontes inovadoras de energia renovável.
8	Trabalho digno e crescimento económico	**Grande desafio** promover o crescimento económico inclusivo e sustentável, o emprego e o trabalho digno para todos, uma vez que a erradicação da pobreza só é possível através de empregos estáveis e bem remunerados.	1) Espaços públicos seguros e trajectos de trânsito acessíveis para o local de trabalho são cruciais para encontrar emprego. O local de trabalho deve ser concebido como um espaço saudável e produtivo para os trabalhadores. 2) O sector da construção deve concentrar-se em condições de trabalho dignas e na segurança dos trabalhadores. 3) A indústria da construção pode desenvolver um crescimento económico mais sustentável investindo nos recursos humanos, utilizando melhores competências e conhecimentos para reduzir a quantidade de matérias-primas e energia necessárias, aumentando simultaneamente a

			produtividade.
9	Indústria, inovação e infra-estruturas ure	**Grande desafio** É necessário construir infra-estruturas resistentes, promover a industrialização sustentável e fomentar a inovação.	1) O arquiteto deve desenvolver processos inovadores de produção e montagem de infra-estruturas industriais. 2) O sector da construção deve utilizar as indústrias locais, desenvolvendo produtos sustentáveis a nível local. A tónica deve ser colocada na ausência de resíduos na produção e na perspetiva do ciclo de vida. 3) São também necessárias formações contínuas em investigação e desenvolvimento a todos os níveis do sector da construção, utilizando protótipos para testar o potencial de novas ferramentas, processos e soluções.
10	Redução das desigualdades	**Desafio significativo** As desigualdades baseadas no rendimento, no sexo, na idade, na deficiência, na raça, na classe, na orientação sexual, na etnia e na religião continuam a verificar-se em todo o mundo; dentro e fora do país.	1) Os edifícios, os aglomerados populacionais e as zonas urbanas devem ser concebidos tendo em conta a acessibilidade como uma funcionalidade essencial. Deve ser dada atenção aos elevadores, rampas e elementos de orientação, bem como às portas e à altura dos equipamentos. 2) Os edifícios, os aglomerados populacionais e as cidades devem ser todos elaborados com base no tema central da acessibilidade e da facilidade de utilização. 3) A conceção inclusiva deve ter como objetivo ser utilizada por todos. Por exemplo, locais de culto, instalações públicas de conceção universal.
		entre os países. Esta situação ameaça o desenvolvimento social e económico e destrói o sentido de realização e de autoestima das pessoas. Além disso, provoca a criminalidade, a doença e a degradação do ambiente.	
11	Cidades e comunidades sustentáveis es	**Grande desafio** O ambiente construído é importante para o desenvolvimento de cidades e comunidades sustentáveis. Com o aumento do número de pessoas a viver nas cidades, é importante que existam práticas eficientes de planeamento e gestão urbana para lidar com os desafios que surgem com a urbanização.	1) Os arquitectos contribuem de muitas formas, através da conceção e do planeamento, para tornar as cidades e as povoações inclusivas, seguras, resistentes e ambientalmente sustentáveis. 2) A oferta de um ambiente de vida saudável e a preços acessíveis, bem como de infra-estruturas, ajuda a reduzir a poluição causada pelos transportes e a melhorar a mobilidade e a acessibilidade entre partes de uma cidade, bem como entre cidades e zonas rurais. 3) A participação de todas as partes interessadas no processo de conceção permite criar uma conceção urbana inclusiva e menos arriscada. 4) A construção e os aglomerados urbanos devem ser desenvolvidos de modo a aumentar a resiliência face às alterações climáticas e incluir zonas verdes para ajudar a contrariar a perda de vegetação e de biodiversidade causada pelo crescimento urbano.
12	Consumo e produção responsáveis	**Desafios que persistem** O sector da construção é um dos principais contribuintes para os resíduos provenientes da construção, demolição ou renovação. Isto causa poluição que se torna prejudicial para o ambiente construído.	1) As considerações de conceção relativas à durabilidade e aos ciclos de vida podem reduzir a perda de valor e a produção de resíduos na indústria da construção de componentes individuais, edifícios e estruturas. 2) Os materiais de construção podem ser reciclados através da sua conceção e aplicação. 3) Devem ser descobertos novos materiais e métodos de construção para reduzir a utilização de recursos naturais não renováveis, privilegiando os materiais locais.
13	Ação climática	**Desafios que persistem** As alterações climáticas são um problema que afecta todos os países. Perturbam as economias nacionais e afectam vidas. Se não forem tomadas medidas, é provável que a temperatura média da superfície do planeta ultrapasse os 3°C neste século, sendo as pessoas mais pobres e mais vulneráveis as mais afectadas.	1) Reduzir o impacto do CO_2 no ambiente construído através da integração da produção de energia renovável, da expansão de sistemas de transporte sustentáveis, da redução do transporte de materiais de construção e da ênfase na utilização de materiais de construção locais e renováveis. 2) Ao aplicar um projeto de construção específico para cada região, o consumo de energia para ar condicionado e iluminação pode ser minimizado, maximizando simultaneamente o conforto do ambiente interior. 3) O ambiente construído existente deve ser adaptado às condições de mudança climática, como precipitações extremas, inundações, furacões, secas e ondas de calor, através da aplicação de novas soluções de

			conceção que sejam resistentes a essas condições. Para o efeito, devem ser tidas em conta a cultura, a topografia e o clima locais. 4) Os arquitectos devem ser responsáveis pelo desenvolvimento de soluções de adaptação às alterações climáticas com benefícios comuns, tais como bacias de transbordo para precipitações extremas que funcionem como áreas de lazer entre as chuvas
14	Vida debaixo de água	**Grande desafio** As águas costeiras estão em contínua deterioração devido à poluição e a acidificação dos oceanos está a ter um efeito adverso no funcionamento dos ecossistemas e	1) Os arquitectos devem reduzir a quantidade de transporte dos edifícios materiais que percorrem longas distâncias por mar, através do desenvolvimento de indústrias locais, e a abolição da embalagem de plástico dos materiais de construção para reduzir a fonte de resíduos não biodegradáveis que acabam no oceano. 2) Os arquitectos paisagistas devem assegurar que os poluentes como os pesticidas, o azoto e os resíduos humanos sejam tratados no local e não
		biodiversidade. Esta situação está também a ter um impacto negativo na pesca em pequena escala	não atingem os lençóis freáticos ou os oceanos. 3) Os arquitectos podem desenvolver soluções que reduzam os custos e acrescentem benefícios às infra-estruturas de gestão da água.
15	Vida na terra	**Desafios que persistem** Os ecossistemas e a biodiversidade estão sujeitos a uma pressão intensa devido ao crescimento das cidades e dos aglomerados populacionais, à agricultura, à exploração mineira e às alterações climáticas.	1) Para proteger, restaurar e apoiar os ecossistemas e a biodiversidade, os edifícios e os aglomerados populacionais devem incluir habitats para plantas, insectos e animais. 2) Minimizar as urbanizações em zonas verdes e o desenvolvimento de todos os novos aglomerados para garantir condições sustentáveis para o ecossistema local e as redes naturais que permitem à vida vegetal atingir as relações simbióticas com o ambiente construído. 3) A indústria da construção pode evitar a desflorestação utilizando materiais renováveis e produzidos de forma sustentável e que não comprometam a biodiversidade e os habitats naturais da flora e da fauna. 4) Os edifícios colocados cuidadosamente em ecossistemas vulneráveis ou em parques de vida selvagem podem contribuir para a sua preservação através do turismo sustentável e de uma maior sensibilização do público.
16	Paz, justiça e instituições fortes s	**Grande desafio** As pessoas precisam de estar a salvo de todas as formas de violência e de se sentirem livres para fazer o seu trabalho, independentemente da sua etnia, fé ou orientação sexual.	1) São necessárias instituições públicas eficazes e inclusivas para proporcionar educação e cuidados de saúde de qualidade, políticas económicas justas e uma proteção ambiental inclusiva. 2) Os arquitectos devem apoiar a expressão dos valores da sociedade através de edifícios e espaços públicos que devem ser inclusivos, acolhedores, seguros e não discriminatórios. 3) O próprio sector da construção deve prestar muita atenção aos processos de aquisição e construção, a fim de desencorajar todas as formas de crime organizado, bem como garantir que não se recorra ao abuso, à exploração, ao tráfico de seres humanos ou ao trabalho infantil.
17	Parcerias para os objectivos	**Grande desafio** O desafio de alcançar os objectivos exige o envolvimento de todos os governos, instituições, investigadores, empresas e cidadãos	1) Os arquitectos podem contribuir através da partilha de conhecimentos, da promoção de soluções sustentáveis e da colaboração com parceiros institucionais e de investigação para a sua implementação.

Fonte: Relatório da ONU sobre os ODS (2019).

O ODS 1 pode ser alcançado através do fornecimento de habitação a preços acessíveis e de instituições que ajudem a aliviar a pobreza. Por conseguinte, é necessário alcançar o desenvolvimento económico e social de forma a não esgotar os recursos naturais de um país. Os ODS 2, 3, 4, 6 e 7 necessitam de estruturas construídas fiáveis e propícias à sua concretização. O ODS 8 necessita das actividades do sector da construção para melhorar a economia, enquanto o ODS 9 e o ODS 11 dizem respeito a infra-estruturas e aglomerados humanos resilientes. Isto significa que os edifícios contemporâneos têm de se tornar adaptáveis e funcionar de forma a satisfazerem as necessidades dos seus ocupantes humanos, preservando simultaneamente o seu ambiente externo. A desigualdade entre países, abordada no ODS 10, exige que os edifícios, os aglomerados populacionais e as zonas urbanas sejam concebidos tendo como principal função a acessibilidade e a facilidade de utilização. Em seguida, os ODS 12, 13, 14 e 15 referem o modo como o desenvolvimento futuro e a sustentabilidade afectarão a forma como as nossas futuras estruturas serão construídas. As considerações de conceção relativas à durabilidade e aos ciclos de vida podem reduzir a perda de valor e a produção de resíduos no sector da construção de componentes individuais, edifícios e estruturas. Além disso, a conceção e a construção de infra-estruturas resistentes, capazes de suportar os desafios das alterações climáticas, podem ser conseguidas através da integração da produção de energias renováveis, da expansão de sistemas de transporte sustentáveis, da redução do transporte de materiais de construção e da ênfase na utilização de materiais de construção locais e renováveis. Desta forma, reduz-se o impacto do CO_2 no ambiente construído. Ao aplicar um projeto de construção específico para cada região, o consumo de energia para ar condicionado e iluminação pode ser minimizado, maximizando simultaneamente o conforto do ambiente interior. Além disso, os arquitectos paisagistas devem garantir que os poluentes como os pesticidas, o azoto e os resíduos humanos são tratados no local e não atingem as águas subterrâneas ou os oceanos.

Por último, os objectivos 16 e 17 referem a paz, a justiça e a parceria na realização destes objectivos. Isto explica como o ambiente construído alcançará a sustentabilidade quando estes objectivos forem atingidos. Os arquitectos podem contribuir para alcançar este objetivo partilhando conhecimentos, promovendo soluções sustentáveis e colaborando com parceiros institucionais e de investigação para a sua implementação.

Os arquitectos têm um papel pioneiro no planeamento e na conceção, mas a construção de edifícios sustentáveis não pode ser alcançada sem a sinergia de todos os outros profissionais do ambiente construído. Os construtores profissionais, que têm a responsabilidade legal de gerir a produção de edifícios, implementar a estratégia de aquisição, operar e manter as infra-estruturas de construção, trabalharão para garantir que, para além do planeamento e da conceção, a execução física e a conclusão sejam alcançadas para que o impacto seja sentido no ambiente. A estética do ambiente é apreciada não no planeamento no papel, mas a competência dos empreiteiros deve ser galvanizada para garantir a implementação física no ambiente construído, tendo em conta os factores económicos, sociais e ambientais.

O relatório do índice e do painel de controlo, tal como apresentado na Figura 2.8, mostra que a Nigéria ocupa a 43ª posição entre 52 países, com uma pontuação de 47,03%, o que é fraco para atingir os dezassete (17) objectivos de desenvolvimento sustentável.

O relatório mostra que foi dada muita atenção ao ODS 13 (ação climática), seguido do ODS 12 (consumo e produção responsáveis) e do ODS 15 (vida na terra). O desempenho do ODS 7 (energia acessível e limpa) está a aumentar ligeiramente acima do ODS 6 (água potável e saneamento), ODS 8 (trabalho digno e crescimento económico), ODS 17 (parceria para os objectivos) e ODS 16 (paz, justiça e instituições fortes). O ODS 9 (infra-estruturas), o ODS 10 (redução das desigualdades) e o ODS 11 (consumo e produção responsáveis) enfrentam grandes dificuldades, ao passo que o ODS 1 (pobreza), o ODS 2 (erradicação da fome) e o ODS 3 (saúde e bem-estar). O ODS 4 (educação) e o ODS 5 (igualdade de género) registam ligeiras melhorias. No entanto, o desempenho geral não é encorajador e a necessidade de desenvolver um quadro para o desenvolvimento sustentável dos projectos de construção em Enugu torna-se imperativa.

2.1.11 Indicadores de construção sustentável

Ibrahim e Price (2005) identificaram os seguintes impactos significativos no ambiente num vasto leque de actividades no sector da construção, que incluem actividades fora do local, no local e operacionais.

As actividades fora do local são: Exploração mineira e fabrico de materiais e componentes; transporte de materiais e componentes; aquisição de terrenos; definição e conceção do projeto. O seu impacto no ambiente pode ser significativo em domínios como,

(i) . Consumo de recursos renováveis e não renováveis, como os minerais, a água e a madeira, para materiais e componentes de construção que conduzem à perda de biodiversidade.

(ii) . Poluição do ar, da água e do solo resultante do fabrico e do transporte

(iii) . A afetação de terras a uma nova instalação pode conduzir à desflorestação, à perda de terras agrícolas, à expansão das zonas urbanas com os problemas sociais e de transportes associados, a uma maior procura de água, eletricidade e outros serviços e à perda de biodiversidade.
(iv) . As decisões relativas aos objectivos do projeto influenciam a conceção, a construção e o funcionamento das instalações nos domínios da utilização dos recursos, da qualidade do ambiente interior, das questões de tráfego, da reciclagem, da gestão dos resíduos, da manutenção e da vida útil das instalações, bem como do ambiente social.
As actividades de construção no local estão relacionadas com a construção de uma instalação física, cujo impacto pode ser encontrado nas seguintes áreas: poluição do ar, da água e do solo; consumo de recursos na construção da instalação; problemas de tráfego relacionados com as actividades no local; produção de resíduos de construção; ausência de reciclagem de materiais e componentes de construção; e perda de biodiversidade.
Actividades operacionais: são actividades associadas à exploração do bem, incluindo a sua manutenção e futura demolição/desconstrução. Estas actividades têm um impacto significativo no ambiente em termos de consumo de energia e de água; poluição do ar, da água e do solo; problemas de tráfego causados pela presença física da instalação e pela entrada e saída dos seus ocupantes; produção de resíduos (esgotos, drenagem e lixo); e qualidade do ar interior.
A contribuição dos edifícios para o ónus ambiental total varia entre 12-42 % para oito grandes categorias de factores de tensão ambiental: utilização de matérias-primas (30 %), energia (42 %), água (25 %) e solo (12 %), e emissões de poluição como as emissões atmosféricas (40 %), efluentes hídricos (20 %), resíduos sólidos (25 %) e outras emissões (13 %) (Ametepy *et al.*, 2020).
Vale e Vale (1994) mediram que o consumo de energia no Reino Unido relacionado com os edifícios e os serviços de construção de edifícios ascende a sessenta e seis por cento (66%) (incluindo a extração e o fabrico de materiais de construção, o transporte, a construção e a exploração) do consumo total de energia, enquanto nos Estados Unidos da América o nível de consumo de energia é de cerca de cinquenta e quatro por cento (54%) (Ibrahim e Price, 2005).
As actividades de construção são um consumidor significativo de energia e de matérias-primas, bem como de outros recursos, como a terra e a água. O crescimento da população exige a construção de habitações e indústrias, o cultivo de alimentos, a facilitação dos transportes, a construção de infra-estruturas e o armazenamento de água potável para servir as pessoas. Haverá expansão das áreas urbanas existentes com assentamentos rurais e áreas de lazer. O impacto dos novos desenvolvimentos provoca a degradação e a erosão dos solos, a poluição das águas superficiais e subterrâneas e contribui para o desbravamento das terras necessárias aos novos desenvolvimentos e para a aquisição de mais terras agrícolas e de pastagem (desbravamento anual previsto para a agricultura). A limpeza de terrenos para desenvolvimento urbano num estuário costeiro afecta o seu ecossistema. Muitos canais fluviais são limpos e construídos na zona urbana de Enugu e algumas pessoas bloqueiam os cursos de água para construir. Esta é uma grande ameaça para Enugu e os seus habitantes (Ibrahim e Price, 2005; Vale e Vales, 1994).
Não existe um indicador de desempenho universalmente aceite para o ambiente. Os indicadores são selecionados com base em algumas questões ambientais locais importantes que têm de ser abordadas e os seus valores são fixados a um nível que permitirá obter uma melhoria marginal do desempenho. O crescimento da população aumenta a procura de bens e serviços, o nível de consumo e, em 2050, o nível de consumo será cerca de 350% superior ao atual (Pourebrahim, Eghbali e Roders, 2020). A futura taxa de produção mais elevada perder-se-á devido a melhorias marginais no desempenho ambiental das instalações físicas. Foram adoptados dois factores, o consumo de energia e os terrenos, como indicadores absolutos para a construção sustentável:
(i). **Consumo de energia**: Uma abordagem verdadeiramente integrada da seleção de materiais, tecnologias e processos de gestão teria de ser instigada pela equipa de projeto desde o início para atingir os níveis de consumo de energia. Isto alteraria drasticamente a forma como os projectos de

construção são concebidos, projectados e construídos.

(ii). **Terrenos**: O solo é um recurso importante do qual dependem as actividades de construção e é finito. A recuperação de terras em grande escala é perigosa porque prejudica o ecossistema. A utilização do solo suporta edifícios e infra-estruturas; permite o crescimento da vegetação e das florestas; alberga numerosas espécies animais e mantém a biodiversidade; permite a agricultura e o pastoreio e armazena recursos naturais e água. A utilização concorrente do solo deve ser mantida em equilíbrio, uma vez que a expansão numa área condiciona a sua utilização noutras. No entanto, a utilização equilibrada do solo tem sido seriamente impedida pela desflorestação para fins agrícolas e pela procura de madeira para actividades de construção, bem como pela expansão das zonas urbanas.

A expansão dos espaços urbanos em Enugu está a infringir as terras agrícolas, o que leva a uma maior desflorestação e degradação. Este é um problema crescente tanto nos países desenvolvidos como nos países em desenvolvimento. Esta tarefa exigirá o desenvolvimento de uma nova estratégia de desenvolvimento urbano, integrando estreitamente os princípios do planeamento urbano com a construção sustentável, de modo a obter um ambiente de vida funcional, confortável, saudável e ambientalmente responsável.

O solo, especialmente o urbano, é claramente um indicador vital da sustentabilidade, com potencial para se tornar um indicador absoluto da construção sustentável. A expansão zero das zonas urbanas e ribeirinhas existentes em Enugu promoverá uma melhor utilização do solo urbano através de uma densidade populacional mais elevada (compatível com a da Europa), que fará uma melhor utilização dos serviços de infra-estruturas e dos sistemas de transportes. Isto resultará na adaptação e regeneração do ambiente construído existente, tendo em conta as nossas necessidades futuras. Incentivará a reabilitação de terrenos degradados, contaminados ou áridos para fins de urbanização e o desenvolvimento de centros regionais para assentamento humano em terrenos não aráveis, ligados entre si por sistemas de transportes de massa eficientes do ponto de vista energético. Tal conduzirá a uma melhor gestão dos espaços urbanos.

Roaf, Wolley e Ghosh (2011) indicaram temas teóricos fundamentais para o desenvolvimento sustentável a partir das seguintes perspectivas

(a) . Atmosfera, que envolve as alterações climáticas, a destruição da camada de ozono e a qualidade do ar

(b) . Terrenos que incluem urbanização, floresta e agricultura

(c) . Oceanos, mares/costas e água doce, incluindo zonas costeiras e pescas, qualidade e quantidade da água.

(d) . Biodiversidade para incluir, Ecossistema, e Espécies.

(e) . Global, ou seja, emissão de CO_2.

(f) . Humano - Qualidade do ar interior.

Enumeraram critérios ambientais para possíveis estratégias e soluções sustentáveis a incluir, como se mostra no Quadro 2.5.

Quadro 2.5: Critérios ambientais para possíveis estratégias e soluções sustentáveis

S/N	Critérios ambientais	Estratégias e soluções possíveis
(i).	Eficiência energética do edifício	Utilizar materiais e sistemas de construção altamente isolantes, tais como cavidades de alvenaria totalmente preenchidas, blocos sólidos aerados ou estruturas de madeira. Assegurar um bom nível de estanquidade ao ar. Considerar soluções ecológicas, tais como o strawbale, o cânhamo ou o cob.
(ii).	Serviços de eficiência energética	Utilizar caldeiras de condensação de baixo consumo ou sistemas de aquecimento inovadores que utilizem energias renováveis. Considerar a CHP (produção combinada de calor e eletricidade)
(iii).	Alto isolamento	Ultrapasse os níveis de isolamento convencionais para atingir "valores U" inferiores a 0,2 ou procure obter resultados de emissões zero com contas de aquecimento zero.
(iv).	Questões de	Assegurar que os edifícios são acessíveis através de transportes públicos,

	transporte	incorporar instalações para ciclistas, etc.
(v).	Emissão de poluentes Global	Utilizar materiais que minimizem o impacto ambiental através da extração e do fabrico. Evitar materiais extraídos de pedreiras e baseados em combustíveis fósseis. Eliminar os CFC. HCFCs e materiais poluentes de ozono e Nox.
(vi).	Emissão poluente Local	Utilizar materiais locais que envolvam um mínimo de processamento e fabrico.
(vii).	Materiais	Utilizar, na medida do possível, materiais "verdes" e ecológicos. Consultar o Green Building Handbook ou o BRE Green Guide para especificação do impacto ambiental. Utilizar madeira e produtos de madeira certificados pelo Forest Stewardship Council (FSC) ou madeira de origem local Utilizar materiais não tóxicos, ver saúde e QAI Utilizar materiais "naturais" em vez de materiais sintéticos.
(viii).	Resíduos /Reciclagem	Assegurar o mínimo de resíduos no local através da conceção e especificação para evitar cortes. Separar todos os resíduos no local e enviá-los para reciclagem. Utilizar materiais com conteúdo reciclado ou materiais em segunda mão retirados de outros edifícios desmantelados Utilizar qualquer material de demolição no local com triturador no local e utilizado como enchimento ou agregado. Evitar que qualquer material seja depositado em aterro.
(ix).	Água	Assegurar que não há escorrimento adicional ou perturbação do lençol freático utilizando "SUDS". Utilizar métodos de recolha de águas pluviais para o abastecimento de água, a fim de minimizar a utilização de água da rede. Instalar a reciclagem de águas cinzentas.
(x).	Utilização dos solos e ecologia	Minimizar a distribuição para o habitat natural no local, plantas, animais, árvores, etc. Criar uma área de vida selvagem para compensar os danos. Considerar telhados verdes para colocar o solo no topo dos edifícios.
(xi).	Saúde e QAI	Minimizar a utilização de materiais tóxicos e emissores de COV. Analisar todos os materiais a utilizar para garantir que não há perigo para os trabalhadores ou ocupantes do edifício, mesmo com emissões de baixo nível. Procurar soluções isentas de alergias e evitar a síndrome do edifício doente. Garantir bons níveis de ventilação saudável e ar fresco que possam ser geridos pelos ocupantes do edifício. Evitar a utilização de ar condicionado. Utilizar métodos de arrefecimento naturais e de baixo consumo energético e técnicas de sombreamento natural.
(xii).	Conforto / Pobreza de combustível	Assegurar que os métodos de eficiência energética reduzem as facturas de aquecimento e outros serviços públicos e proporcionam níveis adequados de conforto aos ocupantes.
(xiii).	Desempenho do edifício/ciclo de vida	Analisar as decisões de conceção e especificação para determinar o impacto ambiental ao longo da vida dos edifícios e no fim da utilização/eliminação. Utilizar materiais que tenham um bom desempenho ao longo da sua vida útil e que possam ser reciclados ou que se devolvam à terra. Assegurar a flexibilidade adequada para acomodar futuras alterações e métodos de fixação que facilitem a desmontagem, em vez de adesivos e sistemas húmidos.
(xiv).	Equidade/Ética	Verificar a origem do material utilizando métodos semelhantes ao FSC.
(xv).	Comunidade	Assegurar que o desenvolvimento será benéfico para a comunidade local e incorporar instalações que possam ser utilizadas pela comunidade local ou alguma medida de ganho de planeamento.
(xv).	Custo-benefício económico	Assegurar que o projeto é financeiramente viável e sustentável e que é realmente necessário. Existem alternativas, como a utilização de recursos construídos próximos subutilizados ou não utilizados?
(xvi).	Esgotos/Águas	Instalar um tratamento das águas residuais no local para reduzir a carga sobre

	residuais	as infra-estruturas e garantir a descarga de águas completamente limpas no solo ou nos cursos de água. Assegurar que os sólidos são reciclados no terreno. Reciclar as águas cinzentas para utilização nas descargas das casas de banho, etc.
(xvii)	Solar passiva	Aproveitar ao máximo os ganhos solares sem sobreaquecer. Conceber o edifício de modo a armazenar os ganhos de calor passivos e a libertá-los para o interior do edifício. Minimizar os envidraçados no lado norte dos edifícios.

Fonte: Roaf *et al.* (2011)

Labuschague e Brent (2004), sobre a gestão do ciclo de vida sustentável como indicadores para avaliar a sustentabilidade dos projectos e tecnologias de engenharia, incluem o ciclo de vida do projeto, o ciclo de vida do ativo ou do processo (o ciclo de vida de uma tecnologia implementada) e o ciclo de vida do produto. As ilustrações das Figuras 2.8, 2.9 e 2.10 mostram o ciclo de vida do projeto, o ciclo de vida do ativo/processo e os processos do ciclo de vida do produto e as suas interações, respetivamente. Os autores consideram que, se a sustentabilidade de um projeto ou tecnologia for avaliada, os impactos ou consequências dos activos e produtos associados ao projeto ou tecnologia devem ser incluídos na avaliação.

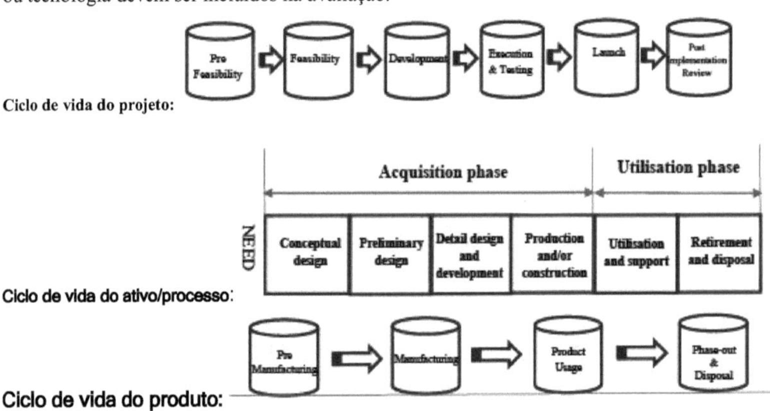

Figura 2.8: Diferentes ciclos de vida fundamentais para as operações na indústria Fonte: Brent e Labuschague, (2004)

Projeto de vida

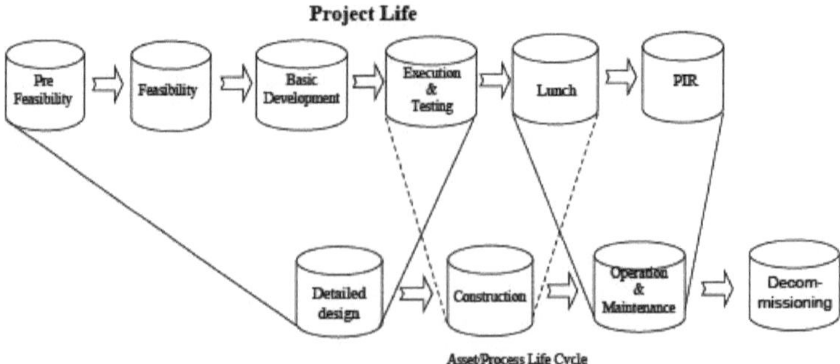

Figura 2.9: Interação entre os ciclos de vida do projeto e do ativo

Fonte: Brent e Labuschagne (2004)

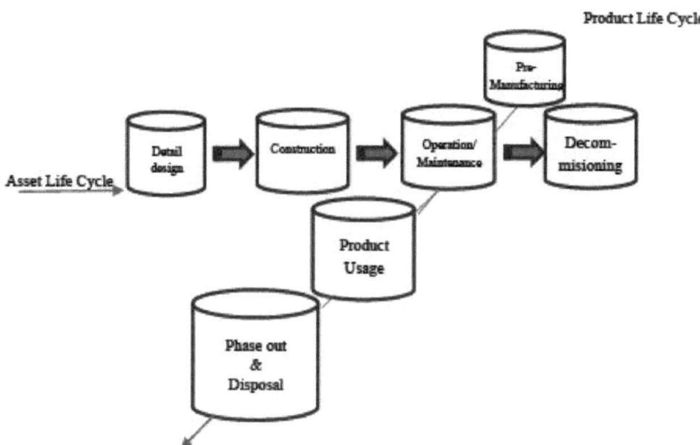

Figura 2.10: Interação entre os ciclos de vida dos produtos e dos activos

Fonte: Brent e Labuschagne (2004)

Labuschagne e Brent (2004) propuseram um quadro a diferentes níveis para abordar os diferentes aspectos da estratégia de responsabilidade das empresas em termos de sustentabilidade na Figura 2.16.

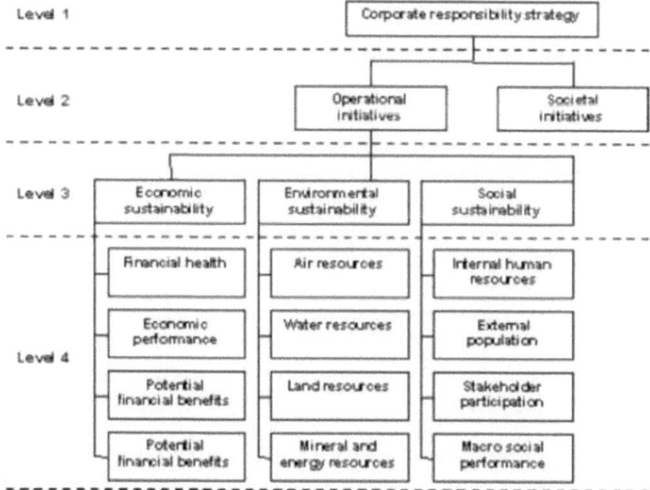

Figura 2.11: Quadro para avaliar a sustentabilidade dos projectos e tecnologias de engenharia

Fonte: Brent e Labuschagne (2004)

Quadro 2.6: Indicadores ambientais utilizados no procedimento da Contabilidade dos Custos da Sustentabilidade (SCA)

Critérios principais	**Subcritérios**	**Indicador**
Recursos aéreos	Poluição regional	Impactos na saúde humana (em R2002/kg) devidos a: SO_2, NO_3, metais pesados, PM_{10}, ozono fotoquímico.
		Impactos no edifício (em R2002/kg) devidos a SO_2
		Impactos nas culturas (em R2002/kg) devidos a: Ozono

		fotoquímico.
	Poluição global	Impactos (em R2002/kg) devidos aos gases com efeito de estufa (CO_2 equivalente)
Recursos hídricos	Utilização da água	Diferença entre os custos de oportunidade e o preço da água
	Poluição da água	
Recursos terrestres	Utilização do solo	Custos de oportunidade para a área total afetada
	Poluição do solo	Custos das medidas corretivas
Recursos abióticos extraídos de minas	Recursos minerais e energéticos	Custo da amortização económica dos recursos não renováveis

Quadro 2.7: Indicadores sociais utilizados no processo de avaliação do impacto social

Critérios principais	**Subcritérios**	**Indicador**
Recursos humanos internos	Estabilidade no emprego	Despesas com: Salários, Fundo de Seguro de Desemprego (F.D.I.); Seguro de vida; Assistência médica.
	Saúde e segurança	Custo (para uma empresa) da mortalidade médica
	Desenvolvimento das capacidades	Investimentos em formação, educação e I&D.
Externo População	Capital humano	Investimentos em instalações médicas e educativas diretamente atribuídas a uma tecnologia introduzida.
	Capital comunitário	O preço do imobiliário muda na zona onde uma tecnologia é introduzida.
Partes interessadas Participação	Participação das partes interessadas	Exposições sobre a avaliação do impacto ambiental
Desempenho Macro-Social	Desempenho socioeconómico	Imposto sobre os lucros Imposto sobre os salários Outros impostos
	Desempenho socioeconómico	Despesas de controlo

2.1.12 Análise de Decisão Multicritério (MCDA) com Indicadores de Impacto nos Recursos Ambientais (RIIs) e Indicadores de Impacto Social (SIIs)

As vantagens das técnicas de análise de decisão multicritério (MCDA) consistem no facto de cada critério de decisão ser devidamente considerado sem que todos os critérios sejam necessariamente convertidos numa escala comum, por exemplo, em termos monetários. Propõe-se seguidamente a utilização de uma técnica MCDA (por exemplo, o Processo Hierárquico Analítico) para estabelecer valores de ponderação subjectivos para os diferentes indicadores (no nível 4 da Figura 2.11) das dimensões social, económica e ambiental e, em seguida, utilizar os valores de ponderação juntamente com os valores dos indicadores para a tomada de decisões internas ou para fins de avaliação. No que diz respeito aos indicadores, a dimensão económica tem indicadores (por exemplo, retorno do investimento) que podem ser utilizados diretamente. No entanto, são introduzidos dois procedimentos que se baseiam fortemente nos princípios da análise do ciclo de vida (ACV) para obter indicadores para as dimensões ambiental e social.

(a) . Indicadores de impacto dos recursos ambientais

Foi desenvolvido um procedimento quantitativo para calcular os indicadores de impacte dos recursos ambientais (RII), seguindo a metodologia convencional de avaliação do impacte do ciclo de vida (LCIA). Assim, a seguinte equação é aplicada para calcular os indicadores de impacte ambiental de uma iniciativa operacional nos critérios de nível 4 do quadro (ver Figura 2.12):

$$RII_G = \sum_{C}\sum_{X} Q_X \cdot C_C \cdot N_C \cdot S_C \qquad (1)$$

em que, RIIG = Indicador de Impacto de Recursos calculado para um grupo de recursos principal (ar, água, terra ou abiótico extraído de minas) através da soma de todas as vias de impacto dos constituintes do Inventário do Ciclo de Vida (ICV) no grupo de recursos.

Qx=Quantidade do constituinte X do ICM libertada para um grupo de recursos ou abstração desse grupo.

CC = Fator de caraterização para uma categoria de impacto de ponto médio C (do constituinte X) dentro da via.

NC = Fator de normalização para a categoria de impacto do ponto médio com base na temperatura ambiente

objectivos de quantidade e qualidade ambiental, ou seja, o inverso do valor ambiental estado de destino da categoria de impacto.

E; $S_C = \frac{C}{T_S}$ = Significância (ou importância relativa) da categoria de impacto do ponto médio com base no método da distância ao alvo, ou seja, o estado ambiente atual (CS) dividido pelo estado ambiente alvo (TS).

(b) . Indicadores de impacto social

Propõe-se uma abordagem semelhante para a dimensão social do desenvolvimento sustentável. No entanto, para seguir essa abordagem, é necessário definir o seguinte:

- As intervenções de uma iniciativa operacional, incluindo o ciclo de vida do produto associado, na dimensão social, ou seja, o ICM social de uma iniciativa operacional.
- As categorias de ponto médio classificadas, com os respectivos factores de caraterização para os constituintes sociais do ICM.
- Unidades de medida ou de equivalência para as categorias de ponto médio classificadas.
- Valores de normalização para as categorias de ponto médio social com base na pegada social de fundo pretendida na sociedade onde ocorrerá uma iniciativa operacional.
- Factores de significado que são uma função da pegada social de fundo atual em comparação com a pegada social de fundo pretendida na sociedade em que uma iniciativa operacional terá lugar.

As categorias de ponto intermédio foram definidas através do mapeamento de uma lista de possíveis intervenções sociais identificadas na indústria transformadora com os critérios nos diferentes níveis do quadro de avaliação do desempenho da sustentabilidade. São propostos três métodos de medição para expressar estas categorias de ponto intermédio definidas em unidades de equivalência (ver Quadro 2.8).

- Abordagens de avaliação de risco estabelecidas, que requerem uma avaliação subjectiva da probabilidade de ocorrência, da frequência projectada da ocorrência e da intensidade potencial da mesma;
- Abordagens de avaliação quantitativa, incluindo, mas não se limitando a, custos e medições diretas na sociedade; e
- Abordagens de avaliação qualitativa, que exigem escalas subjectivas adequadas e orientações associadas, e que foram propostas para as disciplinas de ecologia industrial e de ACV racionalizadas.

A partir da definição das categorias de ponto médio, é evidente que as etapas de normalização e de significância serão condicionadas pelo que é praticamente mensurável numa sociedade em que uma iniciativa operacional (do ponto de vista da indústria) ocorrerá tipicamente. A este respeito, a disponibilidade de informação será definitivamente diferente entre países desenvolvidos e países em desenvolvimento.

Além disso, a projeção das intervenções sociais de um projeto ou tecnologia pode ser problemática ou, pelo menos, diferente de caso para caso.

Tabela 2.8: Categorias de ponto médio e métodos de medição para expressar unidades de equivalência

Indicadores de impacto social (IIS)	**Categoria do ponto médio**	**Métodos de medição para estabelecer unidades de equivalência**
Recursos humanos internos	Postos de trabalho internos permanentes	Quantitativo
	Situação interna de saúde e segurança	Risco

	Nível de conhecimentos / Desenvolvimento da carreira	Quantitativo
	Capacidade interna de investigação e desenvolvimento	Quantitativo
População externa	Nível de conforto / Incómodos	Risco
	Estética percebida	Quantitativo
	Emprego local	Quantitativo
	Migração da população local	Quantitativo
	Acesso a instalações de saúde	Quantitativo
	Acesso à educação	Quantitativo
	Disponibilidade de habitação aceitável	Quantitativo
	Disponibilidade de serviços de água	Quantitativo
	Disponibilidade de serviços energéticos	Quantitativo
	Disponibilidade de serviços de resíduos	Quantitativo
	Pressão sobre os serviços de transportes públicos	Quantitativo
	Pressão sobre a rede de transportes / Circulação de pessoas e mercadorias	Quantitativo
	Acesso aos serviços públicos e regulamentares	Quantitativo
Participação das partes interessadas	Mudança nas relações com as partes interessadas	Quantitativo
Desempenho Macro-Social	Valor externo das aquisições / valor da cadeia de abastecimento	Quantitativo
	Migração de clientes / Alterações na cadeia de valor do produto	Quantitativo
	Melhoria dos serviços socio-ambientais	

Fonte: Brent e Pretorius (2008)

2.1.13. Excertos do Relatório sobre o Processo do Programa Cidades Sustentáveis

O Projeto Enugu Sustentável (programa de cidades sustentáveis) entrou em funcionamento em 1997. O objetivo do programa de cidades sustentáveis é ajudar as cidades a adoptarem uma abordagem visionária do planeamento e gestão ambientais e a criarem a capacidade institucional e de recursos humanos necessária para utilizarem eficazmente esta abordagem. Reconhecendo que o processo de criação de recursos humanos, estruturas institucionais e ligações inter-agências para abordar de forma eficiente e eficaz o planeamento e a gestão ambiental de uma forma sustentável é uma tarefa difícil e morosa, o programa adoptou uma perspetiva de longo prazo para realizar os seus objectivos através de quatro fases de implementação distintas mas interligadas, em três fases;

(a) O processo do Programa Cidades Sustentáveis

O potencial de desenvolvimento das cidades em todo o mundo está cada vez mais ameaçado pela deterioração ambiental. Para além dos efeitos óbvios na saúde e bem-estar humanos, a degradação ambiental impede diretamente o processo de desenvolvimento socioeconómico. Por conseguinte, para que os resultados do desenvolvimento sejam verdadeiramente "sustentáveis", as cidades têm de encontrar melhores formas de equilibrar a necessidade de sustentabilidade ambiental e a pressão provocada pelas necessidades humanas.

(b) A deterioração ambiental é evitável

O Programa Cidades Sustentáveis reconhece que a deterioração ambiental não é inevitável. Embora muitas cidades estejam a sofrer graves danos ambientais e económicos, tal não é um resultado inevitável do crescimento. Os dados cada vez mais numerosos das cidades de todo o mundo mostram que o desafio fundamental tem a ver com a governação urbana, um melhor planeamento e uma gestão eficaz das actividades de desenvolvimento urbano e do ambiente humano.

(c) SCP: Um modelo de processo participativo para a boa governação

O Programa Cidades Sustentáveis é um instrumento de cooperação técnica mundial do UNHABITAT e do Programa das Nações Unidas para o Ambiente (PNUA) (2008). O UN-HABITAT e o PNUA (2008), no seu modelo de processo participativo para promover a boa governação, utilizaram um quadro concetual comum testado em muitos países; o Programa, ao nível da cidade, adopta um estilo e uma metodologia exclusivos de cada cidade para satisfazer as suas necessidades específicas.

O Programa Cidades Sustentáveis do UN-HABITAT/PNUMA (2008) salienta que as cidades corretamente planeadas e geridas são a chave para um desenvolvimento humano mais rápido num ambiente mais seguro. A boa governação urbana é a chave para este resultado.

A boa governação caracteriza-se pelos princípios de parceria, transparência e responsabilidade. O Programa Cidades Sustentáveis apoia a melhoria da governação municipal como um meio para o desenvolvimento sustentável. Promove igualmente a paridade de género como um aspeto integrante do processo de planeamento e gestão ambiental.

Parcerias com as partes interessadas

O desafio do programa tem sido reunir as principais partes interessadas para trabalharem em conjunto com vista a uma mudança efectiva de atitude e comportamento no planeamento e gestão ambientais. A metodologia dos grupos de trabalho foi considerada uma ferramenta eficaz para o efeito. O processo de planeamento e gestão ambiental consiste numa sequência lógica de actividades interligadas com resultados específicos.

A abordagem global

A abordagem global do Programa Cidades Sustentáveis para alcançar um planeamento e gestão ambiental eficazes compreende quatro fases distintas:

(i) . Arranque,

(ii) . Elaboração de estratégias e planeamento de acções,

(iii) . Aplicação e demonstração e,

(iv) . Consolidação e replicação.

O gráfico da Figura 2.12 ilustra claramente o processo do Programa Cidades Sustentáveis.

(i) Fase Um: Arranque do processo de implementação do programa de cidades sustentáveis em Enugu.

Um consultor preparou o perfil ambiental da cidade de Enugu em 2002. O Perfil Ambiental não foi amplamente divulgado e a sua utilização restringiu-se aos poucos funcionários técnicos do Programa Enugu Sustentável, tendo sido utilizado como base para a preparação dos documentos de proposta apresentados na Consulta à Cidade. Os grupos de trabalho em Enugu foram sobre água, gestão de resíduos, assentamentos não planeados/informais e institucionalização do Planeamento e Gestão Ambiental.

(ii) . Segunda fase: Desenvolvimento da estratégia e plano de ação

Em Enugu, a tónica é colocada no controlo da erosão e da drenagem e na melhoria do ambiente. O projeto de reciclagem de resíduos foi iniciado, mas não foi concluído devido à falta de fundos. Em algumas áreas, houve participação da comunidade.

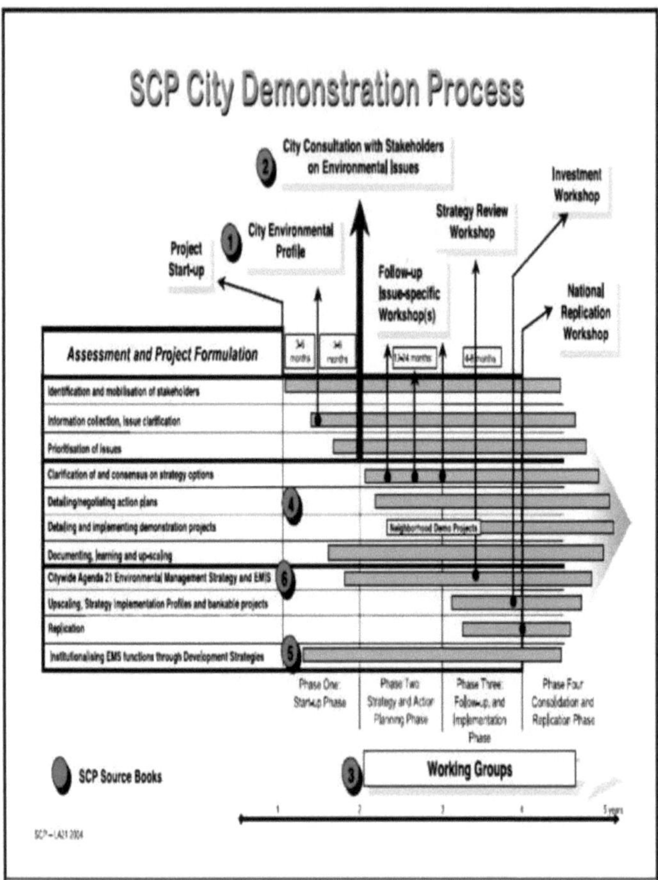

Figura 2.12: Programas de cidades sustentáveis
Fonte: UN-HABITAT & UNEP (2008)

(iii) . Terceira fase: Implementação, aumento de escala e replicação

O processo de execução foi interrompido na fase inicial do projeto, que estava muito atrasada em relação aos períodos recomendados para as fases do programa de cidades sustentáveis.

(iv) . Quarta fase: Institucionalização

Os projectos iniciados são dezassete (17) para Ibadan, dez (10) para Kano e dois (2) para Enugu. O Governo do Estado de Enugu não foi adequadamente sensibilizado para as etapas do planeamento e da gestão ambiental, pelo que os projectos de demonstração tiveram um efeito limitado e não induziram nem impulsionaram outras parcerias, contribuições e uma melhor gestão, como previsto.

As questões que constituem os principais condicionalismos do programa são as seguintes

(a) O projeto registou uma rápida rotação de mão de obra

(b) A disponibilidade de recursos financeiros e as perspectivas de continuação futura não eram claras.

(c) A institucionalização do processo de planeamento e gestão ambiental ainda não está totalmente concluída.

(d) O apoio do sistema das Nações Unidas não foi suficiente, uma vez que não foram tomadas disposições para actividades de acompanhamento.

As indicações do relatório acima mostram que pouco foi feito em Enugu pelas agências locais, internacionais e pelo governo no que respeita ao desenvolvimento de edifícios e infra-estruturas sustentáveis. É necessário desenvolver um quadro para o desenvolvimento sustentável de projectos de construção que sejam amigos do ambiente, socialmente aceitáveis e economicamente viáveis, em conformidade com o clamor mundial pelo desenvolvimento sustentável.

2.2 REVISÃO TEÓRICA

As revisões teóricas desta investigação foram discutidas no âmbito da teoria dos objectivos, da teoria da sustentabilidade e da teoria do sistema.

2.2.1 Teoria dos objectivos

Schunk, Meece e Pintrich (2014) afirmaram que a abordagem da teoria dos objectivos está basicamente ancorada no facto de que várias condições são particularmente importantes em qualquer realização bem-sucedida. A abordagem geral da teoria dos objectivos refere-se à motivação que enfatiza a necessidade de estabelecer objectivos como motivação intrínseca. A relação que existe entre a dificuldade do objetivo, o nível de desempenho e o esforço envolvido permanece positiva desde que a pessoa se empenhe no objetivo, tenha a capacidade pré-existente para o atingir e não tenha objectivos contraditórios. A realização bem sucedida de um objetivo deve incluir a aceitação e o empenho no objetivo, a especificidade do objetivo, a dificuldade do objetivo e o feedback.

A motivação para a aprendizagem orientada para objectivos é influenciada pelas variáveis de objectivos de domínio, objectivos de desempenho e resultados.

a) Os objectivos de domínio significam a compreensão de conceitos e conteúdos e a aplicação a tarefas - aprendizagem, envolvimento em tarefas, abordagem e evitamento.

b) Os objectivos de desempenho referem-se ao desempenho, à capacidade relativa, ao envolvimento do ego, à abordagem e ao evitamento

c) Os resultados são os objectivos, as atribuições, a auto-eficácia, os níveis de envolvimento cognitivo, a autorregulação, o afeto, a persistência do interesse e os comportamentos de escolha.

A. Categorias da teoria dos objectivos

Os objectivos são categorizados com base na abordagem de domínio, na abordagem de desempenho, na fuga ao domínio e na fuga ao desempenho.

i. **Abordagem** de domínio: centrar-se no domínio da tarefa, na aprendizagem, na compreensão.

ii. **Abordagem de desempenho**: centra-se em ser o melhor em comparação com os outros.

iii. Evitar **a mestria**: concentrar-se em evitar a incompreensão ou não dominar corretamente a tarefa.

iv. Evitar **o desempenho**: o objetivo é evitar parecer estúpido em comparação com os outros.

Os pontos fortes da teoria dos objectivos são amplamente aceites devido à extensa investigação empírica e à facilidade de utilização, à aplicabilidade da marca e a uma série de dados que apoiam a sua eficácia (especialmente no domínio empresarial). Os pontos fracos da teoria dos objectivos surgem quando os problemas de dois objectivos existentes entram em conflito ou quando um objetivo tem prioridade sobre outro. Também não existe um quadro teórico decisivo para a teoria, o que a torna útil para ser utilizada em conjunto com outras teorias, mas difícil como teoria autónoma (Locke e Latham, 2002).

A aplicação da teoria dos objectivos em contextos práticos inclui os alunos na definição de objectivos; definir objectivos específicos; definir objectivos individuais; fornecer feedback contínuo; fazer com que os alunos participem ativamente na definição dos objectivos e no processo de revisão; assegurar que os objectivos se centram em áreas que são importantes para os objectivos actuais e futuros; e alinhar os sistemas de recompensa com os resultados desejáveis. Locke e Latham (2002) opinaram que o apoio à teoria dos objectivos vem de indivíduos e grupos, de estudos laboratoriais e de campo, de diferentes culturas e envolve muitas tarefas diferentes.

Tubbs (1986) apoiou a ideia de que objectivos específicos e difíceis estão diretamente relacionados com a melhoria do desempenho.

Ordonez, Schweitzer, Galinsky e Bazerman (2009) afirmaram que os críticos da teoria dos objectivos consideram que a utilização excessiva e as consequências não intencionais são motivos de preocupação, bem como a propensão para os indivíduos participarem em comportamentos não éticos a fim de atingirem um objetivo e a recompensa subsequente.

B. Teoria da definição de objectivos

A Teoria do Estabelecimento de Objectivos refere-se à relação entre a determinação de objectivos (Estabelecimento de Objectivos) e o comportamento, com a seleção de objectivos por parte dos alunos, o grau de motivação para o cumprimento dos objectivos e a probabilidade do cumprimento do objetivo em destaque. A teoria é constituída por duas componentes principais que são: (i) a individualidade e dificuldade do objetivo e (ii) o esforço que se necessita para cumprir os objectivos. A Teoria do Estabelecimento de Objectivos implica uma relação direta entre os objectivos escritos e o desempenho (Cheng, 2023).

Os eixos principais envolvem as dicotomias de envolvimento na tarefa/ego e objectivos de aproximação/evitação. O envolvimento na tarefa refere-se a quando o aluno está envolvido na tarefa pelas suas próprias qualidades, com motivações intrínsecas elevadas, que são menos ameaçadas pelo fracasso porque o seu ego não está ligado ao sucesso da tarefa (Nicholls, Cobb, Wood, Yackel e Patashnick, 1990).

Os objectivos de aproximação/evitação significam que nem todos os objectivos são orientados para a aproximação a um resultado desejável (por exemplo, demonstrar competência), mas também podem ser orientados para evitar um resultado indesejável (por exemplo, evitar a demonstração de incompetência aos outros) (Elliot, 2006). Os objectivos de aproximação contribuem positivamente para a motivação, ao passo que os objectivos de evitamento não o fazem (Harackiewicz, Judith, Baron, Pintrich, Elliot e Thrash, 2002).

Objectivos de desempenho: é um objetivo centrado na obtenção de um julgamento favorável por parte dos outros, que garante que o desempenho de uma pessoa é visivelmente superior ao dos outros. Os objectivos de desempenho são o desejo de superar os que estão à sua volta, com os estudantes a verem os exames como uma competição que também lhes permite melhorar o seu desempenho (Crouzevialle e Butera, 2017). O desempenho académico daqueles que possuem objectivos de desempenho na sala de aula gera uma forma saudável de competição entre pares que melhora as relações entre pares e as notas entre todos (Midgley, Kaplan e Middleton, 2001).

Os objectivos de desempenho conduzem a um forte sentido de compromisso, exemplificam uma forte relação com o objetivo de fazer melhor do que os outros e conduzem a um compromisso a longo prazo para atingir esse objetivo (Latham e Seijts, 2016). No entanto, todas as teorias se dedicam a estudar o tipo de objectivos, bem como o seu impacto em múltiplas facetas da aprendizagem/investigação.

C. Objectivos da conceção sustentável e da construção de edifícios

A essência da conceção sustentável consiste em reduzir os impactos negativos sobre o ambiente, a saúde e o conforto dos ocupantes do edifício, a fim de melhorar o seu desempenho. Os principais objectivos da sustentabilidade são a redução do consumo de recursos não renováveis, a minimização dos resíduos e a criação de ambientes saudáveis e produtivos. Os princípios do design sustentável incluem a capacidade de:

i. otimizar o potencial do sítio;
ii. minimizar a energia não renovável e otimizar a utilização da energia;
iii. utilizar produtos preferíveis do ponto de vista ambiental;
iv. proteger e conservar a água;
v. melhorar a qualidade do ambiente interior; e
vi. otimizar as práticas operacionais e de manutenção.

A filosofia de conceção sustentável é uma abordagem holística integrada que incentiva compromissos e soluções de compromisso, decisões em cada fase do processo de conceção que têm um impacto positivo em todas as fases do ciclo de vida de um edifício, incluindo a conceção, a construção, o funcionamento e a desativação.

Os objectivos da conceção sustentável visam reduzir o desperdício de recursos críticos como a energia, a água, o solo e as matérias-primas; evitar que as instalações e infra-estruturas ambientais piorem o ambiente durante o seu ciclo de vida; e criar ambientes habitáveis, confortáveis, seguros e produtivos.

O início da humanidade na Terra assistiu ao aparecimento da construção de edifícios, que teve grandes impactos diretos e indirectos no ambiente, na sociedade e na economia. Equilibrar as necessidades destas áreas através do método de criação de projectos que ajudem o ambiente, a sociedade e a economia torna-se uma tarefa difícil.

D. Objectivos da construção ecológica

Os problemas das alterações climáticas levaram muitos países a adotar e a financiar métodos mais ecológicos de construção, fabrico e vida quotidiana. O processo de construção ecológica consiste em criar uma estrutura que seja ambientalmente construtiva e que deve ser respeitada aquando da construção: Avaliação do ciclo de vida, eficiência da localização e da conceção da estrutura, eficiência energética, eficiência hídrica, eficiência dos materiais, qualidade do ambiente interior, otimização das operações e da manutenção, redução dos resíduos e redução do impacto na rede eléctrica.

i. **Avaliação do ciclo de vida** Um edifício que não emite gases com efeito de estufa pelo simples facto de existir pode não garantir que o seu processo de criação esteja isento de emissões. Um edifício verde é verdadeiramente verde quando todo o ciclo de vida do processo de criação deve ser avaliado em processos e impactes como (a) extração de matérias-primas (b) processamento de materiais (c) fabrico (d) distribuição (e) utilização (f) reparação e manutenção (g) eliminação ou reciclagem (h) energia incorporada (i) potencial de aquecimento global (j) utilização de recursos (k) poluição atmosférica e (l) resíduos.

ii. **Localização e conceção da estrutura A eficiência** começa na fase de conceção, ab-initio. O objetivo de um projeto deve ser o de minimizar o impacto ambiental através de uma conceção que garanta que o ciclo de vida do edifício continuará a ser eficiente do ponto de vista ambiental.

iii. O objetivo **da eficiência energética** é reduzir a quantidade de energia consumida diariamente num edifício. Na construção de um novo edifício, a energia necessária para extrair, processar, transportar e instalar materiais de construção deve ser tida em consideração.

iv. **A eficiência hídrica** implica que se realce a importância da conservação da água devido às alterações climáticas. A eficiência hídrica e os aparelhos de eficiência hídrica devem ser uma prioridade máxima para a construção ecológica e a reutilização ou reciclagem da água um objetivo fundamental.

v. **Eficiência dos materiais A eficiência dos materiais**, como a madeira verde, deve ser utilizada e todos os materiais reciclados, como a pedra, os metais e outros materiais renováveis, são preferíveis nos processos de construção ecológica.

vi. Os objectivos **de qualidade ambiental interior** consistem em três elementos-chave: qualidade do ar interior, qualidade térmica e qualidade da iluminação. Isto é conseguido através da instalação de sistemas de ventilação corretamente concebidos ou da utilização de materiais com baixo teor de compostos orgânicos voláteis, do sistema de aquecimento e da utilização da luz do dia no seu potencial máximo. O objetivo é proporcionar conforto, bem-estar e produtividade aos residentes.

vii. **A otimização das operações e da manutenção** significa as operações diárias de um edifício onde a sustentabilidade começa realmente a ter impacto. O objetivo é mantido através da criação de uma estrutura clara e abrangente de boas práticas nos processos de manutenção que incluem a eficiência energética, a conservação de recursos, produtos ecologicamente sensíveis e outras práticas.

viii. **A redução de resíduos** continua a ser um objetivo fundamental da construção sustentável. Pode assumir muitas formas, como um contentor de compostagem e a utilização de colectores de águas pluviais. A redução de resíduos é uma parte complexa e importante da construção sustentável que implica pensar fora da caixa e ser criativo com soluções.

ix. **Reduzir o impacto na rede de eletricidade** significa que a construção sustentável tenta reduzir a quantidade de eletricidade utilizada num determinado momento, utilizando lâmpadas e aparelhos eficientes e outras estratégias para reduzir a quantidade de eletricidade.

Os objectivos garantem que as novas construções se integram melhor num mundo maior, com uma nova forma de pensar sobre o nosso ambiente para nos ajudar a adaptar e a mudar.

E. Os objectivos do desenvolvimento sustentável nos projectos de construção

Sherif e Carmela (2019) afirmaram que, de cem (100) definições de Sustentabilidade e seiscentos (600) métodos de avaliação disponíveis na literatura, as equipas de projeto enfrentam incertezas quanto aos critérios e definições a adotar em projetos de edifícios sustentáveis. A integração da Agenda 2030 e dos Objectivos de Desenvolvimento Sustentável (ODS) é um grande desafio para os projectistas de edifícios, que se concentram na ligação das práticas actuais, incluindo as práticas de construção sustentável, com os ODS. As práticas de construção no sector privado e público podem ser sustentadas quando importantes ferramentas práticas contribuem para a teoria e a prática da conceção de edifícios sustentáveis.

A sustentabilidade na investigação do ambiente de construção é da opinião de que as normas e ferramentas existentes se centram em grande parte na dimensão ambiental da sustentabilidade, que carece de indicadores de edifícios, os aspetos contextuais, sociais, culturais e económicos dos edifícios (Sherif e Carmela, 2019). A Agenda 2030 dos ODS e as suas metas estabeleceram um quadro expansivo claro para o desenvolvimento que dita igual atenção aos pilares ambiental, social e económico da sustentabilidade. Estas metas foram estrategicamente estruturadas em torno de cinco temas-chave: pessoas, planeta, prosperidade, paz e parceria, ou seja, cinco Ps.

Para conseguir uma integração significativa dos cinco Ps nos projectos de construção, é necessário:

a) Afastar-se dos actuais critérios quantitativos de avaliação, para considerar o potencial contributo mais amplo dos edifícios para os ODS e as suas metas.

b) Explorar os meios para traduzir a tónica global da agenda para o nível local e específico do projeto.

c) O número de quadros propostos para alcançar os ODS continua a ser, na sua maioria, de natureza concetual e não está adaptado às necessidades específicas dos projectos de construção e edificação.

A sustentabilidade foi entendida como a intersecção equilibrada entre as dimensões social, económica e ambiental, mas outras considerações como a dimensão cultural, institucional, política e ética são também pilares fundamentais da conceção sustentável.

Para justificar a adoção da sustentabilidade nos edifícios, muitas fontes citam os benefícios económicos como os principais motivadores, que incluem poupanças de energia, ganhos ambientais, melhoria da saúde e da produtividade, ou prémios de retorno (Zuo e Zhao, 2014). Mitigação das alterações climáticas, consciencialização, coesão social, resiliência, qualidade, beleza e gestão ambiental. A atenuação das alterações climáticas, a sensibilização, a coesão social, a resiliência, a qualidade, a beleza e a gestão ambiental parecem ser alguns dos motivadores citados nas abordagens mais humanistas da sustentabilidade no ambiente construído, mas uma grande parte da literatura sobre design continua a responder à necessidade do mercado de obter benefícios quantificáveis - políticos, sociais, económicos ou ambientais - para atrair investidores, governos e utilizadores finais (Allen, Metternicht e Wiedmann, 2018).

Os modelos teóricos da sustentabilidade nos edifícios incluem;

a) Domínios da conceção sustentável

b) Integração da sustentabilidade na conceção
c) Abordagens de conceção sustentáveis
d) A motivação e o carácter da abordagem
e) A inspiração e a influência.

As abordagens funcionalistas visam estabelecer a sustentabilidade no ambiente construído como um domínio pragmático orientado por normas quantitativas, enquanto as abordagens humanistas visam estabelecer a sustentabilidade no ambiente construído como um domínio não regulamentar capaz de gerar mudança e inovação (Hosey, 2012).

2.2.2 Teoria da sustentabilidade

As teorias da sustentabilidade tentaram dar prioridade e integrar as respostas sociais aos problemas ambientais e culturais. Um modelo económico procura sustentar o capital natural e financeiro; um modelo ecológico procura a diversidade biológica e a integridade ecológica; um modelo político procura sistemas sociais que realizem a dignidade humana. A religião entrou no debate com recursos simbólicos, críticos e motivacionais para a mudança cultural (Agyeman, 2005).

A sustentabilidade, nos seus rudimentos literais, significa a capacidade de manter uma entidade, um resultado ou um processo ao longo do tempo. Quando as actividades na agricultura, na gestão florestal ou no investimento financeiro são consideradas sustentáveis, o significado é que a atividade não esgota os recursos materiais de que depende. Em termos análogos, a sustentabilidade refere-se a condições sociais dependentes; por exemplo, um tratado de paz, uma política económica ou uma prática cultural são sustentáveis se não esgotarem o apoio de uma comunidade política. O conceito de sustentabilidade, na sua utilização cada vez mais comum, enquadra as formas como os problemas ambientais põem em risco as condições de sistemas económicos, ecológicos e sociais saudáveis (Barry, 1997).

O desafio político da sustentabilidade à escala global levanta um conjunto de problemas básicos e objectivos abrangentes que se centram na dependência ecológica dos sistemas económicos e sociais.

Este facto ilustra os efeitos mútuos entre a degradação ambiental causada pelas actividades humanas e os perigos que os problemas ambientais globais representam para os sistemas humanos. A questão básica pertinente é a seguinte: será que a atividade humana pode manter-se a si própria e ao seu objetivo sem esgotar os recursos de que depende? (Daly, 1996).

A atenuação dos problemas da perda de biodiversidade e do impacto e risco das alterações climáticas sobre o alcance do objetivo dos poderes da humanidade e a escala do seu risco exigem reformas em muitos sistemas humanos de finanças, política, produção, energia, transportes e mesmo comunicação e educação. Estas reformas podem complicar outros objectivos da comunidade internacional, como a superação da pobreza extrema e a proteção dos direitos humanos, e a forma de dar prioridade a estes interesses que se sobrepõem. A faísca da dependência das condições ecológicas; a superação da pobreza a longo prazo não pode competir com a proteção de uma biodiversidade suficiente baseada em relações mútuas que a sustentabilidade traz à vista. A sustentabilidade desafia, de forma prática, as formas específicas de perseguir esses objectivos distintos que estão em conformidade com a sua relação mútua; tais como manter (ou desenvolver), em tempo útil, uma qualidade de vida humana decente para todos; o que deve ser sustentado?; que objectivos devem ser sustentados, protegidos, perseguidos, ameaçados pela expansão dramática dos sistemas humanos, e que bases partilhadas para o fazer? (Norton, 2005). Para várias dimensões da sustentabilidade:

(i) . A sustentabilidade nas instituições pode ser contextualizada pelo objetivo do grupo e pela sua relação com os sistemas ecológicos e sociais.

(ii) . Para uma universidade, pode ser sobretudo um aspeto da forma como gere os seus sistemas energéticos e alimentares em relação ao seu orçamento, sentido de liderança civil e missão educativa.

(iii) . Para uma empresa, pode significar antecipar a forma como a reflexividade dos sistemas ecológicos, económicos e sociais determinará as condições de mercado durante períodos de tempo mais longos do que os abrangidos pelos relatórios trimestrais ou anuais.

(iv) . A nível local e global, dirige a atenção prática para a complexa mutualidade dos sistemas humanos e ecológicos. A saúde económica, a integridade ecológica, a justiça social e a responsabilidade para com o futuro devem ser integradas para resolver múltiplos problemas globais no âmbito de uma visão coerente, duradoura e moral - que é ideologicamente absorvente e politicamente popular. Encontrar uma definição padrão de sustentabilidade parece difícil, porque é utilizada para argumentar a favor e contra os tratados sobre o clima, os mercados, as despesas sociais e a preservação do ambiente.

(v) . Outros críticos argumentam que a sustentabilidade é concetualmente desprovida de significado ou, pelo menos, demasiado suscetível a ideias concorrentes para ser politicamente útil. Estes desacordos reconhecem frequentemente a retroação mútua entre os sistemas humanos e ecológicos e reflectem diferenças substanciais sobre o que deve ser sustentado ao longo do tempo. A sustentabilidade é, portanto, um importante espaço discursivo para um novo tipo de debate moral e político, precisamente sobre as considerações tão urgentes e importantes que permitem esperar a diversidade de opiniões e o desacordo concetual.

(vi) . As dimensões da responsabilidade humana reflectem novas condições de perigo e impactos impensáveis como uma extinção em massa causada pela humanidade ou alterações antropogénicas significativas na biosfera do planeta indicam uma grande mudança na relação da humanidade com o resto da natureza e com o seu futuro. O reconhecimento da responsabilidade humana também se expandiu em termos de âmbito temporal (ou seja, obrigações para com as gerações futuras), escala espacial (ou seja, consideração dos processos planetários e alcance cultural (ou seja, ética partilhada por todas as nações e povos)) como uma forma importante de invocar e organizar estas novas responsabilidades (Jenkins, 2008).

(vii). Dentro e fora do contexto de Brundtland (1987), os discursos e debates sobre a sustentabilidade pretendem estabelecer ligações e prioridades entre uma série de responsabilidades globais ecologicamente ligadas. O debate ético sobre os múltiplos bens em jogo com os perigos comuns enfrentados pelas comunidades da Terra obriga a uma reflexão sobre o que deve ser sustentado, identificando o que a comunidade da Terra pode perder.

A. Modelos de sustentabilidade

Estas têm duas dimensões de abordagens "fortes" e "fracas". A "sustentabilidade forte" dá prioridade à preservação dos bens ecológicos, como a existência de espécies ou o funcionamento de determinados ecossistemas. A "sustentabilidade fraca" não tem em conta as obrigações específicas de manter qualquer bem em particular, expondo apenas um princípio geral de não deixar as gerações futuras numa situação pior do que a nossa.

Os dois pontos de vista correspondem às posições excêntrica (ecologicamente centrada) e antropocêntrica (centrada no ser humano) da ética ambiental, que exige que as decisões morais tenham em conta o bem da integridade ecológica, em vez de considerarem exclusivamente os interesses humanos.

Uma visão pragmática intermédia, que pode ser considerada uma terceira abordagem, considera que não temos a obrigação de sustentar qualquer forma de vida não humana ou processo ecológico em particular (a visão forte), nem devemos assumir que todas as oportunidades futuras podem ser comparadas umas com as outras (a visão fraca). Barry (1997) opinou que a preservação de algumas oportunidades para as gerações futuras requer a existência duradoura de determinados bens ecológicos.

Jonas (1984) propôs que os novos poderes da agência humana, capazes de ameaçar de forma abrangente as suas próprias condições, exigem um novo imperativo moral para agir de forma responsável em prol da sobrevivência humana. A sustentabilidade depende da manutenção de uma sobrevivência decente. É evidente que as teorias da sustentabilidade se tornaram demasiado complexas para serem organizadas com termos dualistas como "forte" e "fraco" ou "ecocêntrico" e "antropocêntrico". Os modelos de sustentabilidade que dão prioridade à sua própria componente do que deve ser sustentado envolvem modelos económicos, ecológicos e políticos que não se excluem mutuamente e que, muitas vezes, integram pontos fortes complementares dos outros. Os conceitos alternativos de sustentabilidade fazem sentido ao distinguir esses modelos.

(i) . Modelos económicos: Estes propõem sustentar a oportunidade, geralmente sob a forma de capital. Solow (1993) afirmou que devemos pensar na sustentabilidade como um problema de investimento, no qual devemos utilizar o retorno da utilização dos recursos naturais para criar novas oportunidades de valor igual ou superior. A despesa social com os pobres ou com a proteção do ambiente, embora justificável por outros motivos, retira a este investimento a concorrência de um compromisso com a sustentabilidade. Daly (1996) argumentou que o modelo económico poderia ser diferente se não partíssemos do princípio de que o "capital natural" é sempre permutável com o capital financeiro. Sev (1999) opinou que criamos opções para o futuro ao criarmos opções para os pobres de hoje, porque mais opções impulsionarão um maior desenvolvimento.

(ii) . Modelos ecológicos

Os modelos ecológicos propõem a manutenção da diversidade biológica e da integridade ecológica. Em vez de se centrarem na oportunidade ou no capital como unidade-chave da sustentabilidade, centram-se diretamente na saúde do mundo vivo (Rolston, 1994). Os modelos ecológicos propõem que sejam mantidos os recursos naturais essenciais que dependem dos sistemas ecológicos e dos processos regenerativos dos sistemas humanos.

(iii) . Modelos políticos

Estes propõem a manutenção de sistemas sociais que realizam a dignidade humana. Estes modelos centram-se na manutenção das condições ambientais de uma vida plenamente humana, preocupando-se com a forma como os problemas ambientais locais e globais põem em causa a dignidade humana. A justiça ambiental e o ambientalismo cívico representam uma estratégia deste modelo; ao centrarem-se nas ameaças à vida humana mediadas pelo ambiente, apontam para a necessidade de bens ecológicos ou de esquemas de gestão ambiental sustentável (Ageyman, 2005). O agrarismo ou a ecologia profunda envolvem uma visão mais substantiva do bem humano, enquanto as condições culturais necessárias para realizar a personalidade ecológica, a identidade cívica ou mesmo a fé pessoal através da filiação ecológica são outras estratégias dentro do modelo (Plumwood, 2002; Wirzba, 2003). O modelo político adota uma abordagem pragmática e sugere que devemos manter as condições para manter aberto o debate sobre sustentabilidade. A manutenção de objectivos ecológicos e económicos, bem como de bens políticos, como os direitos processuais, está relacionada tanto com a qualidade como com a quantidade desses bens, em função das necessidades do sistema político, o que condiciona os compromissos em matéria de sustentabilidade.

B. Papel dos pontos de vista religiosos

Estas incluem discussões sobre tradições religiosas, conceitos teológicos e práticas espirituais em debates sobre sustentabilidade. Os compromissos espirituais motivam a mudança, enquanto as comunidades religiosas exercem uma autoridade poderosa para a transformação cultural. As raízes dos sistemas económicos e técnicos globalizantes assentam numa consciência moral profundamente moldada pela religião. Isto significa que uma mudança cultural significativa depende da reconsideração dessas atitudes religiosas, a fim de renovar o poder de sustentação das visões culturais do mundo. Outros pontos de vista são:

(i) . Que a metáfora religiosa e a prática espiritual têm capacidades únicas para interpretar a complexidade da vida e gerar respostas holísticas.

(ii) . A crise da sustentabilidade representa uma oportunidade para a renovação religiosa ou o renascimento espiritual em algumas comunidades.

(iii) . O pensamento religioso entra nos debates públicos sobre sustentabilidade à medida que as sociedades são cada vez mais desafiadas a tomar decisões sobre o que vale a pena sustentar e a formular perguntas sobre o que as sustenta.

(iv) . A sustentabilidade exige que os seres humanos reconheçam os factos simples da dependência ecológica, o que provoca uma reflexão sobre os nossos valores mais queridos e as nossas crenças mais fundamentais, os nossos hábitos íntimos e as nossas visões globais do mundo. O espírito de sustentabilidade implica a criação de novos rituais para reavivar valores antigos, como o respeito pela criação de Deus.

2.2.3 Teoria dos sistemas

Uma abordagem teórica do sistema para a construção envolve concentrar-se na forma como os componentes do edifício funcionam em conjunto como um todo, em vez de como funcionam isoladamente. Ao utilizar uma perspetiva de solução de sistema, é necessário criar uma especificação adaptada à função do edifício, que é frequentemente apoiada por uma garantia abrangente (Howes, 1996).

A construção de um futuro mais seguro preconiza a adoção de uma abordagem sistémica na conceção dos edifícios e a reflexão sobre a forma como os componentes do sistema interagem entre si para obter um desempenho completo. As vantagens de utilizar um sistema comprovado consistem em conceber uma especificação em torno dos requisitos específicos do edifício e as suas funções determinaram a certeza do desempenho do edifício. Isto elimina a possibilidade de um empreiteiro se infiltrar e fazer um preço mais baixo.

A falta de responsabilidade e de aplicação adequada resulta numa "cultura de corrida para o fundo" e, quando os empreiteiros concorrem a um projeto com base no facto de o fazerem mais depressa ou de utilizarem produtos inferiores ou não comprovados, o resultado final é um edifício comprometido. A conceção para satisfazer as necessidades específicas do projeto, especificando um sistema comprovado, coloca o ónus sobre qualquer pessoa que proponha uma alternativa para demonstrar as credenciais do que está a oferecer, em vez de ser um sistema genérico.

Quando os fabricantes ajudam a adotar uma abordagem de sistemas, o especificador deve afastar-se da abordagem de procurar confirmação sobre os componentes individualmente. Um fabricante pode ajudar a conceber a complexidade a partir de um puzzle de componentes individuais que podem abranger os elementos globais de eficiência energética, acústica, desempenho ao fogo, resistência às intempéries e durabilidade. Embora o desempenho fundamental do tecido seja um ponto de partida, as soluções de sistema apoiadas por testes rigorosos e independentes oferecem uma combinação de produtos e componentes que permitem equilibrar corretamente o desempenho do tecido.

A. Sistemas em Projeto de Construção

Os projectos de construção são representados por um modelo interativo generalizado que adopta uma estratégia de aprovisionamento através da inicialização, conceção, construção e colocação em funcionamento no âmbito do controlo e do ambiente do limite do projeto. O nível seguinte da hierarquia representa uma decomposição mais detalhada do sistema que introduz elementos de controlo em cada subsistema. Cheland e King (1988) afirmaram que o projeto de construção é dinâmico por natureza, estando sujeito a mudanças contínuas provocadas pela singularidade do projeto e pelo ambiente em que se insere. Depende da estratégia de aquisição selecionada pelo cliente através da inicialização (Brief, Sketch design e Feasibility): Conceção (Proposta, Esquema e Projeto de execução):

Construção (envolvimento do empreiteiro) e entrada em funcionamento, é essencial que exista uma harmonia completa no sistema, procedimento e processo entre os sistemas estáticos e dinâmicos.

A natureza dinâmica dos projectos de construção e dos seus subsistemas constituintes deve refletir-se no tipo e estilo de gestão do projeto a adotar. A opção de aquisição de gestão de projeto responsável pela conceção e implementação da infraestrutura de gestão permitirá que os objectivos finais sejam realizados de acordo com as metas estabelecidas em termos de função, custo, tempo e qualidade. A tomada de decisões adequadas sobre uma tal infraestrutura deve basear-se nos seguintes elementos

a) A melhor informação possível na altura;

b) Apoio à infraestrutura empresarial sob a forma de registos históricos, serviços de projeto, acompanhamento e controlo financeiro, programação, pessoal e segurança;

c) Disponibilidade e aquisição de recursos;

d) Otimização do desempenho relativo às actividades do projeto;

e) Avaliação dos factores ambientais;

f) Visão prospetiva das causas e efeitos.

A par de uma organização e de uma administração meticulosas, as capacidades de liderança e de gestão dos responsáveis pela gestão do projeto são extremamente exigentes. Assim, nada substitui uma visão de futuro baseada numa compreensão detalhada do projeto que permita um planeamento significativo e a antecipação de problemas através da avaliação dos riscos associados a todos os elementos relevantes do projeto (Fangel, 1988).

B. Abordagem de Sistemas Críticos e Aplicação de Sistemas Críticos à Construção

Ackoff (1981) afirmou que a realização na teoria da ciência de gestão não foi aplicada à construção devido à dificuldade sentida pelos gestores de projeto em relação a uma combinação de metodologias capazes de serem aplicadas de forma significativa para permitir que o projeto seja entregue mais eficazmente. Flood e Jackson (1991) defendem que os problemas devem ser agrupados em contextos e precisam de se afastar de questões teóricas para questões do 'mundo real' que podem ser identificadas e aplicadas propondo três grupos distintos de (i) sistemas (ii) organizações e (iii) pessoas. A ligação fundamental entre os três grupos é que os sistemas funcionam no âmbito de uma determinada estrutura organizacional e as pessoas, sob a forma de equipas/grupos e indivíduos, fazem parte da organização.

Os sistemas dizem respeito, em primeiro lugar, a processos, procedimentos e técnicas destinados a facilitar um conjunto de metodologias logicamente derivadas, orientadas para proporcionar ordem e razão de acordo com as necessidades. As técnicas de sistemas incluem: Investigação Operacional (OR): Análise de Sistemas (SA): Engenharia de Sistemas (SE); Dinâmica de Sistemas (SD); Diagnóstico Visível de Sistemas (VSD).

A organização diz respeito à evolução de um quadro adequado de funções e responsabilidades que permitirá que as tarefas (actividades) que compõem o projeto sejam efetivamente realizadas. Estes incluem: (i) análise da organização que envolve hierarquias, extensão do controlo, descentralização, gestão de linha e função de serviço; (ii) conceção de sistemas viáveis que trata da ordenação das organizações e fornece uma ligação aos sistemas através da cibernética (Walker, 1982).

As pessoas, dentro ou fora do projeto, são uma área crítica que pode ser facilmente ignorada na procura de eficiência através da tecnologia, da lógica e dos procedimentos. A participação, a consulta, o empenhamento e a apropriação são obras que constituem a base do sucesso da criação de equipas e do desempenho do grupo. A moral é um fator-chave numa época em que, em muitas sociedades ocidentais, o trabalho é agora uma necessidade social para além da necessidade de ganhar dinheiro. A conceção de sistemas sociais é também um fator importante na aplicação da ciência da gestão através da introdução da abordagem/teoria da contingência e do desenvolvimento do pensamento de sistemas flexíveis (Bertalanfly, 1971).

Cheland (1981) afirmou que a adoção de uma abordagem de sistemas críticos para a gestão do projeto de construção alcançará os seguintes benefícios

(i) . Consciência crítica do projeto e do seu processo.

(ii) . Consciência social dos grupos, equipas e indivíduos envolvidos;

a) A liberdade de contribuir da forma mais adequada e o desenvolvimento da apropriação.

b) Incentivo à integração e ao desenvolvimento de uma abordagem acelerada para alcançar o espírito de equipa.

c) Utilização complementar e informada da metodologia de sistemas ligada a estruturas organizacionais que facilitam a realização eficiente dos objectivos do projeto e, em última análise, a entrega eficiente do projeto.

O acima exposto reforçará um maior trabalho de equipa, uma melhor comunicação, um sentido de participação e de propriedade na realização dos objectivos do projeto, dos objectivos e da gestão da qualidade total. Flood e Jackson (1991) classificaram a aplicação de sistemas críticos a projectos de construção como:

(i) . Simples (número limitado de actividades do projeto que envolvem uma sequência básica de acontecimentos).

(ii) . Normal (projeto substancial de uma única fase, por exemplo, um edifício de vários andares totalmente servido e acabado).

(iii) . Complexo (projeto multifaseado que envolve mais do que um edifício/instalação para fins de utilização tecnológica/científica avançada, por exemplo, um hospital geral).

A aplicação destas teorias à construção cria consciência, melhora a compreensão e o conhecimento para o desenvolvimento contínuo e a melhoria do desempenho.

2.3. Análise empírica

Existem diferentes perspectivas para o desenvolvimento sustentável;

A WCED (1987) referiu-se ao desenvolvimento sustentável como um desenvolvimento que satisfaz as necessidades do presente sem comprometer a capacidade da geração futura de satisfazer as suas próprias necessidades e aspirações.

As Nações Unidas (2011) referiram-se ao desenvolvimento sustentável como um desenvolvimento que procura erradicar a pobreza, que é um desafio global, e o requisito para alcançar o requisito sustentável requer o aumento da base de recursos globais, alterando gradualmente as formas como desenvolvemos e utilizamos as tecnologias.

Hornby e Wehmeier (2000) afirmaram que o desenvolvimento sustentável é o processo de desenvolvimento; crescimento, mudança dirigida ou aplicação de novas ideias a problemas práticos na formulação de um curso de ação com a capacidade de ser sustentado por um período definido sem danificar o ambiente ou sem esgotar um recurso, renovável.

Munasinghe (1993) definiu o desenvolvimento sustentável como a interdependência entre o desenvolvimento económico, o ambiente natural e as pessoas.

Schumann (2010) afirmou que o desenvolvimento sustentável inclui a integração de aspectos ecológicos, socioculturais, económicos, técnicos, de processo e de localização no planeamento e na construção de projectos de edifícios.

A UNCHS (Habitat) (1992) considerou que o desenvolvimento sustentável tem a ver com a melhoria da qualidade da vida humana, do ponto de vista económico, minimizando as fontes de energia não renováveis, etc., do ponto de vista social, reduzindo a pressão da população sobre recursos como os alimentos e a água, etc., e do ponto de vista político, através de uma boa governação.

O investigador refere-se ao desenvolvimento sustentável de projectos de construção como uma abordagem integrada e sistemática da resolução das necessidades de abrigo humano, tendo em consideração o processo ecológico, económico, sociocultural, técnico e os aspectos da localização no planeamento e execução de projectos de construção para minimizar as fontes de energia não renováveis, sustentar a biosfera com a sua diversidade, preservar os nossos recursos naturais para as gerações presentes e futuras dos habitantes da Terra.

O CIOB (2010) afirmou que o desenvolvimento sustentável dos projectos de construção é incompatível com os projectos convencionais devido à utilização de materiais especiais, às práticas de construção e ao empenho da gestão na sustentabilidade dos edifícios. Estes factores requerem considerações adicionais cujo

As implementações de projectos de sustentabilidade constituem barreiras importantes devido a lacunas de conhecimento, falhas de comunicação, estrutura de propriedade, responsabilidade pelos custos operacionais, questões familiares, riscos e outras questões técnicas e processuais. As possibilidades de realizar os projectos com êxito podem ser aumentadas se houver alterações ao processo tradicional de planeamento e execução através da integração adequada dos conceitos de sustentabilidade na realização do projeto.

É possível obter um resultado favorável no futuro se o planeamento colmatar a lacuna entre a experiência do passado e a ação proposta; reduzir os efeitos indesejáveis ou os acontecimentos inesperados, eliminando a confusão, o efeito de desperdício e a perda de eficiência; e alcançar os objectivos desejados, determinando e especificando os factores, as forças, os efeitos e a relação com as acções propostas.

O processo de planeamento tem um impacto significativo no êxito de um projeto de construção (Hamilton e Gibson, 1996). O nível de esforço durante a fase de conceção detalhada, construção e conclusão do projeto determina o sucesso do projeto (Gibson e Gebken, 2003; Dumont, Gibson e Fish, 1997).

Yudelson (2009) considera que o processo de planeamento de um projeto de construção sustentável é diferente do processo de planeamento tradicional devido à sua complexidade e abordagem holística. O processo tem a responsabilidade de atingir os objectivos de desenvolvimento sustentável em todo o projeto. Este processo exige a tomada de decisões para atingir os padrões de sustentabilidade, de modo a obter o máximo de capital e de custos ao longo da vida (CIOB, 2010).

2.3.1. Constrangimentos à concretização do desenvolvimento sustentável face à construção sustentável no nosso contexto de desenvolvimento

A construção sustentável tem de ter lugar através da compreensão das questões políticas, económicas, sociais e de desenvolvimento de um local, e essa construção sustentável torna-se então parte integrante do desenvolvimento sustentável. A construção sustentável não tem recebido atenção suficiente na Nigéria, apesar de ser um aspeto importante do desenvolvimento sustentável. A questão crítica que envolve as nossas actividades de construção é o facto de os sistemas de construção terem sido modelados há muito tempo com base na experiência do mundo desenvolvido (Adindu, Musa, Nwajagu, Yusuf e Yisa, 2020). Afirmam que, historicamente, se tem assumido que as normas e os sistemas resultantes de um determinado conjunto de experiências no mundo desenvolvido podem ser prontamente adoptados pelos países em desenvolvimento. A implicação é que este tipo de pensamento tipificou a fase de crescimento económico, em que se partiu da hipótese de que as emergências económicas das nações eram consistente e universalmente semelhantes, ignorando assim as circunstâncias nacionais, os sistemas de valores ou as prioridades actuais. Isto é inadequado quando os princípios do mundo desenvolvido foram aplicados sem modificação no nosso ambiente de construção com a sua diversidade de problemas. As questões dos conflitos e guerras, e as pandemias que têm implicações para a construção sustentável tornaram-se outra perspetiva do debate em torno da sustentabilidade no nosso ambiente de desenvolvimento (Adebayo, 2000).

As políticas governamentais nos domínios da habitação, da economia, do ambiente e do ordenamento do território afectam o desenvolvimento e a construção sustentáveis e têm implicações diretas na indústria da construção e nas questões de desenvolvimento conexas. Estas políticas estão preocupadas com a redução da pobreza, a criação de emprego, o reforço das capacidades, a qualidade do ambiente, etc., mas a maior parte delas não reforça o objetivo da construção sustentável. A situação é agravada pelas políticas de empréstimo do Fundo Monetário Internacional (FMI) e do Banco Mundial com ajustamento estrutural que tiveram um impacto considerável na nossa indústria da construção. Estas políticas preconizam a redução das despesas públicas, a reestruturação do sector público e a privatização de activos. Este processo criou desemprego em certos sectores e algumas destas forças de trabalho são absorvidas pelo sector da construção (Adebayo e Adebayo, 2000). A maior parte das actividades de construção tem impacto no ambiente construído e estes projectos centram-se no ângulo económico, negando os aspectos de qualidade do ambiente, preservação da arquitetura verde, água e saneamento, etc. Existem outras questões pertinentes como a infraestrutura e a prestação de serviços, a energia e a água como requisitos constantes para o sucesso do sector da construção. O consumo intensivo destes materiais pelo sector da construção e a sua perpétua escassez resultam na eliminação de resíduos nos estaleiros de construção, na eliminação de subprodutos de materiais de construção, bem como de materiais de construção não utilizados, o que se torna uma preocupação ambiental.

A. Processo de desenvolvimento, questões económicas e políticas

A perceção sobre a construção sustentável é que é a forma como a indústria da construção responde para alcançar o desenvolvimento sustentável. Young (2011) refere-se à construção sustentável como um caso especial de desenvolvimento sustentável que visa o grupo especial da indústria da construção. Este grupo desenvolve, planeia, concebe, constrói, altera ou mantém o ambiente construído, incluindo os fabricantes e fornecedores de materiais de construção. O desenvolvimento sustentável tem sido criticado como ambíguo e aberto a uma série de interpretações que são contraditórias, uma vez que nada físico pode crescer indefinidamente. No entanto, "Carrying for the Earth" definiu o desenvolvimento sustentável como um desenvolvimento que melhora a qualidade da vida humana enquanto vive dentro da capacidade de suporte dos ecossistemas (IUCN/UNEP, 1991). As várias facetas da construção sustentável não podem existir isoladamente sem terem impacto e serem afectadas por questões económicas, sociais, ambientais, técnicas e políticas.

O desenvolvimento sustentável, referido como "desenvolvimento que satisfaz as necessidades do presente sem comprometer a capacidade da geração futura de satisfazer as suas próprias necessidades", pode ter funcionado no mundo desenvolvido. No mundo em desenvolvimento, como a Nigéria, o desenvolvimento económico tem sido paralisado pela pobreza, pela guerra e por um fardo de dívida exaustivo que deixa a geração futura com um problema gigantesco de pagamento da dívida e a incapacita para responder às suas necessidades presentes e futuras (Adebayo, 2000). O Conselho Internacional para as Iniciativas Ambientais Locais (ICLEI), (1996) referiu-se ao desenvolvimento sustentável como "o desenvolvimento que fornece serviços ambientais, sociais e económicos básicos a todas as residências de uma comunidade sem ameaçar a viabilidade dos sistemas naturais, construídos e sociais dos quais depende a prestação desses sistemas". "A implementação de políticas governamentais em áreas como a habitação e outros equipamentos sociais tem ignorado em grande medida o ambiente natural e construído nos locais de construção. As dinâmicas socioculturais existentes também têm sido sistematicamente destruídas na execução dos projectos.

Quando o desenvolvimento sustentável abraça o conceito de desenvolvimento integrado dentro de um domínio contextual, visa promover o progresso económico e social para as pessoas, a realização do mercado interno, a coesão reforçada e a proteção ambiental, implementar políticas para assegurar que os avanços na integração económica são acompanhados por progressos paralelos noutros domínios. Estas questões abrangentes da sustentabilidade farão da construção sustentável o veículo através do qual o sector da construção responde para alcançar o desenvolvimento sustentável como parte de um todo integrado, impulsionado pelo domínio de desenvolvimento em que se situa.

(a) Habitação

Adebayo (2000) afirmou que as mudanças políticas reflectem as alterações nas políticas governamentais em matéria de habitação e outras esferas de desenvolvimento com impacto na construção sustentável. A urbanização ocasionada pelo crescimento, com a consequente escassez de habitação, levou muitos governos a fornecer habitação, entre outras necessidades. A política de habitação do Governo Federal da Nigéria foi orientada para a oferta de habitação de baixo custo em grande escala, com vários estados a terem políticas semelhantes. Foram desenvolvidas cidades-satélite e construídos apartamentos altos para funcionários públicos, cuja implementação contribuiu para o sector da construção. No entanto, a escassez de mão de obra, o aparecimento de empreiteiros sem escrúpulos que não compreendiam os procedimentos de construção e o mau acabamento durante esse período resultaram numa habitação insustentável ao longo do tempo devido à ausência de uma estratégia pós-implementação como parte integrante do sistema de aquisição e gestão. As políticas subsequentes destinam-se a colmatar estas lacunas. O ponto crucial do orçamento nigeriano é a "execução orçamental frívola" e a falta de cultura de manutenção (Ezemerihe, 2002).

A construção de habitações sustentáveis na Nigéria está ameaçada por;

i. a relativa novidade do modo de entrega da habitação

ii. utilização de empreiteiros emergentes com uma experiência relativamente limitada no sector da construção iii. falta geral de rigor associada à execução de projectos de habitação de baixo custo iv. impossibilidade de os beneficiários dessas habitações se consolidarem devido aos baixos rendimentos e

v. falta de acesso a oportunidades económicas e ao crédito.

vi. clima económico e político na construção sustentável, tanto no sector privado como no público.

vii. no noticiário da rede transmitido em 16 de novembro de 2021. O Ministro das Obras Públicas e da Habitação da Nigéria anunciou a conclusão de 11 000 unidades de alojamento para trabalhadores. O preço varia entre N7,0 M e N16,00 M em trinta e quatro Estados da Nigéria. A questão que se coloca é a seguinte: serão estas unidades acessíveis aos grupos-alvo, tendo em conta as nossas realidades económicas e a elevada taxa de inflação no país? Serão estas unidades habitacionais sustentáveis?

(b) Redes de transporte

Os transportes são uma parte essencial da mobilidade na cidade e no ambiente construído. Nos países desenvolvidos, existe uma escolha mais alargada de transportes que lhes permite flexibilidade no que diz respeito aos locais de residência, de trabalho e de localização industrial. Isto proporciona um lubrificante vital para o comércio e permite que as vantagens da especialização geográfica na produção sejam mais plenamente exploradas (Banister e Burton, 2016).

No nosso contexto de desenvolvimento, existe uma crise de transportes resultante da falta de infra-estruturas de transportes rodoviários, ferroviários e aéreos. O modo de transporte predominante, que é maioritariamente o transporte rodoviário, com um sistema de transporte ferroviário mais limitado, é acompanhado de problemas de poluição sonora e atmosférica, bem como de um elevado consumo de energia. Se forem bem geridos, os sistemas de transporte têm um valor acrescentado em termos de desenvolvimento, pois contribuem para a criação de redes locais, transfronteiriças e globais que exigem a construção de estações, lojas e aeroportos que contribuem diretamente para as actividades da indústria da construção.

(c) Turismo, minas e indústrias relacionadas com minerais

Adebayo e Adebayo (2000) opinaram que o turismo deveria ser integrado no conceito global de desenvolvimento, dadas as extensas actividades de construção associadas a este sector, uma vez que a indústria do turismo se destina a incentivar uma economia autossustentável e um desenvolvimento sustentável. O ambiente construído diversificado criado para o turismo deve estar relacionado com a arquitetura de um lugar e a inter-relação com o espaço, o tempo e os aspectos socioculturais do habitat, quer nas cidades quer nos ambientes periféricos. Esta abordagem dá origem a um processo de construção em que as pessoas, a comunidade, a cultura, a natureza e os materiais se tornam parte integrante da construção sustentável. Os sistemas de aquisição orientados para a adoção de métodos comunitários de construção e a sua identidade inerente de tecnologia e gestão constituem uma lacuna importante no nosso desenvolvimento sustentável (Adebayo e Adebayo, 2000).

O sector industrial relacionado com a exploração mineira e os minerais tem impactos diretos e indirectos no ambiente que afectam a construção sustentável. Este sector, em vez de aumentar a nossa capacidade de financiar projectos de desenvolvimento tão necessários, gerou crescentes desigualdades regionais, empobrecimento, subemprego e degradação do ambiente natural sem uma regulamentação eficaz.

B. Sistemas de aquisição na prática

Adebayo (2000) afirma que os sistemas de adjudicação de contratos de construção utilizados na Nigéria são herdados dos nossos mestres coloniais. Este facto manifesta-se na educação, na formação profissional e na legislação. Incluem a contratação tradicional, a conceção e construção, a gestão da construção, a contratação de gestão e os sistemas de gestão de projectos ou programas. A maioria dos projectos do sector público é financiada pelo governo e pelos seus departamentos como clientes. A gestão das instalações e a manutenção destes edifícios permanecem nos departamentos governamentais com a utilização de sistemas internos ou a nomeação de um gestor de projectos como consultor que actua em nome do cliente. Na maioria das vezes, existem vários níveis de interesse cuja participação impede o progresso e o desempenho devido a procedimentos burocráticos e corrupção que tornam o desenvolvimento insustentável. Estas são também questões de abandono do projeto.

Reiterou que o governo favorece projectos chave-na-mão, conceção e construção, e construção, exploração e transferência (B.O.T.) para grandes projectos. As empresas estrangeiras são favorecidas neste regime devido à sua prova de financiamento, grandes capacidades e prova de experiência de longa data em projectos semelhantes. A implicação é que, embora a sustentabilidade possa ser alcançada através da elevada qualidade do trabalho associado a tais projectos, as pequenas empresas indígenas correm o risco de desemprego e de falta de acesso a este tipo de projectos. A política e a abordagem em matéria de contratos públicos que procura integrar as pequenas empresas indígenas de conceção, construção e financiamento não se centram em tais projectos.

O sistema tradicional de adjudicação de contratos de construção é frequentemente utilizado como sistema por defeito em muitos projectos do sector público e privado. A não utilização de um sistema adequado acarreta o risco de não se conseguir alcançar a sustentabilidade da construção. Os procedimentos da indústria da construção em termos de sistemas de aquisição têm de ser estruturados para a construção sustentável no sector público, a fim de desenvolver sistemas de aquisição adequados a requisitos e locais específicos, dadas as circunstâncias variáveis da situação política em todo o país. Os problemas dos atrasos, dos conflitos nas comunidades e das competências adquiridas nos estaleiros de construção são uma vez sem garantia de emprego futuro para as pessoas recentemente qualificadas, que têm de ser ultrapassados para alcançar a construção sustentável (Young, 2011).

C. A construção e o ambiente

O problema comum no nosso contexto de desenvolvimento é a conceção do local e a resposta da construção ao ambiente natural. Quando não há uma investigação adequada do local, o ambiente natural deixa de ser uma parte integrante da conceção e da construção, e a implementação fica comprometida. Os arquitectos, promotores, construtores e proprietários ignoram frequentemente o local como um dos elementos significativos do desenvolvimento e construção sustentáveis (Mensah, 2019). Ele argumenta que o desenvolvimento prossegue de um modo heroico em que a natureza deve ser conquistada, o domínio robusto e a subjugação da terra para obter ganhos económicos.

A maior parte da construção de edifícios, especialmente edifícios residenciais, tem sido efectuada de modo a ocupar todo o terreno. O sistema verde natural é destruído e a compactação é efectuada a um nível que impede a circulação do ar, mesmo após a conclusão da construção. O ambiente natural existente é destruído de forma irreparável em muitos casos e as áreas de vegetação natural são transformadas em deserto. A atividade de construção está a provocar a remoção de todas as árvores no local, em vez de as integrar no ambiente construído. Os esforços no sentido de uma conceção sustentável são, fundamentalmente, uma tentativa de pôr em prática práticas que restabeleçam o equilíbrio entre o ambiente natural e o ambiente construído, a fim de resolver o problema complexo da construção e do ambiente. O projeto e a construção devem seguir as caraterísticas existentes no local em termos de condições climáticas, orientação, hidrologia, geologia, ecologia, etc. Hoje em dia, na nossa construção, assistimos ao afundamento de edifícios, à fissuração de paredes, a temperaturas interiores insuportáveis associadas a fundações defeituosas, à escolha de materiais de construção que produzem ambientes insalubres com elevados custos de manutenção e comprometem a noção de construção sustentável (Aluko, 2011). Há também a prática de despejo indiscriminado de resíduos de construção e de outros produtos residuais em estaleiros, aterros, barragens ou cursos de rio invisíveis, água ou rios, fossas, etc., que se tornam um terreno fértil para mosquitos e parasitas. Estas práticas são factores que contribuem para a degradação do ambiente. A reciclagem dos resíduos de construção e a gestão dos resíduos são essenciais para colmatar a falha na síntese da teoria e da prática nestes domínios.

Os elevados custos de aquisição de terrenos dificultam o desenvolvimento, uma vez que os terrenos são a base da sobrevivência de muitas actividades económicas. A falta de uma aplicação rigorosa das normas e regulamentos ambientais relativos à utilização dos terrenos tende a ignorar a qualidade do ambiente construído e natural na procura do máximo lucro económico. Estas acções impedem o desenvolvimento sustentável.

- A desflorestação para extrair madeira e materiais conexos para a construção de edifícios e a sua transformação resultam em ruído, poluição atmosférica por poeiras e cheiros, e o aspeto inestético dos resíduos industriais contribui para os problemas ambientais

Na arquitetura tradicional, o conceito de desenvolvimento sustentável no âmbito do movimento ambientalista utiliza os recursos fornecidos pela natureza numa base sustentável através dos povos indígenas que têm experiência prática do facto de os seres humanos estarem dependentes do sistema de suporte de vida da Terra e das culturas tradicionais. A construção sustentável exige métodos novos e inovadores de eliminação e reutilização de resíduos como resposta ambiental à sustentabilidade da construção. A natureza está a ser domesticada pela implementação do design moderno, mas a arquitetura tradicional acolhe e integra como aspeto contínuo da natureza

A eficiência energética na construção e na produção de materiais de construção é um domínio importante da construção sustentável. A sua eficiência não se limita à utilização de energia direta, mas também à quantidade de combustível utilizada na obtenção de matérias-primas, no processo de produção e no transporte de materiais. Os materiais de elevado consumo energético comummente utilizados na construção são o alumínio, o aço, o plástico, o vidro e o cimento. Os materiais de alta energia dependem de combustíveis de alta qualidade, como a eletricidade, o petróleo e o carvão pulverizado, no seu processo de fabrico. Grupo de materiais médios, como o betão, a cal, o gesso e a maioria dos tipos de blocos de construção à base de cimento ou linha, tijolos de barro cozido e telhas. As tecnologias tradicionais de produção destes materiais produzem baixas taxas de produção, bem como uma baixa eficiência de combustível, o que resulta num elevado custo de energia. A importação de materiais de construção a um custo elevado e a utilização de instalações e equipamentos antigos aumentam o consumo de energia e os custos. O sector da construção é um dos sectores que consome uma quantidade substancial de energia, sendo necessários métodos de poupança de energia, bem como formas alternativas de energia, para a sustentabilidade da construção (Adebayo e Adebayo, 2000).

D. Aplicação das leis de planeamento urbano e regional e controlo com as autoridades locais de planeamento.

Enquanto profissão, o Direito diz respeito aos costumes, práticas e regras de conduta que são reconhecidos como vinculativos pela comunidade, e o Direito relativo ao Planeamento Regional Urbano necessita de aplicação para a sua eficácia e eficiência. As sociedades que não dispõem de leis e de ordem estão condenadas ao caos e ao fracasso. Qualquer sociedade com lei e ordem em vigor mas sem uma aplicação efectiva é também vulnerável ao caos e às crises. As leis e os decretos de planeamento existem para controlar e regular o desenvolvimento, a fim de manter a saúde perfeita da sociedade através da sua aplicação eficaz (Aluko, 2011). A essência das leis e do controlo do planeamento urbano e regional consiste em ordenar o desenvolvimento, promover o equilíbrio e a ordem nas áreas urbanas e regionais. A administração envolve a arte e a ciência de implementar a lei e a ordem através de uma coordenação e controlo eficazes. O quadro de administração da Comissão Federal de Planeamento estabelece que os conselhos de planeamento e as autoridades locais de planeamento devem fornecer um sistema coordenado e unificado para um planeamento eficaz a todos os níveis. Isto resolve o problema da cooperação interministerial, inter-agências e intergovernamental, que é necessária para uma implementação eficaz e pragmática do plano.

Uma abordagem integrada do planeamento físico deve ser um processo contínuo que exige coordenação, acompanhamento, avaliação e revisão a diferentes níveis e funções e requer feedback da população. A administração do planeamento urbano e regional tem estado em constante mudança na maioria dos Estados desde a sua criação. O planeamento e o desenvolvimento ordenado da povoação continuarão a ser ineficazes, enquanto o objetivo final de assegurar uma utilização racional do solo estará longe de ser alcançado se a estrutura administrativa do planeamento físico não for racionalizada e as responsabilidades claramente definidas. Além disso, garantir condições sanitárias adequadas, comodidade e conveniência, preservar edifícios ou outros objectos de interesse arquitetónico, histórico ou artístico e locais de interesse ou beleza natural e a proteção geral das comodidades existentes, tanto nas zonas urbanas como nas rurais, tal como previsto nas leis de planeamento, continuaria a ser uma miragem (Aluko, 2011).

(a) . Preparação, revisão e implementação de planos diretores abrangentes, decretos de zonamento, regulamentos de subdivisão e programas de melhoria de capital.

(b) . Análise dos impactos ambientais do desenvolvimento previsto e lançamento de políticas e linhas de ação para proteger e preservar o ambiente natural

(c) . Planeamento da reabilitação urbana em comunidades mais antigas para a reabilitação de secções recuperáveis e a conservação de bairros de boa qualidade

(d) . Modelação quantitativa da procura de transportes e dos padrões de utilização dos solos, frequentemente com a tecnologia dos sistemas de informação geográfica

(e) . Aplicação do programa estatal e regional de gestão do crescimento.

A maioria das autoridades locais de planeamento em Enugu não está apta a executar estas funções de forma satisfatória. A funcionalidade é a medida da utilidade, da eficácia e da eficiência de um fator para atingir o seu objetivo. As funções das agências de planeamento urbano são avaliadas globalmente utilizando o processo de Planeamento e Gestão Ambiental (EPM). O processo EPM é certificado como as etapas necessárias para realizar e implementar planos de gestão ambiental com o objetivo de assegurar que as realizações em matéria de desenvolvimento social, económico e físico perdurem em benefício da geração presente e futura.

A Comissão das Nações Unidas para a Habitação e o Abrigo (UNCHS) (1996) articulou um quadro analítico e uma estrutura lógica para facilitar uma melhor compreensão do dinamismo do desenvolvimento urbano e das questões ambientais, com vista à elaboração de diretrizes ou estratégias de intervenção convincentes. O processo EPM consiste em mecanismos descritivos (analíticos) e prescritivos (normativos) para uma gestão urbana reactiva. O quadro analítico do processo proporciona um exame vigoroso do processo atual de desenvolvimento urbano e ambiental. O quadro prescritivo fornece orientações para a tomada de decisões e acções destinadas a melhorar o processo de planeamento e gestão do ambiente urbano.

O EPM foi concebido para atingir os seguintes objectivos

(a) Identificar os problemas ambientais urbanos antes que se tornem incontroláveis e demasiado dispendiosos de resolver

(b) Chegar a acordo sobre estratégias e acções para resolver os problemas ambientais identificados entre todos aqueles cuja cooperação é necessária

(c) Implementar estratégias através de acções públicas e privadas coordenadas.

A observação é que as autoridades de planeamento não podem, por si sós, fazer cumprir todos os decretos e leis de planeamento que devem ser implementados para alcançar um ambiente e desenvolvimento sustentáveis. É necessária uma sinergia de trabalho de equipa e colaboração com outros profissionais e agências no ambiente construído para aumentar a capacidade de melhorar a funcionalidade.

A administração do planeamento tem lugar a nível federal, estatal e local, tal como previsto na Constituição Nacional da Nigéria. Estes níveis de administração do planeamento são agências e paraestatais que desempenham as nossas funções de planeamento, como o desenvolvimento urbano, a conceção de estradas, a habitação, a aplicação das leis de planeamento, entre outras (Aluko, 2011). As agências de planeamento desempenham as funções de preparação e administração do plano, controlo do desenvolvimento, controlo adicional em locais especiais e aquisição de terrenos e pagamento de indemnizações (National Urban Renewal Programme (NURP), 1988). As agências a nível federal são denominadas comissões, como a Autoridade Federal de Planeamento (FPA), a Autoridade Federal de Habitação (FHA), os Ministérios Federais, etc. Há conflitos e duplicação de funções nestas agências. No entanto, a maior parte das medidas de execução a nível estatal e local estão mais orientadas para a geração de receitas, para que os incumpridores enfrentem multas sob a forma de taxas penais ou para a demolição total do empreendimento.

As funções das agências estatais de planeamento incluem a formulação do plano regional, do plano sub-regional, do plano urbano, do plano local e do plano temático. As funções das agências de planeamento locais são a formulação de planos urbanos, planos rurais, planos locais e planos temáticos (URPD, 1992). Estas agências de planeamento zelam pelo bem-estar geral e pela organização adequada dos assentamentos humanos através da utilização de leis e medidas de controlo. As autoridades locais de planeamento recomendam a aprovação de qualquer desenvolvimento, exceto se houver uma influência preponderante do nível estatal. As autoridades locais de planeamento estavam limitadas ao ambiente físico, mas foram recentemente utilizadas como agentes-chave na resolução de questões ambientais holísticas. No entanto, a maioria das autoridades locais de planeamento não está a corresponder a esta expetativa. No Estado de Enugu, em especial nas autoridades locais de planeamento da zona urbana de Enugu, existem problemas que prejudicam o desenvolvimento sustentável, nomeadamente

(a) . Não há uma adesão estrita à disposição de zonamento no planeamento de zonas de baixa, média e alta densidade, de zonas comerciais, residenciais e industriais. Também não existe um roteiro definido para acompanhar o aumento da população de habitantes

(b) . As agências de planeamento não se concentram claramente em questões críticas de gestão económica, social e ambiental para alcançar o conceito de desenvolvimento sustentável.

(c) . Na maior parte das zonas construídas e das zonas urbanas, faltam infra-estruturas básicas adequadas, como abastecimento de água, fornecimento de eletricidade, drenagem para escoamento de águas residuais, uma boa rede rodoviária e outros aspectos de transporte.

(d) . A poluição urbana através de resíduos, veículos em mau estado de conservação, emissões de gases, fumos de veículos no ar, no solo e na água é muito elevada.

(e) . Faltam instalações de gestão e tratamento de resíduos, as instalações de eliminação de resíduos existentes e o padrão são inadequados.

(f) . A prática da construção de edifícios na Nigéria, incluindo Enugu, nega os esforços globais no sentido de construções sustentáveis, não presta atenção às muitas estratégias de práticas de construção ecológicas já investigadas e adoptadas na maioria dos países desenvolvidos.

(g) . O Estado de Enugu tem um número maciço de habitantes urbanos superior à média nacional (NPC, 2002) e é altamente povoado, o que resulta no desenvolvimento contínuo da construção em terrenos virgens sem ter em conta as práticas ecológicas, o que prejudica o desenvolvimento sustentável no Estado.

(h) . Na maioria dos projectos de desenvolvimento imobiliário, não é prestada qualquer atenção à sustentabilidade em termos de conceção, local, construção e implicações materiais. Este facto coloca o Estado na lista de perigo de um desenvolvimento insustentável se não forem tomadas medidas para integrar a construção de edifícios sustentáveis nos próximos anos.

(i) . Existem outros organismos como a Autoridade de Desenvolvimento da Capital do Estado de Enugu, as Autoridades de Planeamento Urbano e Local do Estado, o Ministério dos Transportes, Obras Públicas, Território e Desenvolvimento Urbano. Autoridade de Gestão de Resíduos do Estado de Enugu (ESWAMA) e organismos afins responsáveis pela aplicação das leis de planeamento urbano no Estado. Estas situações conduziram a conflitos de interesses e à usurpação do papel profissional de outros organismos. A falta de construtores residentes nas autoridades locais de planeamento é um elo importante que faz com que o seu contributo profissional não se faça sentir a esse nível primário. A implementação das disposições do Código Nacional de Construção, que é da responsabilidade estatutária dos construtores profissionais, é inexistente. A ausência de construtores profissionais na maioria dos estaleiros de construção em Enugu é uma grande ameaça à construção sustentável que impede a concretização do desenvolvimento sustentável na área de estudo.

A falta de integridade e as práticas pouco éticas por parte de alguns dos intervenientes envolvidos na aprovação e no acompanhamento da execução de projectos de construção constituem também uma grande ameaça ao desenvolvimento sustentável dos projectos de construção. É necessário um enquadramento para conseguir uma construção de edifícios sustentável e bem sucedida em Enugu.

E. Problemas que militam contra o sucesso do desenvolvimento sustentável de projectos de construção.

Os termos "verde" e "sustentável" são frequentemente utilizados de forma indistinta, embora cada um deles tenha um significado diferente. O conceito de edifícios verdes ou de edifícios sustentáveis não é estranho. O que é novo é a constatação de que a abordagem ecológica do ambiente construído implica uma abordagem holística da conceção dos edifícios, de modo a que todos os recursos que entram num edifício, sejam eles materiais, combustíveis ou a contribuição dos utilizadores, sejam tidos em conta para a produção de uma arquitetura sustentável (Brenda e Vale, 2006). Na Nigéria, alguns edifícios incorporam uma das várias caraterísticas verificáveis do design ecológico, mas ainda não se vêem edifícios com uma abordagem holística. O desenvolvimento sustentável engloba o desafio de satisfazer as crescentes necessidades humanas de recursos naturais, produtos industriais, energia, transporte de alimentos e gestão eficaz de resíduos, conservando e protegendo simultaneamente a qualidade ambiental e a base de recursos naturais essenciais para a vida e o desenvolvimento futuros. Este conceito reconhece que a satisfação das necessidades humanas a longo prazo será impossível se não se conservar o sistema natural, físico e químico da Terra (Mustapha e Adem, 2015). Não há dúvida de que os conceitos de desenvolvimento sustentável, aplicados à conceção, construção e funcionamento dos edifícios, podem melhorar o bem-estar económico e a saúde ambiental das comunidades do Estado de Enugu e da Nigéria em geral.

Este facto é ainda mais evidente nesta era de alterações climáticas, em que o desenvolvimento sustentável surgiu mais fortemente no contexto ambiental. No entanto, a evolução do conceito na década de 1990 para englobar os pontos de vista económico, social e ambiental fez do conceito uma força motriz. O ponto de vista económico trata do crescimento, da eficiência e da estabilidade. O aspeto social diz respeito à pobreza, ao património cultural e à capacitação, enquanto o aspeto ambiental trata da biodiversidade/resiliência, dos recursos naturais e da poluição (Nwafor, 2006). Mustapha e Adem (2015) opinaram que a decisão tomada na primeira fase da conceção e construção de um edifício pode afetar significativamente os custos e a eficiência de outras fases, uma vez que estudos recentes demonstraram que as medidas de construção ecológica tomadas durante a construção ou a renovação podem resultar em poupanças significativas na operação do edifício, bem como no aumento da produtividade dos trabalhadores.

Otegbulu (2011) afirma que as inundações e a perda de propriedades resultam da falta de um projeto ecológico e sustentável. Além disso, devido ao fraco fornecimento de eletricidade, as famílias recorrem ao fornecimento informal de energia, o que contribui para o aquecimento global. É extremamente importante que estes processos sejam corretos para se obter um edifício sustentável. Considera-se que o processo de planeamento é a posição estratégica para integrar considerações de sustentabilidade, a fim de obter o efeito mais sustentável no projeto global (Reyes et al., 2014; Wu e Low, 2010; Hayes, 2004).

2.3.2 O impacto da conceção sustentável no desenvolvimento

A Rede de Desenvolvimento Sustentável para a Investigação (2002) afirmou que um desenvolvimento de conceção bem sucedido apresenta várias fases de pré-construção e pós-construção que incluem;

(1) . Processo de planeamento com os componentes de,
(a) . Seleção e planeamento do local
(b) . Planeamento orçamental
(c) . Planeamento de capital
(d) . Planeamento do programa.
(2) . O Processo de Conceção com os seguintes componentes,
(a) . Sensibilização dos clientes e enquadramento global
(b) . Visões sustentáveis, objectivos do projeto e critérios sustentáveis
(c) . Desenvolvimento da equipa
(d) . Conceção bem integrada
(e) . Gestão de recursos
(f) . Objectivos de desempenho
(3) . O processo de operação e manutenção com os seguintes componentes
(a) . Colocação em funcionamento dos sistemas dos edifícios
(b) . Operações de construção
(c) . Práticas de manutenção
(d) . Renovação
(e) . Demolição

Estas tarefas realizadas em cada fase do ciclo de vida de um edifício sustentável, quando devidamente integradas, resultarão no bem-estar humano, que depende da relação entre ambiente, sustentabilidade económica e social, respetivamente, como se explica na Figura 2.13.

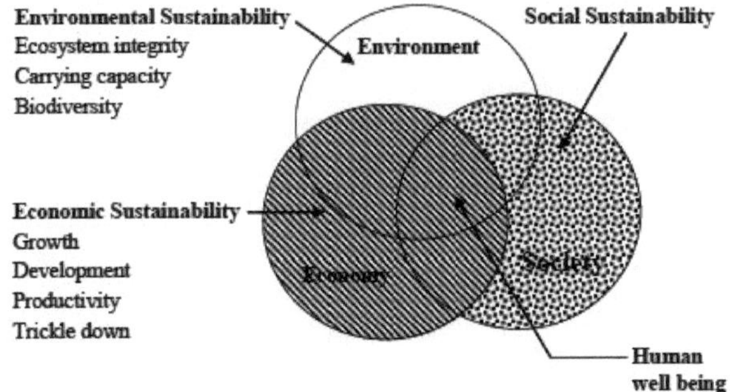

Sustentabilidade ambiental
Integridade do ecossistema
Capacidade de carga
Biodiversidade
Sustentabilidade económica
Crescimento Desenvolvimento Produtividade Deslizamento
Sustentabilidade social
Bem-estar humano

Figura 2.13: Modelo de bem-estar humano

Fonte: Desenvolvimento sustentável para a rede de investigação (2002)

Os sistemas de avaliação do desempenho dos edifícios (Building Performance Assessment Systems - BPAS) centram-se em questões como a energia, a qualidade do ambiente interior, a gestão das instalações e dos resíduos, a água, os materiais de construção e as inovações, mas os critérios aplicáveis a cada um deles variam. A Global Reporting Initiatives (GRI) foi criada como uma instituição independente para desenvolver e divulgar diretrizes para a elaboração de relatórios de sustentabilidade aplicáveis a nível mundial, em colaboração com o Programa das Nações Unidas para o Ambiente (PNUA). As diretrizes da GRI fornecem informações sobre o Triple Bottom Line (TBL) do desempenho económico, ambiental, social e de governação (Kaatz, Root, Bowen e Hill, 2006; Thomson, El-Haram e Mohammed, 2018).

A. Princípios de sustentabilidade ambiental dos edifícios

Isto diz respeito às questões relacionadas com a proteção do planeta e a manutenção de diversos ecossistemas (Sayce, Walker e Mclutosh, 2004). Estes incluem;

(i) Otimização dos materiais e recursos utilizados: - conservação global dos recursos para reduzir a intensidade dos materiais e aumentar a eficiência da economia (Akadiri, Chinyio e Olomolaiye 2012).

(ii) . Materiais e recursos sustentáveis; - preocupação com a utilização prudente de materiais para reduzir o impacto negativo no ambiente e proteger os utilizadores em termos de saúde e a longo prazo. Estes incluem a seleção, a correspondência dos produtos e dos materiais com o design e o local específicos para minimizar o impacto ambiental global (GSB, 2012).

Kibert (2005), sugeriu que os critérios de materiais sustentáveis incluíssem aqueles que,

(a) . evitar produtos químicos que empobrecem a camada de ozono em equipamentos mecânicos e de isolamento

(b) . utilizar produtos e materiais duradouros

(c) . escolher materiais de construção de baixa manutenção

(d) . escolher materiais de construção com baixa energia incorporada

(e) . comprar materiais de construção produzidos localmente

(f) . utilizar produtos de construção feitos de materiais reciclados

(g) . utilizar materiais de construção recuperados sempre que possível

(h) . procurar fornecimentos de madeira responsáveis

(i) . evitar materiais que libertem gases poluentes e

(j) . minimizar a utilização de madeira tratada sob pressão.

(iii) . Eficiência energética; preocupação com as energias renováveis, redução das emissões de óxido de carbono (IV) (CO_2), desempenho da envolvente do edifício e iluminação natural. O consumo de energia tem um impacto direto nos custos operacionais e na exposição a flutuações no fornecimento e nos preços da energia (GSB, 2009).

(iv) . Consumo eficiente de água; na construção de edifícios e nas suas operações, extração, fabrico e entrega de materiais e produtos no local.

(v) Controlo do ruído; um edifício sustentável com conforto, bem-estar, satisfação do utilizador e

o ruído excessivo funcional causa desconforto, é incómodo e perturba os ocupantes e as comunidades.

(vi) . Desenho urbano, impacto visual e estética; são considerados os requisitos de sustentabilidade no desenho urbano, na estética e no impacto visual dos edifícios.

(vii) . Planeamento e gestão de sítios; diz respeito à seleção de sítios, desenvolvimento de zonas industriais abandonadas, densidade de desenvolvimento e conetividade comunitária, controlo da poluição das actividades de construção e conceção de águas pluviais.

(viii) . Preocupação com a qualidade da terra, do rio e do mar; precipitada pelo impacto da poluição, reduzindo o potencial de acidificação e o potencial de toxicidade humana, bem como o potencial de ecotoxicidade.

(ix) . **Gestão dos transportes**; acesso adequado a um edifício tanto para os ocupantes como para os trabalhadores ou para a entrega de mercadorias. A qualidade dos transportes e o acesso ao local por meios públicos e privados são influenciados pela ocupação e pela propriedade.

(x) . **Qualidade do ar e das emissões**; inclui a poluição atmosférica gerada pela utilização de edifícios, processos de emissão e emissões de tráfego e o seu impacto na vida humana, nos edifícios e nas culturas. Estes incluem a melhoria da qualidade do ar interior, a garantia de ar limpo, a redução dos potenciais de acidificação, do potencial de criação de ozono fotoquímico e do potencial de toxicidade humana.

(xi) . **Conservação do património;** a conservação do património e da pegada do projeto no sítio arqueológico reduz o consumo de energia associado à demolição, à eliminação de resíduos e à nova construção e promove o desenvolvimento sustentável ao conservar a energia incorporada nos edifícios existentes. A análise do ciclo de vida do tecido do edifício, da estrutura, da envolvente, dos elementos e sistemas interiores e da gestão e utilização contínuas tem de ser considerada como parte do processo de conservação para obter resultados óptimos em termos de eficiência energética (Rowe, 2009).

(xii) . **Gestão ambiental eficiente**; para identificar os riscos ambientais e formular e implementar acções primitivas para reduzir os impactos ambientais adversos, como a poluição da água, do solo e do ar, é vital um planeamento, gestão e controlo ambientais eficazes. Conservar a área natural existente e restaurar a área danificada para fornecer habitat, promover a biodiversidade e maximizar o espaço aberto, proporcionando uma elevada proporção de espaço aberto para a pegada de desenvolvimento. A promoção da biodiversidade é uma importante estratégia de gestão ambiental eficiente

(xiii) . **Método de construção sustentável**; A transformação e montagem de recursos em artefactos físicos é essencialmente um processo de transformação intensivo na construção. Deve haver uma harmonização da construção de edifícios com a envolvente para minimizar o esgotamento de recursos limitados. Os vários métodos sustentáveis para alcançar a sustentabilidade nos edifícios são;

(a) . Seleção de materiais com baixa energia incorporada,

(b) . Isolamento da envolvente do edifício,

(c) Conceção do edifício com vista a uma desconstrução e reciclagem de materiais eficientes do ponto de vista energético,

(d) . Conceção para transportes de baixo consumo energético,

(e) . Desenvolvimento de processos tecnológicos energeticamente eficientes para a construção

(f) Instalação e manutenção

(g) Utilização da conceção de energia passiva,

(h) Conceção da gestão de resíduos

(i) Utilização de materiais duradouros,

(j) . Conceção para a prevenção da poluição

(k) . Utilização de materiais não tóxicos ou menos tóxicos,

(l) . Conceber uma canalização dupla para utilizar a água reciclada na descarga das sanitas ou na irrigação do sistema de águas cinzentas.

(m) . Recolha de água da chuva e de águas cinzentas

(n). Redução da pressão da água

(o) Reutilização adaptativa de um edifício existente

(p) . Localizar o projeto de construção perto das infra-estruturas existentes.

B. Sustentabilidade económica dos edifícios

O foco está nos benefícios micro e macroeconómicos. O microeconómico diz respeito aos factores ou actividades que podem levar a ganhos monetários com o projeto de construção, enquanto o macroeconómico se refere às vantagens obtidas pelo público e pelo governo com o sucesso do projeto (Zainul-Abidin, 2010a). O projeto tem impacto nas condições económicas dos seus intervenientes e os sistemas económicos a nível local, material e global são o foco.

Os quatro princípios resumidos a partir da revisão da literatura são:

(a) . **Benefícios económicos para as partes** interessadas; indicar como o projeto de construção cria riqueza e benefícios para as partes interessadas, especialmente para o proprietário ou ocupantes do projeto. Isto promove a máxima eficiência e reduz os custos finais através de uma conceção integrada.

(b) . **Melhorar a presença no mercado local**; gerará benefícios para as comunidades e economias locais, nomeadamente através da preparação de uma avaliação das necessidades, a fim de determinar as infra-estruturas e outros serviços necessários.

(c) . **Eficiência dos custos ao longo da vida**; A construção sustentável tem benefícios a longo prazo. Por conseguinte, é essencial ter em conta a avaliação do ciclo de vida e a eficiência dos custos ao longo da vida, uma vez que o projeto foi concebido para incorporar os aspectos ambientais, sociais e económicos a longo prazo. A integração da sustentabilidade no projeto de construção não é apenas uma questão de conceção e construção, mas também uma questão de reflexão ao longo da vida, incluindo o que acontece quando o edifício é ocupado (Schumann, 2010).

(d) . **Impacto económico indireto**; As economias regionais e as comunidades locais são uma parte importante da influência económica de um projeto no contexto do desenvolvimento sustentável. Os impactos económicos diretos e a influência do mercado centram-se nas consequências imediatas dos fluxos monetários para as partes interessadas, enquanto os impactos económicos indirectos incluem o impacto adicional gerado à medida que o dinheiro circula na economia. Os impactos económicos indirectos positivos, tais como o impacto económico na melhoria das condições sociais ou ambientais, o reforço das competências e dos conhecimentos de uma comunidade profissional ou os postos de trabalho apoiados na cadeia de abastecimento, a criação de emprego e a influência dos impactos económicos positivos indirectos a nível regional, nacional ou local, bem como o crescimento do valor da área em torno do projeto.

C. Princípios de sustentabilidade social dos edifícios

Os princípios de sustentabilidade social dos edifícios baseiam-se nos benefícios dos trabalhadores, das partes interessadas e dos futuros utilizadores. A sustentabilidade social preocupa-se com o sentimento humano, a segurança, a satisfação, a proteção e o conforto e com as contribuições humanas, como as competências, a saúde, o conhecimento e a motivação.

As sete ferramentas de avaliação significativas para a Sustentabilidade Social do edifício são a adaptabilidade, a importância cultural, a amabilidade e a simpatia, o planeamento e os regulamentos de construção, a ocupação, a legislação e a localidade e a qualidade do ambiente de trabalho (Sayce, Walker e McIntosh, 2004). Labuschagme, Brent e Classen, (2005) resumiram que o ciclo de vida do projeto de sustentabilidade social deve incluir o aspeto dos recursos humanos internos, a população externa, a participação das partes interessadas e o aspeto do desempenho macro-social. As dimensões sociais da sustentabilidade referem-se aos impactos que um projeto tem nos sistemas sociais em que opera em torno dos aspectos de (i) emprego (ii) relações trabalho/gestão, (iii) trabalho, saúde e segurança. (iv) formação e educação (v) equidade (vi) desempenho em matéria de direitos humanos (vii) sociedade (viii) responsabilidade pelo produto (ix) participação das partes interessadas e (x) desempenho macrossocial.

(a) . **Benefícios do emprego**: com base no conceito de trabalho digno, as organizações devem contribuir para o desenvolvimento económico global e para a sustentabilidade da força de trabalho. Os factores-chave para reter os empregados numa organização são a qualidade dos benefícios, tais como seguros de vida, cuidados de saúde, planos de reforma e outros.

(b) . **Relações trabalho/gestão**: a evolução económica e social de uma organização é vital para um sistema de relações laborais estável e eficaz. Um crescimento económico sustentável é alcançado se for instituída a negociação colectiva, a distribuição equitativa do rendimento e um processo dinâmico entre empregadores e trabalhadores para a resolução dos seus litígios.

(c) . **Saúde e segurança no trabalho**; diz respeito à saúde e segurança da força de trabalho do projeto, avalia as medidas preventivas, bem como a ocorrência e o tratamento de incidentes de saúde e segurança. A maioria destes critérios está incorporada em vários sistemas de classificação.

(d) . **Formação, educação e sensibilização**; alarga a base de conhecimentos dos trabalhadores e das partes interessadas no projeto como um elemento-chave no desenvolvimento organizacional e sustentável do projeto. Como estratégia preventiva, ajuda a gerir a saúde e a segurança da força de trabalho, como a prevenção de doenças graves, o que resultará na satisfação e estabilidade da força de trabalho e na manutenção das operações da organização numa localidade.

(e) . **Equidade**; está relacionada com o nível de diversidade numa organização de projeto e fornece informações sobre o capital humano da organização. O acesso e as facilidades para os deficientes, a igualdade de remuneração, a igualdade na distribuição e nas oportunidades, a prestação adequada de serviços sociais, incluindo a saúde e a educação, a igualdade entre os sexos, a responsabilidade política e a participação têm o efeito global de integrar diversos grupos e práticas culturais de forma equitativa.

(f) . **Direito humano**; está associado à forma como o projeto mantém e respeita os direitos básicos de um ser humano. Um projeto pode afetar os direitos humanos diretamente, através das suas decisões, acções e operações, e indiretamente, através da sua interação e relações com ordens, incluindo governos, comunidades locais e fornecedores, que são importantes para alcançar a sustentabilidade.

(g) . **Desempenho social**: diz respeito aos impactos que um projeto tem nas comunidades em que opera e à forma como as interações da organização do projeto com outras instituições sociais são geridas e mediadas em termos de suborno e corrupção, envolvimento público, práticas de monopólio e cumprimento das leis e regulamentos. O envolvimento da comunidade local, o voluntariado, a participação pública ou da comunidade, etc., ajudarão a alcançar um excelente desempenho social.

(h) . **Responsabilidade pelo produto**; aborda o efeito dos projectos de construção nos utilizadores. O planeamento e a conceção de produtos e serviços para garantir que são adequados à utilização pretendida, à qualidade, ao valor sustentável e aos riscos não intencionais para a saúde e a segurança ao longo do seu ciclo de vida contribuirão para a realização de projectos de construção sustentáveis. Um desenvolvimento sustentável deve utilizar, se for caso disso, os conhecimentos e tecnologias indígenas para reforçar ou manter o valor cultural e patrimonial local (Shari, 2011)

(i) . **Participação das partes interessadas**; As partes interessadas envolvidas no projeto sustentável devem fornecer informações, fóruns comunitários e preparar reuniões planeadas das partes interessadas para públicos selecionados. São também necessários canais de reclamação para aumentar a participação dos utilizadores no processo de planeamento e desenvolvimento.

(j) . **Desempenho Macro Social**; concentra-se na contribuição de uma organização para o desempenho ambiental e financeiro de uma região ou nação. Este princípio inclui o desempenho socio-ambiental que considera as concentrações de uma iniciativa operacional para a melhoria das capacidades de monitorização ambiental da sociedade, bem como o reforço da legislação e a sua aplicação.

2.3.3. Princípios-chave da integração da sustentabilidade nos projectos de construção

Os princípios-chave da integração da sustentabilidade nos projectos de construção foram discutidos nos seguintes subtítulos: (i) estratégias para integrar a sustentabilidade durante o processo de planeamento do projeto; (ii) estratégias para integrar a sustentabilidade através do planeamento do projeto e do processo de construção; (iii) desenvolvimento sustentável para projectos de construção e planeamento urbano; (iv) integração de projectos de construção sustentáveis no processo de gestão do projeto.

A. Integração da sustentabilidade dos projectos de construção no processo de planeamento do projeto

Robichaud e Anantatmula, (2011); CIOB, (2010) e Yudelson, (2009) sugeriram que os objectivos de sustentabilidade e as prioridades do projeto devem ser seriamente considerados no processo de planeamento da fase inicial do desenvolvimento do projeto. Nesta fase, o nível de compreensão e compromisso com a sustentabilidade pode variar entre as diferentes partes (Halliday, 2008). Assim, a forma como as partes interessadas estão a comunicar e como os contributos para a sustentabilidade são dados às partes interessadas assegura esta responsabilidade (Wu e Low, 2010; CIOB, 2010). Existem problemas quando a equipa do projeto transfere os objectivos de sustentabilidade para o período seguinte ao longo do ciclo de vida do projeto, onde existe um elevado risco de o bastão da sustentabilidade ser deixado cair ao longo do processo. Assim, é crucial garantir a participação de todas as partes interessadas relevantes durante o processo de planeamento do projeto. Espera-se que compreendam os objectivos de sustentabilidade e as orientações do projeto, de modo a que o plano do projeto que é entregue possa ser um guia de sustentabilidade para toda a vida do projeto e para o resto do processo de gestão do projeto (CIOB, 2010).

Robichaud e Anantatmula, (2011) salientaram que as preocupações com a sustentabilidade devem ser incluídas durante a definição do âmbito do projeto, da carta do projeto, do desenho, do contrato e do plano detalhado do projeto e dos restantes documentos do projeto. Os requisitos de sustentabilidade devem ser claramente mencionados nos documentos do projeto (CIOB, 2010; Yudelson, 2009). O desempenho ótimo em termos de sustentabilidade resultará das decisões de projeto tomadas para atingir o objetivo de desempenho (Muldavin, 2010).

A fim de planear um projeto de construção sustentável bem sucedido, os intervenientes no projeto devem interagir estreitamente ao longo dos processos de planeamento do projeto. Cada projeto deve ter uma equipa de projeto integrada central que deve ser multifuncional para realizar as várias tarefas do projeto. Segundo Yudelson (2009), uma equipa de projeto integrada deve ser constituída por um vasto leque de especialistas e funções, incluindo o arquiteto, o empreiteiro geral, as partes interessadas do lado do proprietário, incluindo o gestor do projeto, o engenheiro estrutural, o engenheiro mecânico, o engenheiro civil, o engenheiro eletrotécnico/consultor tecnológico, o arquiteto paisagista, o designer de interiores, o designer/consultor de iluminação, o perito em energia, o consultor de gestão de custos, o consultor especializado em design, o empreiteiro mecânico, a autoridade/agente de comissionamento (especialmente na fase de desenvolvimento do design) e outros, dependendo da natureza e complexidade do projeto, dos objectivos específicos de sustentabilidade pretendidos e das condições locais e da comunidade. A equipa de projeto tem de ser iniciada e mantida durante todo o processo de planeamento do projeto. A equipa deve comprometer-se a acompanhar o projeto até ao final da fase de construção (Yudelson, 2009). Os representantes da comunidade local, incluindo um planeador do governo local, devem ser envolvidos no processo de planeamento para apoiar o projeto (Robichaud e Anantatmula, 2011). As coligações locais são meios viáveis para melhorar o estado e o bem-estar futuro das comunidades em que vivem. Perkins, Sommer e Uren (2011) acreditam que a ausência ou o baixo nível de envolvimento local por parte dos membros da equipa inibe o planeamento em todos os sectores da comunidade. Por exemplo, com as partes interessadas do governo local envolvidas no processo, é mais provável que a conceção inicial do projeto cumpra as necessidades e os regulamentos de desenvolvimento locais, estatais e federais. O seu envolvimento proporciona a oportunidade de representar as vozes da comunidade local em questões como comodidades, transportes públicos e muitas outras (Sayce et al, 2004). As partes interessadas da administração local são as que podem apoiar financeiramente ou aprovar o projeto durante a fase de planeamento, para que o processo de aprovação decorra sem problemas, ou oferecer regalias e incentivos exclusivos para os projectos (Robichaud e Anantatmula, 2011; Choi, 2009).

Deve ser designado para o projeto um coordenador de conceção integrada ou de sustentabilidade, que é um especialista em construção sustentável. Esta pessoa deve participar no processo de planeamento desde a fase inicial de desenvolvimento e deve ter experiência na realização de projectos de construção sustentável certificados através do processo de conceção integrada. Deve também ser um comunicador eficaz e um bom negociador, dada a natureza altamente colaborativa desta função (Muldavin, 2010).

Robichaud e Anantatmula (2011) sublinharam que o conhecimento e a educação em matéria de desenvolvimento sustentável têm de ir além dos projectistas e arquitectos para a aceitação do projeto de construção sustentável. Sem uma base de conhecimentos sobre projectos de sustentabilidade, estes não serão capazes de avaliar e realizar tais projectos com precisão e eficácia. Choi (2009) sugeriu que um dos factores a ter em conta na avaliação das propostas de projectos é a experiência da equipa de conceção em edifícios sustentáveis e a sua capacidade para fornecer produtos com menos custos excessivos e pedidos de alteração. Seria muito difícil para uma equipa de conceção sem experiência e conhecimento de projectos de edifícios sustentáveis construir uma estrutura que capitalizasse todos os benefícios sociais, económicos e ambientais.

A comunicação e a formação contínuas de todo o pessoal do projeto são essenciais durante o processo de planeamento para garantir a concretização dos objectivos do projeto sustentável de uma forma rentável. É necessário educar os membros da equipa e os representantes do mercado sobre questões de desenvolvimento sustentável ao longo deste processo, uma vez que determinam o valor e a viabilidade da propriedade (Choi, 2009; Glavinich, 2008). O pessoal do projeto, incluindo os fornecedores, deve ser instruído para garantir que segue a metodologia de desenvolvimento sustentável da empresa e se concentra na sustentabilidade no seu trabalho para os projectos (Halliday, 2008). Além disso, para apoiar o projeto de construção sustentável, todos os profissionais, gestores de projeto, clientes e outras partes interessadas, terão de receber formação sobre edifícios sustentáveis, incluindo sobre o desempenho esperado das caraterísticas dos edifícios sustentáveis (Robichaud e Anantatmula, 2011; Choi, 2009), para que possam avaliar melhor o valor do seu investimento e das suas compras. Para um gestor de projeto, Hwang e Ng (2013) revelaram que as três principais áreas de conhecimento críticas para o planeamento de projectos sustentáveis, a fim de lidar eficazmente com projectos sustentáveis, são a gestão e o planeamento do calendário, a gestão da comunicação e a gestão do risco.

Doyle, Brown, Deleon e Ludwig, (2009) e Bogenstatter (2000) afirmaram que a qualidade e a capacidade de sustentabilidade devem ser consideradas durante a seleção de um gestor de projeto, consultores, projectistas, empreiteiros e membros da equipa de um projeto de construção sustentável. Estes são selecionados com base na sua atitude correta, que consiste em estarem dispostos a aprender e a participar em coisas e processos novos (Yudelson, 2009). A prioridade é também dada àqueles que estão familiarizados com o tipo de produto e o mercado, e que estão expostos ao projeto (Bogenstatter, 2000). Muitas vezes, podem ocorrer situações difíceis em projectos em que o cliente contratou os membros da equipa que não se comprometem a participar num processo de equipa ou mesmo a assistir a todas as reuniões-chave do projeto. Assim, a escolha de uma equipa com um portfólio de projectos de construção sustentável bem sucedidos também é benéfica para garantir o sucesso do projeto (Choi, 2009).

Hwang e Ng (2013) revelaram que é crucial informar os objectivos de sustentabilidade e as prioridades do projeto aos membros da equipa na discussão inicial de um novo projeto. O processo de planeamento inicial do projeto inclui geralmente uma discussão em grupo sobre as necessidades e os requisitos do projeto. Os potenciais concorrentes devem ter a oportunidade de compreender a visão da equipa do projeto e a importância do aspeto da sustentabilidade do projeto numa reunião de pré-licitação (Doyle *et al.*, 2009).

O processo tradicional de gestão de projectos é executado de forma linear e, normalmente, tem um contributo mínimo das disciplinas de engenharia, dos grupos de operação e manutenção ou de pessoas externas durante o processo de planeamento (Doyle *et al.*, 2009; Choi, 2009). Ao contrário de um projeto convencional, um projeto de construção sustentável funciona melhor quando o grupo alargado de partes interessadas trabalha em conjunto para concentrar a maior parte dos seus esforços criativos numa fase muito precoce do processo de planeamento (Choi, 2009; Doyle *et al.*, 2009; Riley *et al.*, 2004).

Uma abordagem de conceção integrada é muito importante para a integração da sustentabilidade nos projectos de construção. Esta abordagem exige que todas as partes interessadas, que normalmente estariam envolvidas e seriam influenciadas em todos os ciclos de vida do edifício, com base na adequação do projeto, se comprometam e colaborem ao longo do processo de planeamento do projeto, desde as fases conceptuais e de desenvolvimento, para abordar os objectivos, as necessidades e as potenciais barreiras do projeto, a fim de otimizar todo o projeto de construção (Robichaud e Anantatmula, 2011; Choi, 2009). É necessário adotar estratégias que facilitem o trabalho colaborativo entre as equipas de projeto, como um pré-requisito para alcançar os objectivos de sustentabilidade (Ugwu e Haupt, 2007). Todas as partes interessadas têm de participar no processo de planeamento e ninguém pode considerar apenas o seu próprio interesse especial (Yudelson, 2009). O envolvimento ativo dos profissionais de design no planeamento foi repetidamente afirmado como a chave para aumentar o sucesso do projeto (Gibson e Gebken, 2003). Dependendo dos objectivos do promotor e do tipo de projeto, uma equipa de conceção integrada incluirá diferentes combinações de profissionais para acomodar as competências específicas do projeto e as necessidades de serviços. Esta abordagem de conceção integrada multidisciplinar pode ser uma ferramenta muito eficaz para compreender as necessidades e requisitos dos clientes, avaliar e corrigir falhas de conceção, determinar a utilização e instalação de materiais sustentáveis adequados e promover a comunicação entre todas as partes interessadas.

Choi (2009) e Yudelson (2009) sugeriram que é crucial que todos os membros da equipa de conceção integrada partilhem os seus conhecimentos e trabalhem em conjunto ao longo do processo de planeamento para garantir que os sistemas que criam são complementares. Devem estar empenhados no processo de conceção integrada, a fim de garantir que o projeto atinja os objectivos desejados. Reunir todas as partes interessadas no projeto o mais cedo possível durante o processo de planeamento da fase concetual e de conceção inicial permite que a equipa do projeto adopte uma abordagem global do edifício com vista à obtenção de um edifício sustentável a custos mais baixos (Robichaud e Anantatmula, 2011; Yudelson, 2009). A equipa terá mais influência em algumas das decisões mais importantes do projeto, como a seleção do local, o planeamento estratégico e os conceitos preliminares da conceção. O envolvimento precoce também permite que a equipa de projeto crie uma análise altamente eficaz do projeto e aproveite as sinergias entre as várias funções do edifício e as caraterísticas do local (Robichaud e Anantatmula, 2011; Choi, 2009; Bogenstatter, 2000). Perkin, Sommer e Uren (2011) salientaram que o bom funcionamento das equipas nas fases iniciais está fortemente relacionado com a qualidade dos seus preparativos posteriores para a sustentabilidade. Os contributos da sua colaboração são capazes de minimizar os custos de construção sustentável ao longo de todas as fases do ciclo de vida de um edifício. Esta abordagem pode organizar prioridades para alinhar com o orçamento de um projeto, evitando derrapagens de custos, minimizando atrasos e diminuindo as ordens de alteração durante a construção. Também pode simplificar as operações e a manutenção do edifício na fase de pós-ocupação, bem como proporcionar custos mais baixos de serviços públicos e de manutenção devido ao seu planeamento e conceção superiores desde o início (Muldavin, 2010).

Muldavin (2010) e Choi (2009) afirmaram que é importante incorporar os requisitos para a conceção integrada e o processo, bem como os aspectos de sustentabilidade nos documentos do projeto, incluindo o plano estratégico e abrangente. O custo, os benefícios e o objetivo de desempenho de um edifício sustentável e as questões de sustentabilidade devem ser documentados e comunicados para expandir o mercado para um desenvolvimento sustentável. O processo de conceção integrada pode ser ainda mais importante do que a conceção do edifício para a concretização de um edifício sustentável bem sucedido (Muldavin, 2010). Estudos recentes mostram que a conceção de todo o edifício ou a abordagem holística é muito importante para a realização de um projeto de construção sustentável (Hwang e Ng, 2013; Robichaud e Anantatmula, 2011). Exige uma equipa de conceção integrada e que todas as partes interessadas trabalhem em conjunto para avaliar a conceção no que respeita à análise dos custos do ciclo de vida, à qualidade de vida, à flexibilidade futura, à eficiência, ao impacto global, à produtividade, à avaliação pós-ocupação e à forma como os ocupantes serão animados (Doyle *et al.*, 2009). Baseia-se no conjunto de conhecimentos das partes interessadas ao longo do ciclo de vida do projeto. Sempre que possível, deve ser efectuada uma análise de todo o sistema que trate o edifício como um sistema e tenha em conta as interações e sinergias entre os diferentes componentes (Muldavin, 2010; Glavinich, 2008).

Embora a análise exija geralmente mais tempo à partida do que o processo de conceção normal, pode maximizar o potencial de benefícios sustentáveis (Hwang e Ng, 2013).

Muldavin, (2010), Halliday, (2008) e Glavinich (2008) recomendaram que um processo de comissionamento fosse adicionado durante o processo de planeamento e descrito numa secção específica de comissionamento. É muito importante certificar-se de que todos os sistemas funcionam como projectados. A disponibilidade de um agente de comissionamento competente é um fator de risco fundamental que influencia o custo e a qualidade do projeto (Yudelson, 2009). O melhor comissionista pode diagnosticar corretamente um problema complicado, enquanto os agentes de comissionamento menos experientes podem gastar mais dinheiro e não resolver realmente o problema. O agente de comissionamento deve ser capaz de coordenar e colaborar com os arquitectos, engenheiros e empreiteiros, a fim de completar o comissionamento. Uma vez que o agente de comissionamento serve para verificar o trabalho de outros para garantir que o projeto cumpre a intenção de conceção e tem um desempenho de acordo com as expectativas, trazer o agente de comissionamento para o processo de planeamento na fase de pré-conceção irá garantir que quaisquer problemas que surjam podem ser corrigidos durante a fase de conceção a um custo mínimo para o proprietário (Muldavin, 2010).

Sayce *et al*, (2004) sugeriram que a tomada de decisão no processo de planeamento do projeto que envolve a determinação da vida futura de um edifício deve ter em conta as necessidades das partes interessadas internas e externas. As partes interessadas internas são o grupo que tem um interesse legal ou financeiro direto no edifício, como os proprietários, os ocupantes e os consultores. O grupo de partes interessadas externas inclui todos aqueles que não têm qualquer interesse legal, equitativo ou financeiro no edifício, mas que são afectados pelas decisões relativas ao mesmo, como os compradores, visitantes, autoridades locais e outros organismos públicos. Um desenvolvimento verdadeiramente sustentável deve reconhecer todas as partes interessadas na tomada de decisões, uma vez que estas têm direitos, quer estejam ou não consagrados na legislação.

Sayce *et al.* (2004) defendem que o planeamento da conceção dos edifícios deve ter em conta as necessidades da comunidade de utilizadores e a sua adequação à finalidade. Os edifícios que são amados têm mais probabilidades de serem mantidos e de serem sustentáveis. A equipa deve trabalhar com os potenciais ocupantes ou utilizadores finais para determinar as suas necessidades e os espaços interiores, as adjacências e outros requisitos de programação (Yudelson, 2009). Isto pode ser conseguido através da participação de, pelo menos, um representante do utilizador final durante o processo de planeamento do projeto. É vital assegurar que o projeto seja construído com um elevado nível de envolvimento do utilizador no processo de planeamento da fase concetual e de conceção do projeto, caso contrário não se pode esperar que o cliente e os projectistas produzam edifícios sustentáveis distintos e virados para o futuro.

Um desafio comum em projectos de construção convencionais é a falta de comunicação eficaz entre vários peritos técnicos que tendem a utilizar as suas próprias ferramentas, protocolos e normas da indústria para tomar decisões e acompanhar a informação. Esta situação impede que o projeto tire partido da otimização do sistema, que pode poupar tempo e dinheiro. A falta de trabalho conjunto é um problema típico da construção convencional, que pode levar a maioria dos subcontratantes a tentar entrar e sair o mais rapidamente possível (Robichaud e Anantatmula, 2011). Os edifícios não só afectam os seus utilizadores imediatos, como também têm impacto num vasto leque de outras pessoas, na utilização do solo e nas comunidades. Por conseguinte, a comunicação eficaz com as partes interessadas desde o processo de planeamento do projeto assegura que os principais grupos compreendem e apoiam os objectivos sustentáveis do projeto (Hwang e Ng, 2013). A forma mais eficaz de comunicação efectiva e de troca de ideias entre o grupo de partes interessadas do projeto é a incorporação da charrette no início do projeto. A charrette é um processo de planeamento colaborativo que aproveita os talentos e as energias de todas as partes interessadas para criar e apoiar um plano de crescimento inteligente edificável (NCI, 2003). Isto envolve reuniões regulares de progresso e uma charrette de vários dias durante o processo de planeamento. Robichaud e Anantatmula (2011) sugeriram que as charrettes bem sucedidas resultam frequentemente no facto de as partes interessadas se sentirem incluídas e ouvidas, mesmo que não concordem com todos os aspectos do produto final.

Os projectos sustentáveis deparam-se frequentemente com problemas de conformidade com a regulamentação e o código para cumprir regulamentos mais amplos. Os problemas podem ocorrer devido ao fosso que muitas vezes existe entre as declarações de ambição dos líderes da cidade ou dos proprietários de edifícios e as realidades da implementação quotidiana da regulamentação e do cumprimento do código com o código de construção específico e o pessoal operacional do edifício. Muldavin (2010) e Choi (2009) recomendaram que é muito importante estar plenamente consciente da natureza dos problemas de conformidade com a regulamentação e o código que podem surgir e pesquisar e comunicar adequadamente com os funcionários locais e estatais essenciais para alcançar a conformidade.

As políticas públicas e governamentais podem influenciar fortemente a construção de um projeto sustentável. Por exemplo, as políticas que educam as partes interessadas sobre os benefícios e o verdadeiro custo da construção sustentável são a chave do sucesso do movimento dos edifícios sustentáveis. Choi (2009) recomendou que os governos a todos os níveis podem mostrar liderança no desenvolvimento sustentável, incluindo requisitos de sustentabilidade em todos os seus projectos de construção. Enquanto supervisor de projectos de construção sustentável, o governo pode utilizar a experiência para moldar todo o futuro desenvolvimento de terrenos e edifícios no âmbito da sua autoridade, de modo a que estejam alinhados com os seus objectivos de sustentabilidade.

Os processos e códigos regulamentares que cumprem os objectivos de sustentabilidade podem ajudar a promover práticas de projectos de construção sustentável. Muldavin (2010) e Choi (2009) sugeriram que os códigos e as portarias podem ser utilizados como uma ferramenta regulamentar para incentivar o desenvolvimento sustentável, definindo critérios de sustentabilidade claros que os promotores têm de cumprir. É vital adotar e alinhar os códigos para cumprir os objectivos de sustentabilidade e utilizar os códigos, as taxas de serviços públicos e as melhorias de processos para incentivar práticas de desenvolvimento sustentável. Os códigos para práticas de sustentabilidade devem ser continuamente desenvolvidos e melhorados. Isto permitirá que os planos de construção mais sustentáveis sejam avaliados de forma eficiente e, em última análise, minimizará a frustração dos promotores com o processo regulamentar. As diretrizes e os processos regulamentares são áreas em que os incentivos ou subsídios podem ser ajustados para encorajar práticas sustentáveis. Podem ser oferecidos incentivos monetários ou orientados para o processo, de modo a reduzir o diferencial de custos iniciais ou o fator de dificuldade (Choi, 2009).

B. Integração da sustentabilidade dos projectos de construção no planeamento urbano

A capacidade das cidades no mundo globalizado para desempenharem as suas funções é dificultada pela miríade de problemas que afectam o sistema. A fraca capacidade é agravada pela herança colonial tradicional do planeamento geral, que se caracteriza pela sua natureza descendente, rígida e de modelo. A prática ineficaz do planeamento urbano e a procura de uma abordagem de planeamento adequada contribuem para o reforço do desenvolvimento urbano sustentável. A sobrepopulação, a pobreza e a degradação ambiental são agravadas por práticas ineficazes de gestão urbana na maioria das cidades nigerianas, especialmente no Estado de Enugu. A multiplicidade de problemas associados a estes centros ameaça envenenar a promessa de vitalidade urbana e os desafios parecem incontroláveis, uma vez que a maioria das cidades nigerianas já não são organismos vivos. Estão à beira da morte, em vez de fervilharem de alma, espírito e sentidos (Omolabi, 2008).

A intervenção fragmentária e descoordenada do Governo Federal nas actividades de planeamento físico, associada a factores como a globalização e a democratização, culminou em várias políticas, estratégias e abordagens que reforçaram o papel das cidades como centros de produção, consumo e mudança social e política. O fomento do crescimento económico sustentável, a promoção de um desenvolvimento eficiente do planeamento urbano e regional e a garantia da melhoria do nível de vida e do bem-estar das populações falharam nas nossas circunstâncias.

A abordagem tradicional do planeamento físico com uma planta (plano diretor) criou um ambiente físico urbano desagradável do ponto de vista estético e inconveniente do ponto de vista da utilização para promover o desenvolvimento económico e o ambiente sociocultural da população urbana (Omolabi, 2008). A essência do planeamento urbano, que consiste em melhorar o bem-estar dos residentes seguindo uma sequência lógica de definição de problemas, estabelecimento de objectivos, determinação dos elementos de um plano, determinação da realização de objectivos, avaliação, implementação e monitorização, falhou na realidade. Na prática, sofreu muitos inconvenientes porque não descobriu cientificamente a melhor solução radical a aplicar pela autoridade de planeamento no interesse público (Omolabi, 2008).

O plano diretor tradicional, como forma de planeamento urbano, falhou devido a uma rigidez excessiva, à falta de coordenação com estratégias socioeconómicas e financeiras sectoriais para o desenvolvimento urbano, à falta de participação dos cidadãos e à sua noção de produto e não de documento de processo (Onibokun, 1989; Conyers, 1994; Okpala, 1999). Omolabi (2008) sugeriu uma abordagem de planeamento integrado que é uma amálgama de desenvolvimento comunitário e planeamento urbano como alternativa à abordagem tradicional do plano diretor. O desenvolvimento comunitário refere-se às medidas que permitem às pessoas reconhecer as suas próprias capacidades, identificar os seus problemas e utilizar os recursos disponíveis para ganhar e aumentar o seu rendimento e construir uma vida melhor para si próprias. O desenvolvimento comunitário é um produto de muitos elementos, como mudanças de pensamento, perceção, crenças culturais e tradições, entre outros.

Fodor (1999) considera que uma comunidade sustentável é uma comunidade que vive em harmonia com o seu ambiente local e não causa danos a um ambiente distante ou a outras comunidades, no presente ou no futuro. É aqui que as realizações em termos de desenvolvimento social, económico e físico se tornam duradouras e que o fornecimento duradouro de recursos naturais depende do desenvolvimento. Isto culmina no processo de planeamento comunitário, que consiste em formular políticas e tomar decisões sobre o desenvolvimento futuro de uma comunidade. As questões relacionadas com o planeamento comunitário vão desde questões simples e pequenas, como a oferta de actividades de lazer, a segurança do bairro, a inadequação dos serviços sociais e das infra-estruturas e a qualidade de vida, entre outras.

O planeamento comunitário dá às pessoas a oportunidade de participarem na conceção, implementação de políticas e propostas que as afectam a níveis conceptuais, com base nos recursos disponíveis (Reid, 2000). O planeamento comunitário tem em conta questões como a vizinhança, o comportamento antissocial, a criminalidade, as questões relacionadas com as infra-estruturas, como a drenagem, o fornecimento de eletricidade, a energia, as estradas, o abastecimento de água e a prestação de serviços, como centros comunitários, locais de entretenimento, bibliotecas, escolas, parques, jardins públicos e instalações de saúde. Pode também considerar questões socioeconómicas como a cultura, o emprego, a habitação, bem como a arquitetura, as artes, a paisagem urbana, o planeamento urbano, a conceção urbana e a proteção ambiental (Wates, 2000).

A erradicação da pobreza, a melhoria sustentada do nível de vida, o reforço da dignidade humana, a proteção do ambiente, o respeito pela cultura e a coesão social constituem as necessidades humanas fundamentais para um desenvolvimento urbano sustentável. As condições necessárias são as pessoas que fornecem massas de água, bom clima, capital-dinheiro, maquinaria e infra-estruturas básicas. Estes são processos sociais e económicos desejáveis que melhoram a qualidade de vida a vários níveis, tais como pessoal, de vizinhança, comunitário, nacional e internacional. Outras questões são;

(a) . Um ambiente propício à paz e à segurança

(b) . A crescente consciencialização da capacidade das pessoas para operarem com sucesso uma multiplicidade de instituições sociais

(c) . Necessidades estratégicas a longo prazo da cidade para o desenvolvimento sustentável e a propriedade, e necessidade de participação dos cidadãos em todos os domínios

(d) . Integração horizontal do governo com a sociedade civil e as empresas, com integração vertical da ação e da política entre os níveis de bairro, cidade, região urbana e nação.

(e) . Âmbito de aplicação alargado que tem em conta factores políticos, sociais, físicos e económicos de forma integrada para uma maior eficácia

(f) . A necessidade de reconhecer e integrar um desenvolvimento urbano sustentável do ponto de vista social, económico e ambiental

(g) . Criação de um mecanismo de financiamento local para a prestação de serviços e projectos locais.

(h) . Preocupações da "agenda castanha", bem como da "agenda verde" nos aspectos ambientais (Omolabi, 2008).

C. Integração da sustentabilidade dos projectos de construção no processo de gestão do projeto

Não há nada de sustentável que possa ocorrer isoladamente e, para garantir o desenvolvimento sustentável, é necessário examinar continuamente as nossas actividades à luz das perspectivas económicas, sociais e ambientais que as rodeiam. A gestão de projectos refere-se à "aplicação de conhecimentos, competências, ferramentas e técnicas às actividades do projeto para satisfazer ou exceder os requisitos do projeto, como as necessidades das partes interessadas e as expectativas de um projeto (PMI, 2008; HRDC, 2003)". Os processos de gestão do projeto asseguram o fluxo eficaz do projeto ao longo da sua existência. Clement e Gido (2006) opinaram que o processo de gestão de projectos envolve o estabelecimento de um plano e a implementação desse plano para atingir o objetivo do projeto. É realizado através da aplicação e integração adequadas de cinco (5) grupos de processos - iniciar, planear, executar, monitorizar, controlar e encerrar (PMI, 2008).

(a) . **Grupo de processos de iniciação** - Estes processos são realizados para definir um novo projeto ou uma nova fase de um projeto existente, reunindo autorização para iniciar o projeto ou a fase. A carta do projeto é desenvolvida durante este processo.

(b) . **Grupo de Processos de Planeamento** - são os processos necessários para estabelecer o âmbito do projeto, aperfeiçoar os objectivos e definir o curso de ação necessário para atingir os objectivos que o projeto se propôs alcançar. O Plano de Gestão do Projeto (PMP) é desenvolvido durante o processo.

(c) . **Grupo de processos de execução** - são processos realizados para completar o trabalho definido no plano de gestão do projeto (PMP) para satisfazer as especificações do projeto. O PMP é atualizado durante o processo.

(d) . **Grupo de Processos de Monitorização e Controlo** - são processos necessários para acompanhar, rever e regular o progresso e o desempenho do projeto; identificar quaisquer áreas em que sejam necessárias alterações ao plano; e iniciar as alterações correspondentes. O PMP é atualizado durante este processo.

(e) . **Grupo de processos de encerramento** - são processos realizados para finalizar todas as actividades em todos os grupos de processos para encerrar formalmente o projeto ou a fase.

As aplicações do processo de gestão de projectos são iterativas e repetem-se durante o projeto. A integração da gestão de projectos requer o grupo de processos de monitorização e controlo interação com os outros grupos de processos que são apresentados na Figura 2.14.

Figura 2.14: Grupo de processos do projeto
Fonte: PMI (2008)

O grupo de processos de planeamento fornece aos grupos de processos de execução os documentos do PMP e do projeto, que frequentemente implicam a atualização do plano de gestão do projeto e dos documentos do projeto à medida que o projeto avança (PMI, 2008). A Figura 2.15 ilustra claramente como os Grupos de Processos interagem e mostra o nível de sobreposição em vários momentos. Quando os projectos grandes ou complexos são separados em fases ou subprojectos distintos, tais como o estudo de viabilidade, o desenvolvimento do conceito, a conceção ou outros, todos os grupos de processos são repetidos em cada fase até que os critérios para a conclusão da fase tenham sido satisfeitos (PMI, 2008).

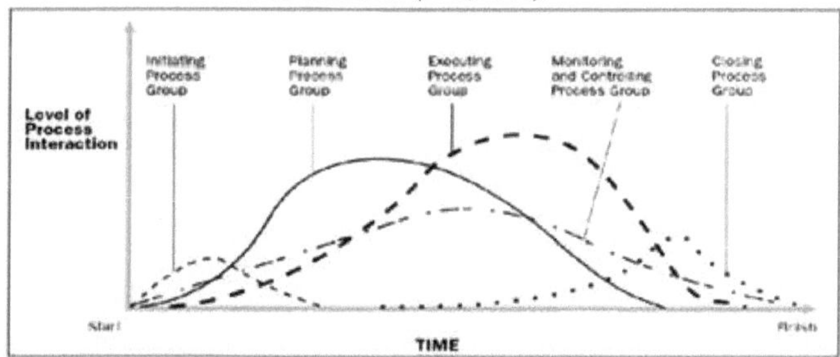

Figura 2.15: O grupo de processos do projeto interage numa fase ou num projeto Fonte: PMI 2008

(1) Ciclo de vida do projeto

O ciclo de vida do projeto explica as fases inter-relacionadas de um projeto e fornece uma estrutura para gerir a progressão do trabalho (Association for Project Management (APM), 2012). Refere-se a um processo através do qual um projeto é implementado desde o início até ao fim (Kerzner, 2003). O corpo de conhecimento da gestão de projectos dividiu um Ciclo de Vida do Projeto em quatro fases - iniciar o projeto, organizar e preparar, realizar o trabalho do projeto e encerrar o projeto (PMI, 2008). Um Ciclo de Vida do Projeto está contido num ou mais Ciclos de Vida do Produto. Estes são mostrados na Figura 2.16.

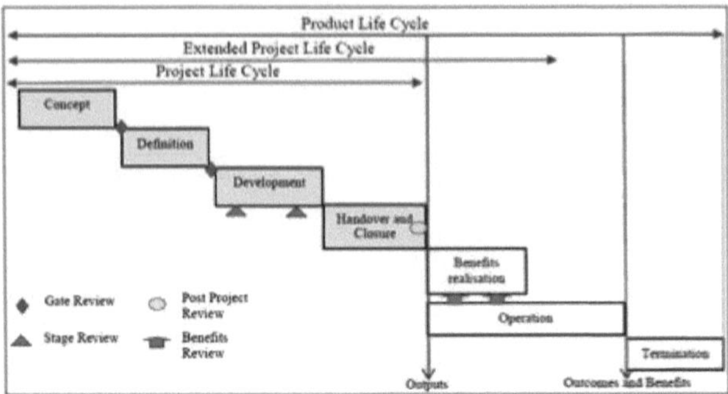

Figura 2.16: Ciclo de vida linear e ciclo de vida do produto

Fonte: PMI (2012)

Um ciclo de vida de projeto e um ciclo de vida de produto lineares típicos devem conter as seguintes fases

i. **Conceito** - esta fase desenvolve uma ideia inicial e cria um esboço de um caso de negócio e um calendário.

ii. **Definição** - inclui a preparação de um plano de contratação, a pré-qualificação da lista de contratantes, a preparação de um pedido de proposta (RFP), a receção e análise das propostas, a seleção da melhor proposta e a negociação do contrato (APM, 2012).

iii. **Desenvolvimento** - o Plano de Gestão do Projeto (PMP) é posto em prática.

iv. **Entrega e encerramento** - os resultados do projeto são entregues e aceites pelo patrocinador em nome dos utilizadores.

v. **Realização dos benefícios** - um projeto inclui a fase de realização dos benefícios.

O ciclo de vida completo do produto também inclui;

(a) . Funcionamento - apoio e manutenção contínuos

(b) . Terminação - encerramento no final da vida útil do produto.

As quatro fases principais do ciclo de vida de um edifício são: a fase de pré-construção, a fase de construção, a utilização do edifício (funcionamento e manutenção) e a eliminação e eliminação progressiva (Kohler e Lutzkendorf, 2002; Fay, Treloar e Iyer-Raniga, 2000). A integração da sustentabilidade deve abranger todo o ciclo de vida de um edifício, desde o conceito inicial até à demolição e à recuperação do sítio. Envolve todas as partes interessadas que desenvolvem, planeiam, concebem, constroem, alteram ou mantêm o ambiente construído e inclui fabricantes e fornecedores de materiais de construção, bem como clientes e utilizadores finais ou ocupantes. Existem diferentes percepções sobre a gestão do projeto de construção. Por isso, cada um dos numerosos intervenientes no processo de planeamento, conceção, financiamento, construção, operação e manutenção do projeto de construção deve trabalhar em conjunto para alcançar o sucesso.

Hendrickson (2000) afirmou que um projeto sustentável pode resultar de uma excelente coordenação e comunicação entre especialistas. Alguns projectos têm uma fase, enquanto outros podem ter duas ou várias fases, com fases sequenciais ou sobrepostas, como se mostra nas Figuras 2.17 e 2.18.

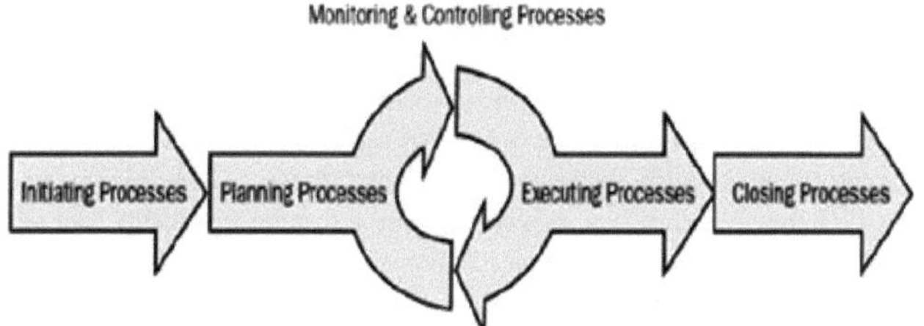

Figura 2.17: Fase única do projeto
Fonte : PMI (2008)

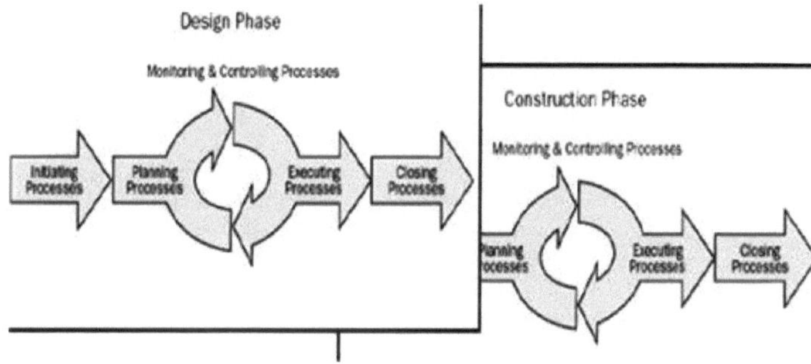

Figura 2.18: Um projeto com sobreposição de fases Fonte: PMI (2008)

2.3.4 Factores críticos de sucesso para a realização de projectos de construção sustentável

Para determinar o sucesso do projeto e os critérios de sustentabilidade, não existe atualmente um modelo e quadro de critérios específicos para a sustentabilidade em projectos de construção. Os quadros de referência disponíveis têm a desvantagem de ter em conta todo o ciclo de vida do projeto e raramente alinham o conceito de sustentabilidade com os objectivos de curto e longo prazo do projeto (Labuschagne, Brent e Classen, 2005). O Project Management Body of Knowledge (PMBOK), que é o modelo mais popular de gestão de projectos, também foi criticado por ser predominantemente orientado para a gestão das funções de execução (Morris, 2011). O modelo fez muitas omissões, como a estratégia, o valor e os benefícios, a utilização das pessoas, a gestão da tecnologia, a estimativa e várias questões relacionadas com as aquisições (Morris, 2011). A BCA (2007) e Hayles (2004) sublinharam que a sustentabilidade no projeto de construção melhoraria o desempenho do projeto. É competente para avaliar o sucesso de um projeto sustentável com base em critérios de custo, tempo, qualidade e satisfação das partes interessadas, mas também deve realizar o

critérios de cumprimento das metas e objectivos do projeto de sustentabilidade. A conceção e o financiamento de projectos ab-initio devem incluir a sustentabilidade no topo da agenda, uma vez que nesta fase os planos podem ser formulados de forma holística e são obtidos os maiores benefícios em termos de custos (CIOB, 2010).

Embora os princípios de sustentabilidade e o desempenho bem sucedido do projeto estejam relacionados e sejam paralelos, um projeto de construção sustentável bem sucedido pode ser alcançado através do cumprimento dos requisitos dos princípios de sustentabilidade do projeto através de estratégias de integração nas fases de planeamento e construção. É necessário que o custo esteja dentro do orçamento, que o prazo esteja dentro do calendário, que a qualidade cumpra a meta e o objetivo do projeto, que o desempenho técnico beneficie a infraestrutura tecnológica, que o valor e o lucro ou o benefício comercial sejam funcionais, que a eficiência da execução e a conclusão do projeto sejam eficazes.

Na Gestão de Projectos, a Sustentabilidade envolve a responsabilidade individual e empresarial para garantir que os produtos, resultados e benefícios são não só sustentáveis ao longo dos seus ciclos de vida, mas também sustentáveis durante a sua criação (APM, 2012). A utilização de recursos naturais e humanos para alcançar o crescimento e o apoio financeiro, sem ter em conta o custo ambiental ou social, já não é aceitável. A redução dos custos e o aumento do valor são conseguidos através de um pensamento sustentável (CIOB, 2010). A sustentabilidade deve ser considerada em muitas áreas centrais diferentes da gestão de projectos, programas e carteiras para atingir objectivos sustentáveis. O desenvolvimento sustentável deve ser considerado como uma necessidade em todas as profissões envolvidas em projectos de construção para um desempenho bem sucedido do projeto, como mostra a Figura 2.19.

Figura 2.19: Princípios de sustentabilidade e desempenho de projectos bem sucedidos Fonte: Charted Institute of Building (CIOB) (2010).

2.3.5. Quadro para a execução de projectos de construção sustentável

Um quadro para o desenvolvimento sustentável de projectos de construção abordará todas as questões associadas de forma holística, aplicando um provérbio escandinavo que diz que "muitos riachos fazem um grande rio", sugerindo que todos os pequenos contributos farão a diferença. A realidade é que "se todos fizerem um pouco, pouco será feito". No domínio das alterações climáticas, é necessário reduzir as emissões de gases com efeito de estufa em mais de 90 % até 2100, a fim de evitar um aumento de 2 graus na temperatura média global (IPCC, 2014), que o desenvolvimento sustentável pretende alcançar.

É necessária uma forma esquemática de avaliar o desempenho do projeto e os critérios de sucesso no que diz respeito à realização de um projeto de construção sustentável. A OCDE (2006) desenvolveu um modelo integrado de cinco critérios de sucesso: Eficiência, Eficácia, Impacto, Relevância e Sustentabilidade.

(a) . **Eficiência**: Uma medida da forma como os recursos e os factores de produção (fundos, conhecimentos especializados, tempo, etc.) são convertidos em resultados de forma económica.

(b) . **Eficácia**: A medida em que os objectivos da intervenção de desenvolvimento foram alcançados, ou se espera que sejam alcançados, tendo em conta a sua importância relativa.

(c) . **Impacto**: Efeitos positivos e negativos, primários e secundários, a longo prazo, produzidos por uma intervenção de desenvolvimento, direta ou indiretamente, intencionais ou não intencionais.

(d) . **Relevância**: A medida em que os objectivos de uma intervenção de desenvolvimento são coerentes com os requisitos, as necessidades e as prioridades dos beneficiários e com as políticas dos parceiros e dos doadores.

(e) . **Sustentabilidade**: A continuação dos benefícios de uma intervenção de desenvolvimento" após a conclusão da ajuda ao desenvolvimento principal.

Há também seis questões transversais que devem ser consideradas para cada um dos cinco critérios, que incluem: aspectos económicos e financeiros, aspectos institucionais, aspectos sociais, aspectos tecnológicos, aspectos ambientais e medidas de apoio político (Samset, 2010). Estes modelos e outros, tal como discutimos anteriormente, ajudarão a articular um quadro para o desenvolvimento sustentável bem sucedido de projectos de construção no Estado de Enugu.

2.3.5.1. Quadro para integrar a sustentabilidade através do processo de planeamento do projeto O Chartered Institute of Building (CIOB), 2010; Muldavin, 2010; Robichaud e Anantatmula (2011) apoiaram as seguintes estratégias para integrar a sustentabilidade através do processo de planeamento do projeto, conforme indicado nos pontos (i) a (iv).

(I) . Orientação para projectos sustentáveis

(a) Objectivos específicos de sustentabilidade e prioridades do projeto

(b) Preocupação sustentável durante a definição do âmbito do projeto, da carta do projeto, do desenho, do contrato e do plano pormenorizado do projeto.

(II) . Equipa de projeto integrada

(a) A equipa de projeto é envolvida e mantida ao longo de todo o processo de planeamento

(b) O representante da comunidade local está envolvido no apoio ao projeto

(c) Um coordenador de conceção integrada/sustentabilidade é nomeado como um dos membros da equipa do projeto

(d) A equipa deve ter conhecimentos básicos sobre projectos de construção sustentável.

(e) Os membros da equipa são informados sobre as questões de sustentabilidade e o processo, incluindo os fornecedores

(f) Seleção dos membros da equipa com qualidade e capacidade de desenvolvimento sustentável

(g) Os membros da equipa estão plenamente informados sobre os objectivos e prioridades de sustentabilidade do projeto

(III). Processo de conceção integrado

(a) Envolver na equipa um conjunto diversificado de partes interessadas
(b) Equipa empenhada e colaborativa durante todo o processo
(c) Reunir a equipa o mais cedo possível durante o processo de planeamento
(d) Os requisitos de conceção integrada e o processo estão incluídos na documentação do projeto e no plano estratégico e global.
(e) Efetuar a conceção de todo o edifício e a análise dos sistemas
(f) O processo de comissionamento é acrescentado durante este processo e descrito numa secção específica
(g) O planeamento deve refletir todas as partes interessadas no projeto
(h) A conceção deve refletir a comunidade de utilizadores finais
(i) Comunicação efectiva e incorporação do processo de charette.

(IV). Regulamentos e conformidade com os códigos

(a) Políticas governamentais de incentivo ao desenvolvimento sustentável
(b) Conformidade com o código e o instrumento regulamentar para incentivar o desenvolvimento sustentável
(c) Incentivo ao desenvolvimento sustentável

As estratégias discutidas para integrar os princípios de sustentabilidade no planeamento e execução do projeto são apresentadas na Figura 2.20.

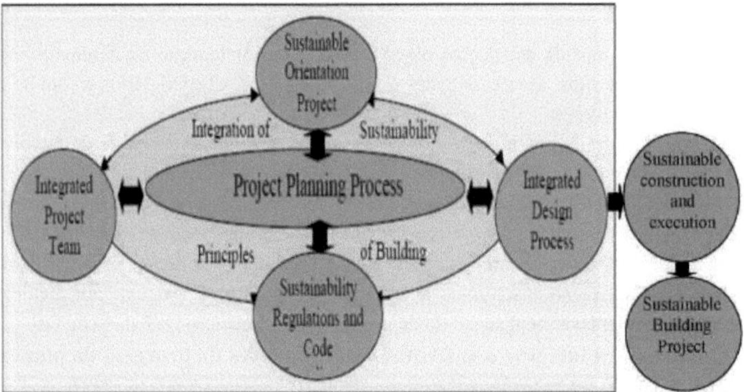

Figura 2.20: Estratégias de integração dos princípios de sustentabilidade no projeto processo de planeamento

Fonte: PMI (2008)

A Figura 2.21 apresenta o quadro concetual das estratégias de integração sustentável através do processo de planeamento e execução do projeto.

Este quadro será adotado para o quadro proposto para a execução de projectos de construção no Estado de Enugu no Capítulo Quatro.

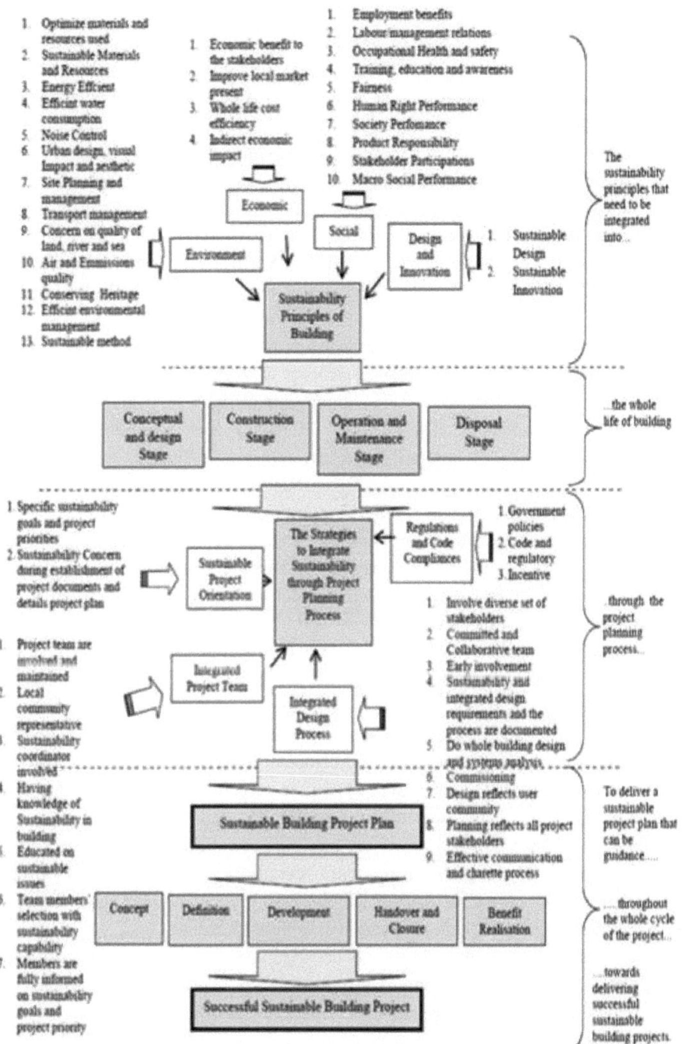

Figura 2.21: Quadro concetual das estratégias de integração da sustentabilidade através do processo de planeamento do projeto para o sucesso do projeto
Fonte: Isa, Alias e Samad (2014)

2.4 Resumo da revisão da literatura

A literatura foi revista no âmbito da revisão concetual, teórica e empírica, respetivamente. As questões conceptuais sobre o desenvolvimento de projectos de construção sustentáveis no planeamento, execução e ciclo de vida do projeto foram revistas para abordar os vários aspectos da sustentabilidade dos projectos de construção em conformidade com as melhores práticas mundiais. O conceito de edifício verde diz respeito aos aspectos ecológicos (utilização de recursos, emissões de poluição do ar, da água e do solo e gestão de resíduos), enquanto o de edifício sustentável é composto por aspectos ecológicos, socioculturais, económicos, técnicos, de processo e de localização (Schumann, 2010). Também Doyle *et al.* (2009) afirmaram que os edifícios sustentáveis devem ter um impacto menor no ambiente, proporcionar um local mais saudável para os seus ocupantes e ser mais económicos ao longo do ciclo de vida quando comparados com os edifícios convencionais. A integração da sustentabilidade nos edifícios tem benefícios diretos e indirectos que podem incluir, mas não se limitam a, poupança de energia, poupança de terrenos, redução do escoamento de águas pluviais, conservação de materiais e redução da poluição (Chukwu, Anaele, Omeje e Ohanu,2019). O estudo afirma que existem questões complexas com múltiplas ligações associadas à sustentabilidade da construção, tal como referido na literatura, que não podem ser consideradas isoladamente. O melhor é verificar como um projeto articulado de desenvolvimento sustentável pode ser alcançado no planeamento, construção e execução destes projectos.

As várias questões teóricas da teoria dos objectivos, da teoria da sustentabilidade e da teoria dos sistemas foram também revistas para ajudar a alcançar o objetivo da investigação. Estas teorias foram analisadas na medida em que se relacionam com as melhores práticas de execução de projectos de construção sustentável. Os principais desafios às práticas de construção sustentável disponíveis na literatura é que as equipas de projeto enfrentam incertezas quanto aos critérios e definições a adotar em projetos de construção sustentável, integrando ao mesmo tempo os objetivos de desenvolvimento sustentável (Sherif e Carmela, 2019).

A revisão empírica discutiu os trabalhos literários de outros investigadores relacionados com a execução de projectos de construção sustentável. Estes incluem os factores de constrangimento dos projectos de construção sustentável, os seus impactos, os princípios-chave da integração da sustentabilidade dos projectos de construção e os factores críticos de sucesso para a execução dos projectos de construção. Foram revistos muitos artigos e trabalhos de investigação para conhecer diferentes perspectivas de execução de projectos de construção sustentável com as várias ferramentas de avaliação, parâmetros e enquadramento.

As obras literárias existentes revelam a escassez de um quadro estruturado de sustentabilidade económica baseado em processos, enquanto a implementação de edifícios sustentáveis consiste em processos ordenados (Johnson, Creasy e Jang, 2016).

Miyatake (1996) afirma que todos os intervenientes têm de compreender que a concretização da construção de edifícios sustentáveis exige uma mudança nos processos de criação do ambiente construído, passando de abordagens lineares para abordagens cíclicas. O autor afirma que as actividades de construção devem ser realizadas colocando a tónica na reciclagem, na reutilização de materiais e na redução da utilização de energia e de recursos naturais.

Na maioria dos países em desenvolvimento e na Nigéria, a maior parte dos critérios não foi implementada para apoiar a infraestrutura de projectos de desenvolvimento de edifícios, incluindo o Estado de Enugu no Sudeste da Nigéria. É necessário desenvolver um quadro para a execução bem sucedida de projectos de construção sustentáveis no Estado de Enugu.

2.5 . Lacunas na literatura

Após a revisão da literatura relacionada, foram identificadas as seguintes lacunas;

1. A literatura analisada mostra que os estudos anteriores não prestaram atenção aos factores de constrangimento à execução de projectos de construção sustentável na Nigéria e no Estado de Enugu, em particular, que este estudo pretende abordar.
2. Nenhum dos trabalhos anteriores investigou a forma como os princípios-chave da sustentabilidade podem ser integrados no projeto de construção na Nigéria e no Estado de Enugu em particular, o que o estudo irá revelar.
3. Há trabalhos revistos sobre o desenvolvimento de um quadro para a sustentabilidade; Quadro de acesso a obras e tecnologias de engenharia (Brent *et al.*, 2004); Quadro de relatórios de sustentabilidade (GRI, 2015); Quadro de avaliação de toda a vida HK-BEAM (HK-BEAM, 1996); Quadro para a construção sustentável (Hill e Bowen, 1997); Quadro de estratégias de integração

da sustentabilidade através do planeamento e execução de projectos (Isa, Alias e Samad, 2014); e outros, mas nenhum foi feito sobre o quadro para a entrega de projectos de construção sustentável no Estado de Enugu.

Este estudo de investigação específico pretende colmatar esta lacuna. O próximo capítulo abordará a metodologia de investigação utilizada para responder às questões de investigação e atingir os objectivos do estudo.

CAPÍTULO 3

METODOLOGIA DE INVESTIGAÇÃO

A metodologia de investigação consiste na área de estudo, na conceção da investigação e na descrição da área de estudo, na população do estudo, na amostra e nas técnicas de amostragem, nas fontes de recolha de dados, na validade e fiabilidade do instrumento e no método de apresentação e análise dos dados.

3.1 Área de estudo

O Estado de Enugu é um dos estados do sudeste da Nigéria, situado no sopé do planalto de Udi. A sua capital é Enugu. O Estado foi criado em 1991 a partir do antigo Estado de Anambra. O Estado de Enugu está situado entre as latitudes 06° 00'N e 07° 00'N e as longitudes 07° 00'E e 07° 45'E. O Estado é designado por Estado da Cidade do Carvão devido à descoberta de carvão em quantidade comercial em Enugu Urban em 1909. Enugu foi a capital da Província do Sul, da Região Oriental, recentemente composta por nove Estados, capital da defunta República do Biafra, e do Estado do Centro-Leste de 1971 a 1976; o antigo Estado de Anambra de 1976 a 1991, que incluía Enugu e o atual Estado de Anambra com parte do Estado de Ebonyi e agora o atual Estado de Enugu da Nigéria. As coordenadas de Enugu são: 6.4413200° latitude e 7.4988300° longitude em graus decimais ou latitude 6° 26.4792'N e longitude 7° 29.9298'E em graus e minutos decimais, com uma altitude de 192 m (ou 629 pés) acima do nível do mar (ESUT Geo-Information, 2022).

Enugu foi fundada em 1909, depois de terem sido descobertos depósitos de carvão na aldeia vizinha de Enugu Ngwo. Enugu tornou-se um centro administrativo após a conclusão do caminho de ferro para Port Harcourt em 1912. Atualmente, Enugu é a capital do Estado de Enugu. Situa-se na zona sudeste da Nigéria e tem uma população estimada em 1,2 milhões de pessoas. É um importante centro de extração de carvão, administrativo, educativo e comercial, bem como um centro de produção com uma importante fábrica de montagem de veículos, uma fábrica de cimento e indústrias relacionadas com produtos petrolíferos, entre outros. No entanto, a fábrica de cimento e a fábrica de montagem de veículos automóveis já não estão operacionais devido a má gestão.

Figura 3.1: Mapa da Nigéria mostrando o Estado de Enugu.

Fonte: Departamento de Geografia e Meteorologia ESUT, Unidade GIS (2022)

A área metropolitana é composta por oito áreas de governo local. Como resultado da rápida urbanização, o desenvolvimento ordenado é severamente limitado pela falta de coordenação entre as várias agências municipais. A escassez de água é um dos problemas mais graves de toda a área urbana de Enugu. A quantidade de água disponível para tratamento e utilização está a diminuir, enquanto a poluição da água está a aumentar devido às extensas actividades mineiras. A extração de areia, laterite e gravilha ao longo do rio Ekulu e do rio Nyaba é galopante. As inundações e a erosão são os principais riscos ambientais urbanos visíveis na área metropolitana. Durante as chuvas, praticamente todas as ruas/estradas da metrópole ficam inundadas, causando estragos nos utentes das estradas ao criar buracos.

Algumas das cidades importantes do Estado são Enugu, Awgu, Agbani, Oji River, Udi e Nsukka Urban. O Estado faz fronteira com o Estado de Abia e o Estado de Imo a sul, o Estado de Ebonyi a leste, o Estado de Benue a nordeste, o Estado de Kogi a noroeste e o Estado de Anambra a oeste. O Estado de Enugu é composto por 17 áreas governamentais locais. São elas Aninri, Awgu, Enugu Leste, Enugu Norte e Enugu Sul, Ezeagu, Igboetiti, Igbo-eze Norte, Igbo-eze Sul, Isi-uzo, Nkanu Leste, Nkanu Oeste, Nsukka, Oji River, Udenu, Udi e Uzo-uwani.

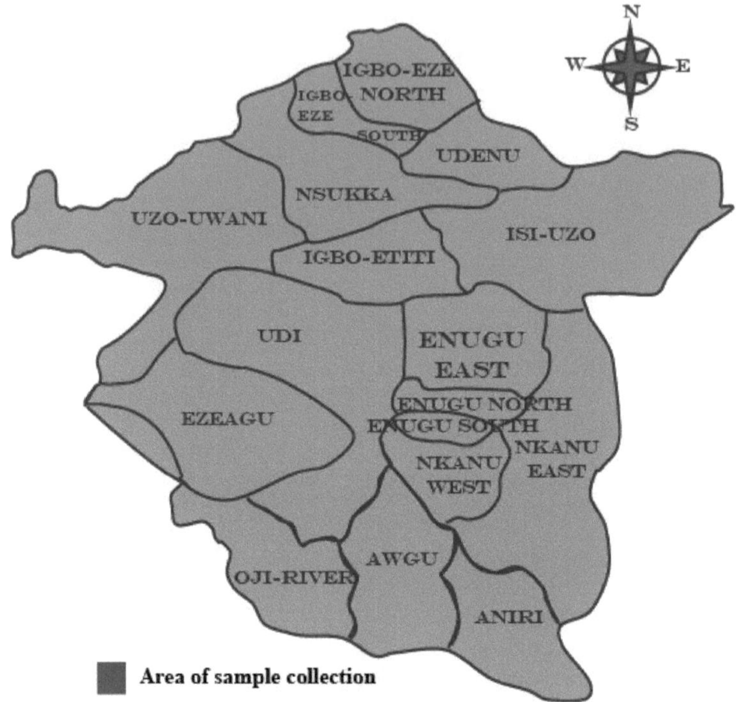

Zona de recolha de amostras

Figura 3.2: Mapa do Estado de Enugu mostrando as áreas de governo local

Fonte: Departamento de Geografia e Meteorologia ESUT, Unidade GIS (2022)

3.1.1. Solo

O solo consiste carateristicamente em solo hidromórfico, que é um solo mineral cuja morfologia é influenciada pelo encharcamento sazonal causado pelo xisto impermeável subjacente.

A região é também constituída por sedimentos cascalhentos, principalmente de cor avermelhada, e o perfil do terreno revela capacidade para suportar actividades agrícolas.

A zona de solos de Enugu é constituída por litossolos pouco profundos e pedregosos que se encontram nas encostas íngremes da Cuesta e que frequentemente não são cultivados. Os solos ferralíticos, designados por Terra Vermelha ou Areias Ácidas, encontram-se no planalto e os solos hidromórficos nas planícies aluviais.

A erosão do solo causada por actividades físicas e humanas é comum em várias partes do Estado. Manifesta-se em riachos ao longo de taludes à beira da estrada, em lençóis de água nos acessos a complexos e terrenos agrícolas, e em ravinas, por vezes muito dramáticas, ao longo de canais e zonas defeituosas.

O solo de Enugu é bom e as condições climáticas durante todo o ano situam-se a cerca de 233 metros acima do nível do mar. O solo é bem drenado durante a estação das chuvas, devido à sua topografia estritamente ondulada.

3.1.2. Geologia

O Estado de Enugu ocupa grande parte das terras altas de Awgu, Udi e Nsukka. As colinas são ladeadas pelas planícies ondulantes das bacias do rio Oji e de Anambra, a oeste, e pela bacia do rio Ebonyi (Aboine), a leste. A área contém cerca de nove formações geológicas. De este para oeste, e em termos de idade e sequência de exposição, as formações são: o Grupo do Rio Asu da Idade

Albiana (Cretáceo Inferior), constituído por xistos, arenitos e siltitos. Os sedimentos foram posteriormente dobrados, dando origem ao anticlinal de Abakiliki e ao sinclinal de Afikpo, ambos no atual Estado de Ebonyi, bem como à bacia sinclinal situada entre o Níger e a formação de xistos de Eze-Aku da idade Toroniana, que contém xistos, siltitos, arenitos e calcários.

Formação de Xistos Awgu Ndeaboh da Idade Coniaciana Santoniana. Xistos Enugu (a Norte) e Arenitos Awgu (a Sul) ao longo do mesmo eixo. Foram depositados no subestágio Campaniano.

Formação de Medidas de Carvão Inferior (Formação Manu) da Idade Meastrichtiana.

Esta é a formação que contém carvão. A formação de arenitos de leito falso (Ajali Sandstones) também é da idade Meastrichian. O corpo da pedra de areia é espesso, friável e mal selecionado.

Formação de Medidas de Carvão Superior (Formação Nsukka) da Idade Nadiana.

A formação é constituída por arenitos grosseiros ou por xistos e não por arenitos. Abunda extensivamente no planalto de Udi-Nsukka, onde a erosão deixou as porções resistentes destacando-se por vezes em colinas de topo plano, algumas centenas de metros acima do nível geral.

Trata-se de sedimentos do Cretáceo superior que foram provavelmente elevados durante a formação terciária, dando origem à escarpa Enugu-Okigwe em 8 Formação xisto-argilosa de Imo, de idade pleistocénica. Tem uma espessura de cerca de 1 000 metros e sobrepõe-se às medidas carboníferas superiores.

A metrópole de Enugu está coberta pelo xisto de Enugu. Assim, a sua localização geológica é tal que a profundidade do lençol freático é controlada pelas estações do ano. O xisto de Enugu constitui essencialmente um aquiclude. O xisto é fracturado e transformado num regolito laterítico que é altamente poroso e permeável, levando a condições de saturação localizadas. A laterite permeável assenta sobre o leito rochoso de xisto impermeável e, assim, desenvolve-se um aquífero perclinal que constitui o único aquífero conhecido diretamente sob a metrópole. O aquífero empoleirado do xisto de Enugu é fino e, na maioria das vezes, a sua espessura diminui, especialmente durante a estação seca. O aquífero é regionalmente descontínuo e, por vezes, intersecta o leito rochoso superficial para formar nascentes, como se mostra na Figura 3.3.

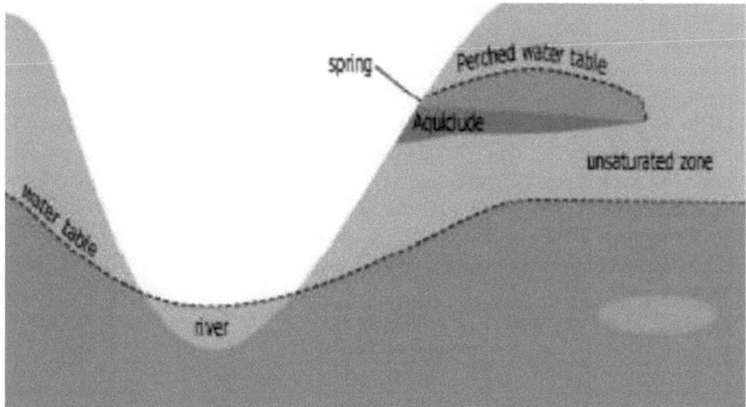

Figura 3.3: Um modelo que mostra a variação do nível do lençol freático com a topografia da superfície. Fonte: Nfor (2006).

A unidade do aquífero perched do xisto de Enugu que suporta o padrão de fluxo local é razoavelmente espessa e extensa e tem potencial para armazenar grandes volumes de água, especialmente se a porosidade/permeabilidade secundária (tipo planar, fratura ou fissura) estiver presente (Awalla,1998). O aquífero é recarregado pela água da chuva. A filtração é estimada em cerca de 31,1 % da precipitação atmosférica, representando 9,76 % *107 m^3 /yr (Nfor, 2006). A precipitação na área de estudo é mais elevada durante o mês de setembro e é de cerca de 280 mm. No pico da estação chuvosa, quando o lençol freático é elevado e o volume de descarga aumenta, ocorrem frequentemente nascentes.

3.1.3. População e estrutura urbana

A rápida urbanização aumentou a população da cidade. No entanto, as instituições governamentais disponíveis e os meios de transporte vitais, como os caminhos-de-ferro, o aeroporto e as estradas, atraíram um número considerável de empresas de média e grande dimensão, que geram oportunidades económicas razoáveis. A maior parte dos "não-indígenas" que já não trabalham em Enugu continuam a trabalhar a partir de Enugu. Tudo isto tem um efeito grave no sistema de transportes do Estado. Além disso, muitos dos trabalhadores preferem utilizar os serviços de triciclos comerciais para os levar ao seu destino após o dia de trabalho. O sector informal urbano é constituído por actividades económicas como o comércio de pequena escala, os transportes, a construção, a indústria transformadora, os serviços domésticos e pessoais que não empregam mais de cinco pessoas. Emprega também 52% da força de trabalho, o que constitui o sector que mais emprega. Este sector parece estar a ser especialmente encorajado pela atual conjuntura económica adversa. O governo fez muito para melhorar este sector, criando a Direção Nacional de Emprego (NDE), o Banco Popular e os Bancos Comunitários. O sector formal urbano privado é geralmente constituído pela indústria transformadora, construção, comércio grossista, retalhista, transportes, banca/finanças, serviços profissionais e outros serviços diversos que empregam mais de 5 pessoas. Este sector empregava até 11,5 por cento na década de 1970. Esta situação tem dificultado seriamente o crescimento das grandes indústrias existentes e desencorajado o estabelecimento de novas indústrias. O sector agrícola, que representa cerca de 3,8% da força de trabalho, provém das comunidades rurais. Outros são os que se dedicam à agricultura como um trabalho suplementar enquanto trabalham noutros sectores.

O sector industrial público é constituído por grandes estabelecimentos de produção e outros serviços, incluindo os serviços públicos detidos pelo governo. Os actuais esforços de privatização e comercialização do governo visam reduzir ao mínimo as instituições deste sector e assegurar uma elevada produtividade e rentabilidade das instituições essenciais. Atualmente, este sector enfrenta uma redução maciça de efectivos, despedimentos temporários e não recrutamento de trabalhadores. A evolução da população no Estado de Enugu mostra uma progressão desde a sua criação nos censos de 1991 e 2006 (NPC, 1991; NPC, 2006; NBS, 2023) e a projeção para 2023 é de 5 441 900 habitantes, com as várias áreas da administração local, como mostra o Quadro 3.1. O Estado tem uma área de 7.625 km^2 . A densidade populacional aumentou de 578,5 por km^2 em 2016 para 672,1 por km^2 em 2021 (projetado) (Estado de Enugu. 2022). A distribuição etária entre os 0 e os 14 anos é de 35,6%, entre os 15 e os 64 anos é de 60% e entre os 65 anos e mais é de 4,5%. O destino dos migrantes de Enugu é 86,2 % urbano e 13,8 % rural (NPC, 2006).

Tabela 3.1: População projectada do Estado de Enugu Situação do Censo de 2006 e projeção para 2023

S/Não	Área de governo local	Recenseamento da população 2006-03-21	Projeção da população 2023-03-21
1	Aninri	136,221	226,848
2	Awgu	197,292	328,549*
3	Enugu Leste	277,119	461,484*
4	Enugu Norte	242,140	403,234*
5	Enugu Sul	198,032	329,780*
6	Ezeagu	170,603	284,104
7	Igbo-Etiti	208,333	346,935*
8	Igbo-Eze Norte	258,829	431,026*
9	Igbo-Eze Sul	147,364	245,404

10	Isi-Uzo	148,597	247,457
11	Nkanu Leste	153,591	255,774
12	Nkanu Oeste	147,385	245,439
13	Nsukka	309,448	515,321*
14	Rio Oji	128,741	214,391*
15	Udenu	178,687	297,566
16	Udi	238,305	396,847*
17	Uzo-Uwani	127,150	211,742
	Total	**3,267,837**	**5,441,900**
	Nigéria	**140,431,790**	**233,859,823**

Fonte: (NPC, 2006) Projetado com a taxa de crescimento urbano de 3,0 %

* Área da administração local selecionada para a investigação

A população de base foi obtida a partir da população de 2006 e foi projectada com a seguinte fórmula de projeção da população **Nt = P e** ^{r*t}

em que, Nt= Projeção da população para 2023

P = População atual 2006

e = a base dos logaritmos naturais (2,71828) r = a taxa de aumento natural é 3,0/100 (0,03) t = período de tempo envolvido (17 anos)

3.2. Conceção da investigação

A conceção da investigação aplicada a este estudo de investigação foi a abordagem de conceção de inquérito descritivo. O objetivo é evitar a ambiguidade e a incoerência das respostas. A abordagem de inquérito descritivo descreve as caraterísticas da situação existente e fornece uma visão dos problemas de investigação através da descrição das variáveis de interesse, a fim de alcançar o objetivo e os objectivos deste estudo de investigação (Mugenda e Mugenda, 2003). Este método de inquérito fornece informações úteis e precisas sobre quem, quando e como podem ser alcançadas no nosso ambiente construído (Kombo e Tromp, 2006). A conceção da investigação envolve a organização das condições para a recolha e análise de dados de uma forma que combine a confiança no objetivo da investigação com um procedimento económico (Kothari e Gary, 2014). Isto ajudará a inverter algumas actividades humanas durante a construção e o fornecimento de infra-estruturas de construção para salvaguardar o nosso ambiente agora e no futuro.

3.3. População do estudo

A população deste estudo é a parte da população à qual se refere alguma informação sobre a população inteira. A população é constituída por um conjunto completo de sujeitos que podem ser estudados: pessoas, objectos, animais e plantas, organizações de um grupo ou conjunto de casos que um investigador está interessado em generalizar. Okolie (2011) também afirma que uma população é a agregação de elementos a partir dos quais uma amostra é efetivamente selecionada. A população do Estado de Enugu foi projectada para ser de 5 441 900 pessoas em 21 de março de 2023, com base no último censo de 2006. O estudo de amostragem foi realizado em nove áreas governamentais locais que compreendem Awgu, Enugu Este, Enugu Norte, Enugu Sul, Igbo Etiti, Igboeze Norte, Nsukka, Oji River e Udi do Estado com uma população total projectada de 3 672 971 em março de 2023, conforme indicado no Quadro 3.1. A população da amostra para o estudo incluía potenciais promotores imobiliários, partes interessadas no ambiente construído, tanto no sector público como no privado.

3.4. Dimensão da amostra e técnicas de amostragem

A dimensão da amostra foi determinada utilizando o procedimento de cálculo da dimensão da amostra de Cochran (Cochran, 1977).

$$n_0 = \frac{(t^2) \times (p)(q)}{d^2} \qquad (3.1)$$

em que; n_0 = a dimensão estimada da amostra
t = valor do nível alfa selecionado de 0,025 em cada cauda de uma distribuição normal obtido como 1,96 (o nível alfa de 0,05 implica que o risco que o investigador está disposto a correr se a verdadeira margem de erro exceder a margem de erro aceitável de
5%).
(p)(q) = rácio estimado de (0,5)(0,5) = 0,25
d = margem de erro aceitável para a população que está a ser estimada, dada como 0,05 (isto representa o nível de erro que o investigador está disposto a esperar).
Utilizando esta fórmula, temos,

Estimativa da dimensão da amostra n_0 =

$$n_0 = \frac{(1.96^2) \times (0.5)(0.5)}{0.05^2} = 384.16 \approx 400$$

A seleção dos inquiridos baseou-se numa amostragem não probabilística intencional. A questão da sustentabilidade é uma área altamente técnica que afecta os aspectos ambientais, económicos e sociais da nossa procura de fornecimento de infra-estruturas físicas. O objetivo da utilização da amostragem intencional é criar uma amostra com a intenção de fazer generalizações (inferências estatísticas) da amostra para a população de interesse. A amostragem intencional permite ao investigador abordar os objectivos da investigação, uma vez que se concentra em caraterísticas particulares da população que são de interesse. Okolie (2011) afirma que a amostragem intencional seleciona assuntos informativos ou unidades de observação como uma representação dos assuntos mais amplos ou unidades de observação como uma representação dos assuntos mais amplos relativamente rentável, mais fácil e garante que apenas os elementos que são relevantes para o estudo são incluídos. Os profissionais do ambiente construído e algumas partes interessadas/utilizadores dos edifícios construídos foram incluídos na amostra devido ao seu envolvimento no sector da construção civil. Foi calculada uma amostra total de 400 pessoas utilizando a fórmula de Cochran.

O estudo adoptou a técnica de amostragem aleatória estratificada. Isto porque foram amostradas diferentes disciplinas de profissionais registados que tinham conhecimentos, experiência, exposição e interesse variados com base na sua ocupação. Sessenta por cento (60 %) da amostra foi selecionada aleatoriamente utilizando um quadro de amostragem, enquanto quarenta por cento (40 %) foi selecionada aleatoriamente de cada uma das disciplinas profissionais no ambiente construído.

Para recolher a opinião dos inquiridos, foram escolhidas três áreas governamentais locais de cada zona senatorial do Estado. A base para a seleção é, em primeiro lugar, a cidade urbana na zona senatorial onde as actividades de construção são mais elevadas e as duas áreas governamentais locais mais populosas na zona com base no censo de 2006.

Com base nos critérios acima referidos, foram selecionadas as seguintes áreas da administração local:

O total de quarenta (40) questionários foi distribuído igualmente nas autarquias locais de outras zonas, enquanto o restante foi partilhado nas áreas das autarquias locais dentro de Enugu, a capital.

A. Zona Senatorial de Enugu Leste		**N.º de inquiridos**
i. Enugu Norte		54
ii. Enugu Leste>	Enugu Capital	53
LGAs urbanas		
iii. Enugu Sul J		53
B. Zona Senatorial de Enugu Oeste		
i. Rio Oji		40

ii. Udi	40
iii. Awgu	40

C. Zona Senatorial de Enugu Norte

i. Nsukka	**40**
ii. Igbo-Eze Norte	**40**
iii. Igbo-Etiti	**40**
Total	**400**

3.5. Fontes de recolha de dados

As fontes de dados dependem da avaliação global do tipo de dados necessários para um determinado problema de investigação (Jankowicez, 1991), com base na finalidade e nos objectivos do estudo. Os dados foram obtidos a partir de fontes primárias e secundárias.

3.5.1 Dados primários

Os dados primários foram obtidos pelo investigador em conformidade com a descrição do projeto de investigação. Estes incluem os registos das observações e das respostas ao questionário pelos inquiridos, as respostas às entrevistas orais e estruturadas.

3.5.2 Dados secundários

Os dados secundários foram gerados através da análise de trabalhos de investigação publicados e não publicados na literatura, manuais escolares, jornais, actas de conferências, seminários, revistas, estatísticas publicadas e sinopses, para além da exploração dos recursos da Internet.

3.6. Métodos de recolha de dados

Os dados para este trabalho de investigação foram obtidos através dos seguintes métodos: observações no terreno, entrevistas pessoais e inquérito por questionário.

3.6.1 Abordagem de observação no terreno

Foram realizadas observações no terreno para verificar o desempenho da maioria dos projectos de desenvolvimento de edifícios existentes, a fim de determinar a sua sustentabilidade. O objetivo era verificar em que medida a sustentabilidade foi integrada no planeamento e na execução da maioria dos projectos de construção antes da execução, durante e após as obras de construção. Também para determinar em que medida os requisitos dos utilizadores são incorporados no desenvolvimento de projectos de construção sustentáveis. Também permite ao investigador observar visualmente a forma como a maioria dos projectos de construção se alinha com o conceito de desenvolvimento sustentável na maior parte das propriedades, disposição e áreas da zona de estudo.

3.6.2 Abordagem por entrevista pessoal

Os métodos de entrevista foram utilizados pelo investigador para obter informações complexas dos inquiridos. Este método considerou a entrevista como o melhor método de recolha de dados, que pode ser por correio, telefone ou contacto pessoal. As entrevistas de investigação foram selecionadas entre profissionais do ambiente construído, que incluíam arquitectos, construtores, avaliadores de quantidades, urbanistas, gestores ambientais, geógrafos e meteorologistas, agrimensores, gestores imobiliários e outras partes interessadas no ambiente construído. A entrevista fornece informações mais detalhadas e é utilizada para compensar as falhas do questionário devido à sua natureza formal. Também ajudou a reduzir a rigidez associada aos questionários concebidos, ao mesmo tempo que deu aos inquiridos a oportunidade de fornecerem as informações que não podiam dar no questionário. São obtidas reacções, opiniões e comportamentos sobre todas as questões de interesse.

3.6.3 Abordagem do inquérito por questionário

O questionário foi estruturado de forma a ter um formato fechado. O objetivo é evitar ambiguidades e incoerências nas respostas. Consiste em secções sobre o estatuto/informação/biodados pessoais dos inquiridos, informação subsequente sobre aspectos-chave do desenvolvimento sustentável que afectam a integração da sustentabilidade no planeamento e execução de projectos de construção em Enugu.

A essência da utilização do questionário é oferecer aos inquiridos a oportunidade de darem o seu contributo para os problemas associados à integração de conceitos de sustentabilidade no desenvolvimento de projectos de construção e darem o seu contributo para o enquadramento do desenvolvimento sustentável em projectos de construção na área de estudo. O desenvolvimento sustentável nos projectos de construção foi avaliado tendo em conta os edifícios na sua totalidade e não apenas os componentes materiais individuais que os constituem. O agrupamento e a ordem das questões permitem uma análise adicional sempre que desejável e a verificação da informação através da repetição indireta utilizando a escala de cinco Liket e outras técnicas de avaliação.

3.7. Qualidade do instrumento de conceção da investigação

A qualidade da conceção da investigação pode ser de natureza positivista e interpositivista, dependendo da posição filosófica adoptada (Schweber, 2015). A posição positivista adopta dimensões de fiabilidade e validade, enquanto o paradigma interpositivista avalia a "plausibilidade e coerência do relato interpretado". O estudo de investigação aplica assim duas dimensões de fiabilidade e validade do instrumento de investigação.

3.7.1. Fiabilidade do instrumento de investigação

O teste de fiabilidade do instrumento de investigação foi submetido a um teste de consistência interna para garantir a sua fiabilidade. Fellow e Liu (2015) observaram que o teste Alfa de Cronbach é o teste mais popular na investigação quantitativa para determinar o nível de consistência interna das respostas dos inquiridos. O coeficiente de Crombach varia de zero (0) a um (1) e os valores próximos de um (1) representam uma maior fiabilidade. O valor de referência para o alfa de Crombach varia consoante os vários autores, mas depende do nível de exatidão esperado (Bhattacherjee, 2012). De acordo com Pallant (2016), os valores de alfa de Crombach de 0,70 e acima são inferidos para mostrar forte coerência e consistência interna. Este valor de 0,70 foi utilizado como ponto de corte para o estudo de investigação. A correlação inter-itens foi aplicada para corrigir erros decorrentes do número limitado de itens da escala, que é inferior a dez (10) (Streiner e Norman, 2008). A essência é minimizar a infração que pode surgir dos itens da escala que são menos de dez (10). Para o estudo, foi utilizada a escala de Likert de cinco (5) pontos, que é o requisito para aplicar a correlação inter-itens. A consistência inter-itens das perguntas do questionário e a fiabilidade global do instrumento de investigação são significativas (0,936>0,70). Akotia (2014) indica que a consistência interna do instrumento de investigação e as suas variáveis de medição podem ser combinadas e reunidas como uma unidade abrangente do todo.

O investigador teve o cuidado e a cautela de garantir que os questionários fossem administrados aos inquiridos certos para obter a fiabilidade dos dados da distribuição do questionário. As perguntas foram combinadas de forma óptima, exceto nos casos em que foram solicitadas opiniões dos inquiridos. Foram também tomadas medidas adequadas para garantir que a informação contida no questionário era clara e inequívoca.

3.7.2 Teste de validade do instrumento de investigação

O teste de validade do constructo foi realizado pelo estudo e envolveu a avaliação da capacidade dos constructos para gerar resultados esperados, ou seja, valores de saída válidos (Gandu, 2015). Esta é determinada pela força da relação causa-efeito nos vários modelos, pela eficiência preditiva e pela colinearidade dos modelos de regressão. A eficiência preditiva dos modelos de redes mentais artificiais e a validade interna através dos índices de adequação da especificação do modelo foram utilizadas para determinar a cogência dos constructos do estudo nos instrumentos de investigação.

Ogunoh (2008) refere-se à validade de um instrumento como a medida em que um instrumento de medida mede efetivamente o que se destina a medir. A validade de um instrumento mede em que medida o instrumento é adaptado para atingir os objectivos da investigação. Também testa a exatidão e o significado dos dados obtidos em relação às variáveis do estudo, medidos através do teste de validade de conteúdo. A avaliação da validade do conteúdo foi realizada utilizando peritos profissionais de construção selecionados do Ministério da Habitação, do Ministério das Obras e Infra-estruturas, do Ministério do Ambiente e da Autoridade de Desenvolvimento da Capital do Território de Enugu. Estes avaliaram a ferramenta e fizeram as suas recomendações. Todos concordaram que o questionário de investigação mediria o objetivo desejado e poderia ser utilizado para abordar a questão da sustentabilidade no desenvolvimento de projectos de construção. No entanto, foram sugeridas algumas alterações a incorporar nos questionários, que foram corrigidas para se obterem resultados óptimos.

3.8. Método de apresentação e análise dos dados

Os dados para esta investigação foram recolhidos através das respostas ao questionário e de entrevistas pessoais. Estes dados foram analisados utilizando a análise percentual de tamanho comum, a pontuação média, o índice de gravidade/classificação, a regressão e a análise de correlação. Os dados foram apresentados sob a forma de tabelas, gráficos e quadros, a fim de elucidar os resultados para os leitores e utilizadores subsequentes da investigação. A informação sobre os antecedentes foi analisada através de uma análise percentual de tamanho comum, enquanto a outra análise sobre as respostas da escala de Likert de cinco (5) pontos foi analisada através da pontuação média, do índice de gravidade, da regressão e da análise de correlação para análise subsequente e teste das hipóteses.

3.8.1 Análise percentual da dimensão comum

A análise percentual de tamanho comum foi utilizada para analisar a informação de base. Na análise dos constrangimentos à execução de projectos de construção sustentável, procurou-se conhecer a opinião dos inquiridos através da análise de percentagens e de outras estatísticas descritivas. Esta ferramenta descritiva foi utilizada para realizar aspectos da análise, como a proporção de inquiridos e outros dados relacionados.

$$Percentage\ (\%) = \frac{x}{n} \times 100\ \%$$

Percentagem

x = número de inquiridos que concordam com uma determinada variável n = número total de itens ou de inquiridos incluídos na amostra

3.8.2 Pontuação média

Este método de análise descritiva dos dados foi utilizado para efeitos de classificação e de determinação da correlação entre duas variáveis relativas com vista a atingir os objectivos.

$$Mean\ Square\ (MS) = \frac{5n_5 + 4n_4 + 3n_3 + 2n_2 + n}{N}$$

Quadrado médio (MS')

onde,

5 .... .1 são as ponderações da escala de Likert

n = número de respostas numa determinada escala

N = número total de respostas.

3.8.3 Índice de gravidade (SI)

É o rácio da média ponderada das respostas em relação ao total das respostas com a classificação máxima expressa em percentagem. Em termos estatísticos, o índice de gravidade de cada fator identificado nas variáveis unitárias é dado por

$$S.I_e = \frac{\sum_{i=1}^{N} e_i}{\sum_{i=1}^{N} E_i} \times 100$$

onde,

S.Ie é o índice de gravidade de cada fator na variável unitária.

N, é o número de itens, I, para medir o índice de gravidade do problema, e. ei é a pontuação real ponderada de um inquirido em cada variável

Ei representa a pontuação máxima ponderada ou potencial para cada variável.

3.8.4 Análise de correlação e regressão

A análise de correlação é uma ferramenta estatística utilizada para medir a extensão ou o grau de relação entre duas variáveis.

Os valores variam de $-1 < r < +1$.

-1 representa uma correlação negativa forte e +1 representa uma correlação positiva forte.

O coeficiente de correlação também pode ser determinado utilizando o coeficiente de determinação da amostra, que é o quadrado do coeficiente de correlação, ou seja, (r^2).

O coeficiente de determinação da amostra (r^2 ou R) é dado por

$$R \text{ or } r^2 = \frac{a\sum y - b\sum xy - \bar{y}^2}{\sum y^2 - n\bar{y}^2}$$

Enquanto $r = \sqrt{r^2}$

A análise de regressão indica a relação que permite estimar o valor da variável dependente para um determinado valor da variável independente (Kothani, 2004).

A equação de regressão é expressa como $y = a + bx$ onde,

Y é a variável dependente ou a quantidade prevista

X é a variável independente

a é o valor de Y quando x = 0 ou Y é a interceção no eixo y.

b = o declive ou gradiente que estima a taxa de variação de y para uma variação unitária de X. É positivo para relações diretas e negativo para relações indirectas.

A análise de correlação e regressão foi utilizada na análise dos dados obtidos no decurso deste trabalho de investigação.

As ferramentas estatísticas descritas foram utilizadas para analisar e atingir os objectivos um a quatro. A estimativa da função gráfica é a análise de regressão com o coeficiente de determinação (R ou r^2) e o coeficiente de correlação calculado (r) foram utilizados para testar as hipóteses.

CAPÍTULO 4

RESULTADOS E DISCUSSÃO

4.1 Resultados:

Os dados obtidos a partir das respostas ao questionário do inquérito de campo foram apresentados e analisados através de tabelas, análise percentual de tamanho comum, pontuação média, índice de gravidade, classificação, regressão e análise de correlação.

4.1.1. Questionário distribuído e retirada da população da amostra

Esta subsecção explica as informações sobre a distribuição e a recolha do questionário administrado aos inquiridos, a categoria dos inquiridos e as suas caraterísticas sociodemográficas.

Quadro 4.1: Questionário distribuído e recolhido

S/N	Zona Senatorial	Número distribuído		Número recuperado		Número não devolvido	Percentagem não devolvida (%)
			%		%		
A	Zona Senatorial de Enugu Leste						
(i).	Enugu Norte LGA	54	13.5	49	90.7	5	9.3
(ii).	Enugu Leste LGA	53	13.25	43	81.1	10	18.9
(iii).	Enugu Sul LGA	53	13.25	45	84.9	8	15.1
B	Zona Senatorial de Enugu Oeste						
(i).	Rio Oji LGA	40	10	32	80.0	8	20.0
(ii).	Área da administração local de Udi	40	10	35	87.5	5	12.5
(iii).	Awgu LGA	40	10	33	82.5	7	17.5
C	Zona Senatorial de Enugu Norte						
(i).	Nsukka LGA	40	10	36	90.0	4	10.0
(ii).	Igbo-Eze Norte LGA	40	10	34	85.0	6	15.0
(iii).	Igbo-Etiti LGA	40	10	37	92.5	3	7.5
Tota		**400**	**100**	**344**	**86.0**	**56**	**14.0**

Fonte: Relatório do inquérito de campo do investigador (2022)

A partir da Tabela 4.1, foi distribuído um total de quatrocentos questionários aos inquiridos na área de estudo. As áreas da administração local e as zonas senatoriais selecionadas, tal como se mostra no Quadro 4.1, indicavam os questionários distribuídos e as respectivas percentagens de acordo com as várias administrações locais no inquérito por amostragem. O número total de respostas recuperadas/não recuperadas e as respectivas percentagens também são apresentados no Quadro 4.1. Foi recuperado um número total de trezentos e quarenta e quatro (344) questionários, o que representa oitenta e seis por cento (86%) do número total administrado aos inquiridos.

Quadro 4.2: Categoria dos inquiridos

S/N	**Caraterísticas**	**Frequência**	**Percentagem (%)**
(a).	Profissionais da construção		
(i).	Construtores	22	6.4
(ii).	Arquitectos	36	10.5
(iii).	Avaliadores de quantidades	18	5.2
(iv).	Topógrafo	9	2.6
(v).	Inspetor imobiliário	16	4.7
(vi).	Planeadores urbanos	27	7.8
(vii).	Geografia e meteorologistas	14	4.1
(viii).	Engenheiros/gestores ambientais	12	3.5
(ix).	Engenheiros		
	Engenheiros civis/estruturais	25	7.3

	Engenheiros electrotécnicos	12	3.5
	Engenheiros mecânicos	10	2.9
	Engenheiros geotécnicos	6	1.7
	Total	**207**	**60.2**
(b).	Empreiteiros de construção e engenharia civil	21	6.7
(c).	Fabricantes e fornecedores de materiais/produtos de construção	62	18.0
(d).	Outros	54	15.7
	Total	**344**	**100**

Fonte: Relatório do inquérito de campo do investigador (2022)

Na Tabela 4.2, a categoria dos inquiridos inclui todos os profissionais do sector da construção, a fim de beneficiar dos seus conhecimentos sobre a perspetiva da execução de projectos de construção sustentável no Estado de Enugu. Foi obtido um total de duzentos e sete (207) respostas de profissionais do sector da construção, o que representa 60,2% dos inquiridos. Os empreiteiros de construção e engenharia civil foram vinte e um (21), representando 6,7% dos inquiridos. O número total de inquiridos para os Fabricantes e Fornecedores de Materiais/Produtos de Construção foi de sessenta e dois (62), representando 18,0% dos inquiridos, e os outros, que incluem Decisores Políticos, grupos de interesse, promotores, etc., totalizaram cinquenta e quatro (54) inquiridos, representando 15,7%.

Tabela 4.3: Caraterísticas sócio-demográficas dos inquiridos

S/N	Caraterísticas	Opções	Frequência	Percentagem (%)
(1).	Género	(a). Masculino	236	68.60
		(b). Feminino	108	31.40
		Total	**344**	**100.0**
(2).	Qualificação académica mais elevada	(a). HND/B.Sc.	185	53.8
		(b). M.Sc./M.Eng.	92	26.7
		(c). Doutoramento e superior	26	7.6
		(d). Outros	41	11.9
		Total	**344**	**100.0**
(3).	Membro de organismos profissionais	(a). Membros	246	71.5
		(b). Não membros	98	28.5
		Total	**344**	**100.0**
(4).	Estatuto profissional	(a) Membros registados/Fellows	101	29.4
		(b). Membros mas não registados	145	42.1
		(c). Nenhuma das anteriores	98	28.5
		Total	**344**	**100.0**
(5).	Áreas de trabalho organizacional	(a). Setor público	96	27.9
		(b). Setor privado	248	72.1
		(i). Organização dos clientes	87	25.3
		(ii). Organização dos consultores	52	15.1
		(iii). Organização da construção	63	18.3
		(iv). Outros	46	13.4
		Total	**344**	**100.0**
(6).	Duração do trabalho na sua organização	(a). Menos de cinco (5) anos	37	10.8
		(b). Cinco (5) anos a dez (10) anos	94	27.3
		(c). Mais de dez (10) anos	213	61.9
		Total	**344**	**100.0**
(7).	Duração da residência no Estado de Enugu	(a). Menos de cinco (5) anos	32	9.3
		(b). Cinco (5) anos a dez (10) anos	44	12.8
		(c). Dez (10) anos a quinze (15) anos	56	16.3
		(d). Quinze (15) anos a vinte (20) anos	83	24.1

		(e). Mais de vinte (20) anos	129	37.5
		Total	**344**	**100.0**
(8)	Estado de residência	(a). Senhorio (Edifício detido)	47	13.7
		(b). Inquilinos	238	69.2
		(c). Casa de Família/Anexo Ocupante	59	17.1
		Total	**344**	**100.0**

Fonte: Relatório do inquérito de campo do investigador (2022)

A partir da Tabela 4.3, o número total de homens amostrados no estudo foi de duzentos e trinta e seis (236), representando 68,6%, enquanto o número de mulheres foi de cento e oito (108), representando 31,4%. Isto mostra que há mais homens do que mulheres na área de estudo. Isto também mostra que o sector da construção é dominado por homens, quer como profissionais quer como trabalhadores.

As habilitações literárias dos inquiridos indicam que todos os inquiridos têm diferentes níveis de educação formal. O nível mais elevado de habilitações literárias de HND/B.Sc. (53,8%) tem um maior número de inquiridos; M.Sc./M.Eng. (26,7%) dos inquiridos; doutoramento e superior (7,6%), enquanto outros representam 11,9% dos inquiridos.

Um número total de duzentos e quarenta e seis (246), representando 71,5%, são membros de organismos profissionais, enquanto noventa e oito (98) inquiridos, representando 28,5%, não são membros de organismos profissionais.

O estatuto profissional dos inquiridos revelou que os membros registados/bolseiros constituíam 29,4%. Os membros não registados (42,1%), enquanto outros, representando 28,5%, frequentaram o ensino formal mas não pertencem a nenhuma das categorias.

Um total de noventa e seis (96) inquiridos, representando 27,9%, são do sector público, enquanto duzentos e quarenta e oitenta (248) inquiridos, representando 72,1%, são do sector privado. Os sectores privados são constituídos por 25,3% de organizações de clientes; 15,1% de organizações de consultores; 18,3% de organizações de construção e 13,4% não pertencem a nenhum dos grupos.

Um total de 10,8% dos inquiridos trabalhou durante cinco anos ou menos na sua organização; 5-10 anos (27,3%); e mais de dez (10) anos é 61,9%.

9,3% dos inquiridos vivem em Enugu há não mais de cinco (5) anos; 5-10 anos (12,8%); 10-15 anos (16,3%); 1-20 anos (24,1%) e mais de 20 anos (37,5%).

O estatuto residencial dos inquiridos inclui senhorios (proprietários de edifícios) (13,7%); inquilinos (69,2%) e ocupantes de casas de família/apartamentos (17,1%). Estes inquiridos podem contribuir para a análise dos constrangimentos à execução de projectos de construção sustentável no Estado de Enugu.

4.1.2 Factores de constrangimento à realização de projectos de construção sustentável no Estado de Enugu (Objetivo 1)

Este objetivo permitiu identificar os factores de constrangimento à execução de projectos de construção sustentável na área de estudo. Estes incluem os factores económicos, as competências de formação e as lacunas de conhecimentos, os factores de projeto, os factores relacionados com a conceção, os factores técnicos e tecnológicos, os factores de construção, os factores relacionados com o local, os factores de risco de custos, os factores de perceção, os factores processuais e regulamentares e os factores de incentivo. Os constrangimentos foram identificados e discutidos nos quadros seguintes a partir das respostas dos inquiridos, tal como constavam dos questionários.

Foi utilizada a escala de Likert de 1 a 5, em que 1 = Discordo totalmente (SD), 2 = Discordo (DA), 3 = Indeciso (UD), 4 = Concordo (AG) e 5 = Concordo totalmente (SA). A regra de decisão é que qualquer uma das variáveis com uma pontuação média ponderada inferior a 3,25 ou um Índice de Gravidade (I.G.) inferior a 65% (sessenta e cinco por cento) dos resultados das respostas dos inquiridos não é considerada como um fator de constrangimento, uma vez que está contida em todas as variáveis.

Tabela 4.4(a): Perceção dos inquiridos sobre os factores de constrangimento associados aos factores económicos para a realização de projectos de construção sustentável

S/N	Item	SD	DA	UD	A	SA	Y^{FX}	média	S.I.	Classificação
a.	**Factores económicos**									
1.	Falta de procura por parte dos clientes para estimular a concorrência	-	7	48	187	102	1416	4.12	82.3	2nd
2.	Concorrência limitada entre fornecedores, subcontratantes e empreiteiros	-	-	64	197	83	1395	4.06	81.1	4.o
3.	Custo inflacionado dos projectos de construção	-	33	43	122	146	1413	4.11	82.2	3rd
4.	Taxa de câmbio elevada sobre os produtos de construção importados	-	24	40	108	151	1355	3.94	78.8	6th
5.	Taxas de juro elevadas para um período de reembolso longo	-	-	59	128	157	1474	4.28	85.7	1st
6.	Prémio elevado para as inovações (por exemplo, painéis solares)	-	48	61	103	132	1351	3.93	78.5	7ª
7.	Falta de infra-estruturas básicas adequadas por parte do governo	-	-	86	141	117	1266	3.68	73.6	8th
8.	Escassez de recursos económicos básicos	-	14	62	163	105	1391	4.04	80.9	5th
	Grande Média							**4.02**	**80.4**	

Fonte: Relatório do inquérito de campo do investigador (2022)

Na Tabela 4.4a, os inquiridos concordaram fortemente que as elevadas taxas de juro cobradas durante um longo período de reembolso são um dos principais factores de constrangimento à execução de projectos de construção sustentável, com um valor médio de 4,28, o que revela um índice de gravidade de 85,7%, seguido da falta de procura por parte dos clientes para estimular a concorrência, com um valor médio de 4,12 e um índice de gravidade de 82,3%. O menor valor na pontuação média de 3,68 e índice de gravidade de 73,6% é a falta de infra-estruturas básicas adequadas por parte do governo. O resultado mostra que, para conseguir a entrega de projectos sustentáveis, o primeiro lugar na classificação dos encargos com taxas de juro elevadas e um longo período de retorno do investimento desencorajará os investidores, uma vez que o custo do capital é elevado, o que tornará os edifícios muito caros. Os clientes podem não exigir edifícios sustentáveis, o que reduz a concorrência. As elevadas taxas de câmbio e o custo inflacionado dos projectos de construção, devido às duras condições económicas na Nigéria, constituirão um grande desafio à implementação. A falta de concorrência entre fornecedores, subcontratantes e empreiteiros é controlada pela procura dos utilizadores devido ao elevado custo dos produtos e das inovações, que não é acessível à maioria dos habitantes devido aos baixos salários e à estrutura salarial, especialmente no Estado de Enugu.

A média geral dos factores económicos foi de 4,02 com um índice de gravidade de 80,4%. Nenhum dos valores médios é inferior a 3,25, o que mostra que todas as variáveis enumeradas nos factores económicos são factores de constrangimento ao desenvolvimento de projectos de construção sustentáveis no Estado de Enugu.

As informações da Tabela 4.4a foram representadas no gráfico da Figura 4.1a.

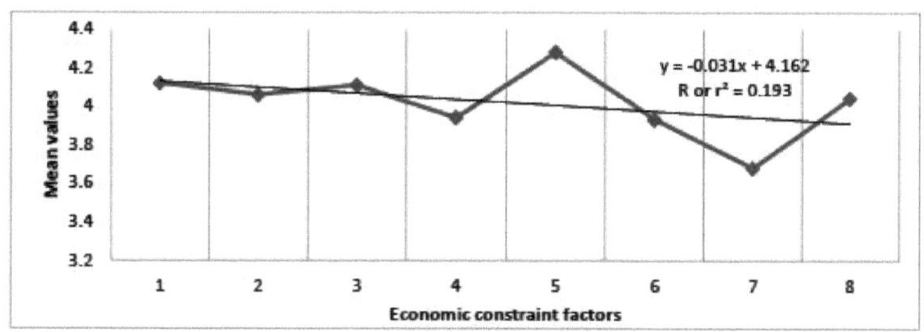

Figura 4.1a: Valores médios em relação aos factores de restrição económica

Na Figura 4.1a, a estimativa gráfica mostra que, Y= 0,031x + 4,162 e r^2 ou R = 0,193.

O coeficiente de correlação, $r = \sqrt{R} = \sqrt{0.193} = 0.4398$. O valor crítico de r ao nível de significância de 0,1 e grau de liberdade (df) = 14 da tabela do coeficiente de correlação é 0,3383. A implicação é que, uma vez que o valor crítico do coeficiente de correlação é inferior ao valor calculado, isso mostra que os factores económicos constituem um constrangimento importante à realização de projectos de construção sustentáveis no Estado. Este facto foi explicado no teste da hipótese.

Tabela 4.4(b): Perceção dos inquiridos sobre os factores de constrangimento associados às lacunas de educação, formação, competências e conhecimentos

S/N	Item	SD	DA	UD	A	SA	$\sum Fx$	Média	S.I . %	Classificação
b.	**Educação Formação, competências e Lacuna de conhecimento**									
1.	Conceito errado e perceção errada dos custos reais	-	46	94	77	127	1317	3.83	76.6	7ª
2.	Pouco conhecimento e compreensão das práticas sustentáveis.	-	31	53	145	115	1376	4.00	80.0	3rd
3.	Não familiaridade com produtos ecológicos	-	28	56	136	124	1388	4.03	80.7	2nd
4.	Falta de uma fonte de informação acessível e fiável sobre produtos e processos sustentáveis	-	22	59	125	138	1411	4.10	82.0	1st
5.	A escassez de competências conduz a exigências desnecessárias	-	42	83	90	129	1338	3.89	77.8	6th
6.	Lacunas de competências que inibem a adoção e a qualidade do produto final	-	19	66	144	115	1387	4.03	80.7	2nd
7.	Falta de profissionais formados em construção ecológica	-	53	32	155	104	1342	3.90	78.0	5th
8.	Falta de experiência dos programadores	-	105	24	131	84	1226	3.56	71.3	8th
9.	Resistente à mudança (resistente a adotar a inovação)	-	41	52	139	112	1354	3.93	78.7	4.o
							Média geral	**3.92**	**78.4**	

Fonte: Relatório do inquérito de campo do investigador (2022)

No Quadro 4.4b, a falta de uma fonte de informação fiável e acessível sobre produtos e processos sustentáveis tem a classificação média mais elevada de 4,10, com um índice de gravidade de 82,0%. A classificação média mais baixa é de 3,56, representando um índice de gravidade de 71,3%, que é a falta de experiência do criador. No entanto, o resultado da média geral para os factores de constrangimento associados à educação, formação, competências e lacuna de conhecimentos foi de 3,92, representando um índice de gravidade de 78,4%, o que indica que a educação, formação, competências e lacuna de conhecimentos é um dos principais factores de constrangimento na execução de projectos de construção sustentável no Estado de Enugu. Os factores de constrangimento associados à educação, formação, competências e lacunas de conhecimento mostram que a falta de uma fonte de informação fiável e acessível sobre produtos e processos sustentáveis ocupa o primeiro lugar, o que constitui uma variável importante neste fator. Outras variáveis, como a falta de competências, também inibem a aceitação e a qualidade dos produtos finais, a falta de conhecimentos e de compreensão das práticas sustentáveis, a falta de familiaridade com produtos ecológicos e outros, tal como indicado e classificado no quadro 4.4b, mostra que os factores de educação, formação, aquisição de competências dos participantes nos projectos e as lacunas de conhecimentos têm de ser abordados para a execução de projectos de construção sustentável no Estado de Enugu.

As informações da Tabela 4.4b foram representadas no gráfico da Figura 4.1b.

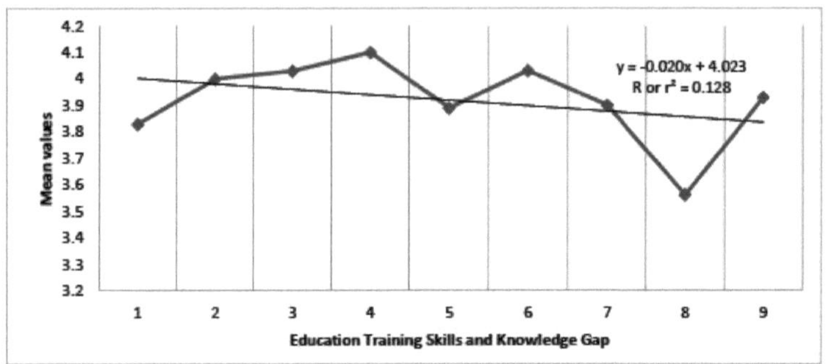

Figura 4.1b: Valores médios em relação aos factores de constrangimento "Educação, Formação, Competências e Lacunas de Conhecimento

Na Figura 4.1b, a estimativa gráfica mostra que, Y = -0,020x + 4,023 e r^2 ou R = 0,128. O coeficiente de correlação, $r = \sqrt{R} = \sqrt{0.128} = 0.3578.$. O valor crítico de r ao nível de significância de 0,1 e grau de liberdade (df) = 16 da tabela do coeficiente de correlação é 0,3170. Uma vez que o valor crítico do coeficiente de correlação (r) = 0,3710 é inferior ao valor calculado de r = 0,3578, isto mostra que a educação, a formação, as competências e a falta de conhecimentos são um dos principais obstáculos à realização de projectos de construção sustentável no Estado.

Tabela 4.4(c): Perceção dos inquiridos sobre os factores de constrangimento associados ao projeto Factores

S/N	Item	SD	DA	UD	A	SA	$\sum Fx$	mea	S.I .%	Classificação
c.	**Factores de projeto**									
1.	Tipo, dimensão, capacidade dos edifícios	-	38	87	100	119	1332	3.87	77.4	4.o
2.	Nível de certificação (ecologia) pretendido	-	52	33	134	125	1364	3.97	79.3	3rd
3.	Localização do projeto	-	44	36	116	148	1400	4.07	81.4	2nd
4.	Norma de conceção sustentável utilizada (LEED)	-	40	25	142	137	1408	4.09	81.9	1st
							Média geral	**4.00**	**80.0**	

Fonte: Relatório do inquérito de campo do investigador (2022)

As informações constantes da Tabela 4.4(c) mostram que, no âmbito dos factores do projeto, a restrição à norma de conceção sustentável utilizada, como a Leadership in Energy and Environmental Design dos Estados Unidos, tem a classificação média mais elevada de 4,09, representando um índice de gravidade de 81,9%. Segue-se a localização do projeto, com um valor médio de 4,07, representando um índice de gravidade de 81,4%, e o valor médio de 3,97, representando um índice de gravidade de 79,3%, para o nível de certificação (ecologia) pretendido no ponto 2. A pontuação média mais baixa, de 3,87, representando um índice de gravidade de

77,4%, foi atribuída ao tipo, dimensão e capacidade do edifício. A pontuação média mais elevada nos factores do projeto é de 4,00, com um índice de gravidade de 80,0%, o que mostra que as variáveis dos factores do projeto, tal como indicado nas respostas ao questionário, estão entre os factores de constrangimento que dificultam a execução sustentável dos projectos no Estado de Enugu. Em relação aos factores de projeto, a classificação mostra, em primeiro lugar, que a norma de conceção sustentável é inexistente na área de estudo, seguida da localização dos projectos, do nível de certificação exigido e do tipo, dimensão e capacidade dos edifícios, que são variáveis que constituem constrangimentos à execução de projectos de construção sustentável na área de estudo, As informações da Tabela 4.4c foram representadas no gráfico da Figura 4.1c.

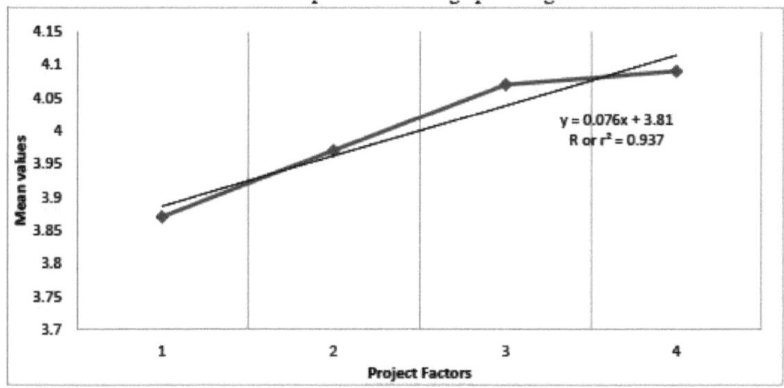

Figura 4.1c: Valores médios em função dos factores de projeto

Na Figura 4.1c, a estimativa gráfica mostra que, Y= 0,076x + 3,81 e r^2 ou R ou r^2 = 0,937. O coeficiente de correlação, $r = \sqrt{R} = \sqrt{0.937} = 0.9683$. O valor crítico de r ao nível de significância de 0,1 e grau de liberdade (df) = 6 da tabela do coeficiente de correlação é 0,5067. A utilização destas ferramentas estatísticas foi explicada mais pormenorizadamente na discussão dos resultados. Além disso, o valor crítico de r = 0,5067 é inferior ao valor calculado de r = 0,9683, o que mostra que os factores de projeto são um dos principais factores de constrangimento à entrega de projectos de construção sustentáveis no Estado.

Tabela 4.4(d): Perceção dos inquiridos sobre os factores de constrangimento associados aos factores relacionados com a conceção

S/N	Item	SD	DA	UD	A	SA	$\sum Fx$	média	S.I. %	Classificação
d.	**Factores relacionados com a conceção**									
1.	Falta de experiência e poucos conhecimentos da equipa de conceção	56	83	22	105	78	1098	3.19	63.8	5th
2.	Grau de normalização necessário	28	64	72	87	93	1185	3.44	68.9	4.o
3.	Inclusão de caraterísticas sustentáveis de luxo	24	34	64	108	114	1286	3.74	74.8	2nd
4.	Falta de um objetivo de conceção claro em matéria de sustentabilidade	61	73	46	80	84	1085	3.15	63.1	6th
5.	Falta de competências internas	64	78	20	106	76	1084	3.15	63.0	7th
6.	Adaptação de estratégias de conceção passiva (saliência alargada, iluminação eficiente, paredes de dupla camada, ventilação natural, etc.)	-	84	38	121	101	1271	3.69	73.9	3rd
7.	Flexibilidade de utilização e conceção do edifício	-	46	66	123	109	1327	3.86	77.2	1st
							Média geral	**3.46**	**69.2**	

Fonte: Relatório do inquérito de campo do investigador (2022)

[nd]As informações constantes do Quadro 4.4d indicam que, no que se refere aos factores relacionados com a conceção, a flexibilidade do edifício utilizado e a conceção têm a pontuação média mais elevada de 3,86, o que representa um índice de gravidade de 77,2%. A inclusão de caraterísticas sustentáveis de luxo está classificada em 2.º lugar, com um valor médio de 3,74 e um índice de gravidade de 74,8%. A falta de um objetivo de conceção claro em matéria de sustentabilidade, a falta de experiência e os baixos conhecimentos da equipa de conceção têm uma classificação média de 3,15 com um índice de gravidade de 63,1% e um valor médio de 3,19 com um índice de gravidade de 63,8%. Os itens 1, 4 e 5 da tabela ficaram abaixo da média de 3,25 e do índice de gravidade de 65,0%. Isto indica que estas variáveis não são factores de constrangimento para a realização de projectos de construção sustentável na área.

A pontuação média geral de 3,46 ou o índice de gravidade de 68,2% mostrou que alguns factores relacionados com a conceção continuam a ser os factores de constrangimento à execução de projectos de construção sustentável na área de estudo. Os factores relacionados com a conceção, com a variável da flexibilidade do edifício utilizado e a classificação da conceção em primeiro lugar, mostram que este feito não foi alcançado na área de estudo. Outras variáveis, como a inclusão de caraterísticas sustentáveis de luxo, a adaptação de estratégias de conceção passiva, o grau de normalização necessário, etc., também confirmam que os factores relacionados com a conceção são os principais obstáculos à realização de projectos de construção sustentável no Estado de Enugu.

As informações da Tabela 4.4d foram representadas no gráfico da Figura 4.1d.

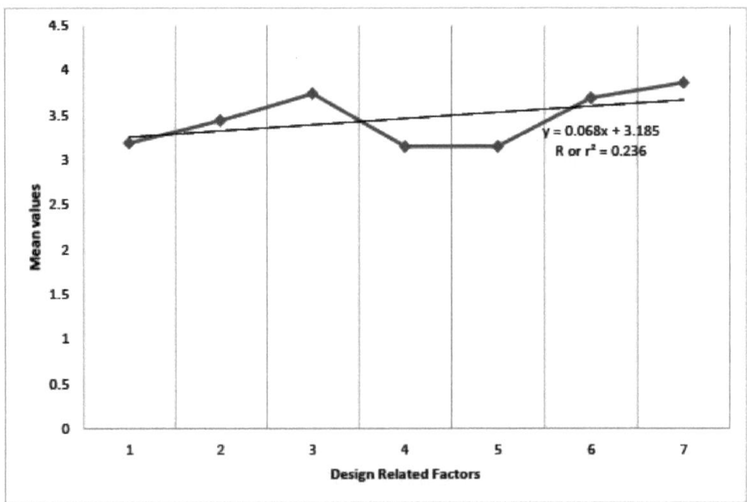

Figura 4.1d: Valores médios em função dos factores relacionados com a conceção

Na Figura 4.1d, a estimativa gráfica mostra que, Y = 0,068x + 3,185 e r^2 ou R ou r^2 = 0,236. O coeficiente de correlação $r = \sqrt{R} = \sqrt{0.236} = 0.4858$. O valor crítico de r ao nível de significância de 0,1 e grau de liberdade (df) = 12 da tabela do coeficiente de correlação é 0,3646. Este resultado mostra que, uma vez que o valor crítico de r = 0,3646 é inferior ao valor calculado de r = 0,4858, os factores relacionados com a conceção constituem um dos principais obstáculos à realização de projectos de construção sustentável no Estado.

Tabela 4.4(e): Perceção dos inquiridos sobre os factores de constrangimento associados aos factores técnicos e tecnológicos

S/N e.	Item **Factores técnicos/tecnológicos**	SD	DA	UD	A	SA	$\sum Fx$	mea	S.I. %	Classificação
1.	Falta de tecnologia acessível	47	114	35	94	54	1026	n.98	59.7	5th
2.	Falta de mão de obra experiente	-	101	82	12	39	1131	3.29	65.8	2nd
3.	Falta de casos de projectos exemplares para retirar ensinamentos	-	94	49	11	88	1227	3.57	71.3	1st
4.	Variabilidade na conceção e nos conhecimentos do contratante	26	83	67	13	34	1099	3.19	63.9	4.o
5.	Código e regulamentos complexos	-	115	92	46	51	1105	3.21	64.2	3rd
							Média geral	**3.24**	**65.0**	

Fonte: Relatório do inquérito de campo do investigador (2022)

As informações constantes do quadro 4.4e indicam que, no âmbito dos factores de limitação técnica e tecnológica, a falta de casos de projectos exemplares para obter conhecimentos foi classificada como a mais elevada, com uma pontuação média de 3,57 e um índice de gravidade de 71,3%.98, representando um índice de gravidade de 59,7%, enquanto a variabilidade na conceção e nos conhecimentos dos empreiteiros tem uma classificação média de 3,19, com um índice de gravidade de 63,9%. A classificação média geral é de 3,25 e 65,0% para o índice de gravidade. A maioria das classificações médias é inferior a 3,25. Isto mostra que apenas a falta de áreas de projeto exemplares para obter conhecimentos é um dos principais factores de constrangimento. No entanto, as pontuações médias gerais continuam a mostrar que os factores técnicos e tecnológicos são constrangimentos à execução de projectos de construção sustentável no Estado de Enugu. No que diz respeito aos factores técnicos e tecnológicos, a falta de casos de projectos exemplares para extrair conhecimentos, que ficou em primeiro lugar, é evidente porque os projectos de construção sustentável são um novo paradigma na construção, ao qual a maioria dos peritos em construção está a tentar adaptar-se. A complexidade dos códigos e regulamentos, a variabilidade na conceção e nos conhecimentos dos empreiteiros e a acessibilidade à tecnologia podem ser alcançados, mas é necessário mais conhecimento prático para a implementação.
As informações da Tabela 4.4e foram representadas no gráfico da Figura 4.1e.

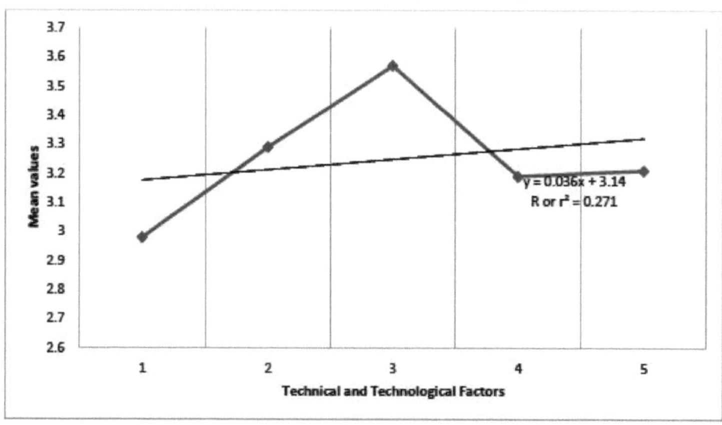

Figura 4.1e: Valores médios em relação aos factores técnicos e tecnológicos

Na Figura 4.1e, a estimativa gráfica mostra que Y = 0,036x + 3,14 e R ou r^2 = 0,271. O coeficiente de correlação, $r = \sqrt{R} = \sqrt{0.271} = 0.5206$. O valor crítico de r ao nível de significância de 0,1 e grau de liberdade (f) = 8 da tabela do coeficiente de correlação é 0,4428. O resultado aqui também mostra que, uma vez que o valor crítico do coeficiente de correlação (r) = 0,4428 é inferior ao valor calculado de r = 0,5206, os factores técnicos e tecnológicos foram um dos principais constrangimentos à realização de projectos de construção sustentável na área de estudo.

Tabela 4.4(f): Perceção dos inquiridos sobre os factores de constrangimento associados aos factores de construção

S/N	Item	SD	DA	UD	A	SA	$\sum Fx$	Média	S.I.	Classificação
f.	**Factores de construção**									
1.	Má qualidade do acabamento	62	53	65	131	95	1300	3.78	75.6	6th
2.	Ordens de modificação (variação do âmbito)	-	104	84	53	36	914	2.66	53.1	9º.
3.	Eficiência do controlo	46	46	58	124	116	1342	3.90	78.0	3rd
4.	Falta de materiais sustentáveis de origem local	-	78	23	138	59	1118	3.25	65.0	8th
5.	Empreiteiro inexperiente	-	97	86	118	83	1339	3.89	77.8	4.º
6.	Fraco controlo orçamental/custo	-	42	44	132	126	1374	3.99	79.9	2nd
7.	Escassez e elevado custo da mão de obra para uma construção sustentável	-	80	55	115	94	1255	3.65	73.0	7th
8.	Custo elevado dos materiais de construção sustentáveis	-	52	43	168	81	1310	3.81	76.2	5th
9.	Custo elevado dos materiais e produtos sustentáveis	-	16	104	76	148	1388	4.03	80.7	1st
10.	Falta de conhecimento de produtos económicos alternativos	-	47	34	137	126	1374	3.99	79.9	2nd
							Média geral	**3.70**	**73.9**	

Fonte: A informação na Tabela 4.4f indica que a pontuação média mais elevada nos factores de construção associados aos factores de constrangimento à entrega de projectos de construção sustentável é de 4,03 com um índice de gravidade de 80,7%, que é o elevado custo dos materiais e produtos sustentáveis. Segue-se a falta de sensibilização para produtos económicos alternativos e o fraco controlo orçamental/custo, que estão em segundo lugar com uma classificação média de 3,99 e um índice de gravidade de 79,9%. A variável no item 2 da tabela, com uma pontuação média de 2,66 e um índice de gravidade de 53,1%, está abaixo da pontuação média mínima de 3,25 e do índice de gravidade de 65,0%, pelo que não é considerada como um dos principais factores de constrangimento associados aos factores de construção para a realização de projectos de construção sustentável na área. A classificação média geral de 3,70 com um índice de gravidade de 73,9% mostra que os factores de constrangimento dos factores de construção fazem parte dos principais factores de constrangimento à realização de projectos de construção sustentável no Estado de Enugu. Todas as variáveis abaixo da pontuação média de 3,25 não são consideradas como os principais factores de constrangimento à realização de projectos de construção sustentável. Os factores de constrangimento associados aos factores de construção mostram que o elevado custo dos materiais e produtos sustentáveis ocupa o primeiro lugar. Isto significa que questões como as taxas de câmbio elevadas, a inflação e outros factores associados à aquisição de materiais e produtos sustentáveis constituem constrangimentos à realização de projectos de construção sustentável. A falta de sensibilização para produtos económicos alternativos e a eficiência da supervisão são também variáveis classificadas em primeiro lugar nos factores de construção. No entanto, as ordens de alteração (variação do âmbito) têm uma classificação baixa e não constituem uma variável dos factores de constrangimento da construção.

As informações da Tabela 4.4f foram representadas no gráfico da Figura 4.1f.

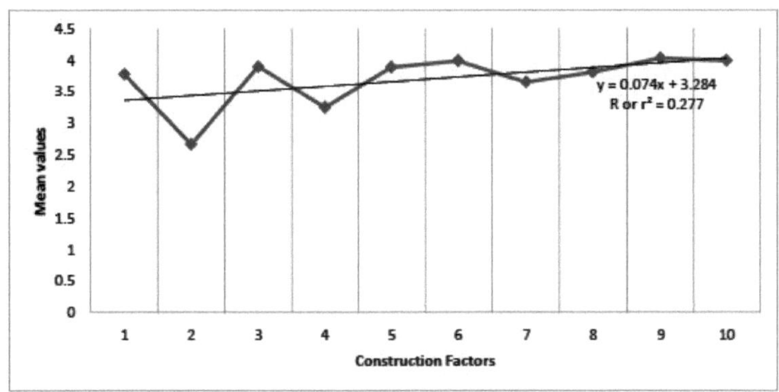

Figura 4.1f: Valores médios em relação ao fator de construção

Na Figura 4.1f, a estimativa gráfica mostra que, Y = 0,074x + 3,284 e R ou r^2 = 0,277. O coeficiente de correlação, $r = \sqrt{R} = \sqrt{0.277} = 0.5263.$ O valor crítico de r ao nível de significância de 0,1 e grau de liberdade (df) = 18 da tabela do coeficiente de correlação é 0,2992. O resultado também mostra que, uma vez que o valor crítico do coeficiente de correlação (r) = 0,2992 é inferior ao valor calculado de r = 0,5263, os factores de construção são os principais obstáculos à realização de projectos de construção sustentáveis na zona.

Tabela 4.4(g): Perceção dos inquiridos sobre os factores de constrangimento associados aos factores de gestão do projeto

S/N	Item	SD	DA	UD	A	SA	$\sum Fx$	média	S.I.	Classificação
g.	**Factores de gestão de projectos**									
1.	Planeamento incorreto devido a inexperiência	-	82	46	148	68	1234	3.59	71.7	5th
2.	Objectivos irrealistas do projeto	-	35	116	102	91	1281	3.72	74.5	4.o
3.	Má comunicação entre os membros da equipa de projeto	-	37	68	121	118	1352	3.93	78.6	2nd
4.	Delimitação fraca/não clara dos objectivos/requisitos do projeto	-	72	124	83	65	1173	3.40	68.2	6th
5.	Custo da charette (integração de equipas de elevado custo)	-	70	24	128	122	1334	3.88	77.6	3rd
6.	Tempo insuficiente para pesquisar produtos sustentáveis	-	107	86	113	38	1114	3.24	64.8	7a
7.	Má qualidade dos documentos de construção	-	26	60	105	143	1367	3.97	79.5	1st
8.	Inclusão tardia de objectivos ecológicos no projeto	-	87	108	131	18	1112	3.23	64.7	8th
	Média geral							**3.62**	**72.4**	

Fonte: Relatório do inquérito de campo do investigador (2022)

A informação da Tabela 4.4g indica que a pontuação média mais elevada, de 3,97, com um índice de gravidade de 79,5%, é a má qualidade dos documentos de construção, seguida da má comunicação entre os membros da equipa do projeto, com uma pontuação média de 3,93 e um índice de gravidade de 78,6%. O próximo a menos é "tempo insuficiente para pesquisar produtos sustentáveis" com valor médio de 3,24 e gravidade de 64,8%. Os itens 6 e 7 da tabela estão abaixo da média de corte de 3,25 e do índice de gravidade de 65,0%, pelo que não são factores de constrangimento importantes nos factores de gestão de projectos para a construção sustentável no Estado. A pontuação média geral do fator de gestão do projeto é de 3,62 e um índice de gravidade de 72,4%, o que indica que se trata de um dos principais factores de constrangimento à execução de projectos de construção sustentável na região. A má qualidade dos documentos de construção foi classificada em primeiro lugar como fator de constrangimento no âmbito dos factores de gestão do projeto e a má comunicação entre os membros da equipa de projeto foi classificada em segundo lugar, seguida do custo da charette (integração da equipa com custos elevados), o que sugere que, para que os projectos de construção sustentável sejam concretizados, estas variáveis devem ser devidamente abordadas. A inclusão tardia de objectivos ecológicos, classificada em último lugar, não é um constrangimento importante porque pode não afetar muito os factores de gestão do projeto.

As informações da Tabela 4.4g foram representadas no gráfico da Figura 4.1g

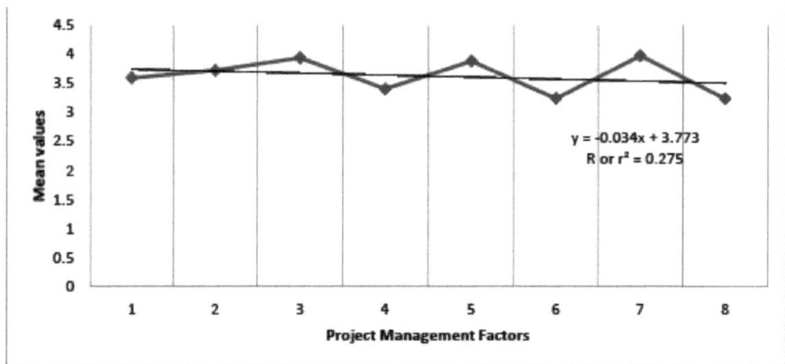

Figura 4.1g: Valores médios em relação aos factores de gestão do projeto

Na Figura 4.1g, a estimativa gráfica mostra que, Y= = -0,034x + 3,773 e R ou r^2 = 0,275. O coeficiente de correlação, $r = \sqrt{R} = \sqrt{0.275} = 0.5244$. O valor crítico de r a um nível de significância de 0,1 e grau de liberdade (df) = 14 da tabela do coeficiente de correlação é 0,3383. O resultado mostra que, uma vez que o valor crítico do coeficiente de correlação (r) = 0,3383 é inferior ao valor calculado de r = 0,5244, os factores de gestão de projectos são os principais constrangimentos à execução de projectos de construção sustentável na área de estudo.

Tabela 4.4(h): Perceção dos inquiridos sobre os factores de restrição associados aos factores de aquisição

S/N	Item	SD	DA	UD	A	SA	$\sum Fx$	média	S.I. %	Classificação
h.	**Factores de aquisição**									
1.	Tipo de contrato utilizado	-	127	79	109	29	1072	3.12	62.3	6th
2.	Falta de incentivos em contraste para estimular a inovação	-	29	94	125	96	1320	3.84	76.7	3rd
3.	Abordagem fragmentada do desenvolvimento de projectos	-	114	38	132	60	1170	3.40	68.0	5th
4.	Falta de uma abordagem integrada da execução dos projectos	-	42	52	106	144	1384	4.02	80.5	1st
5.	Foco nos critérios de seleção baseados no preço	-	28	59	134	123	1384	4.02	80.5	1st
6.	Falta de integração na abordagem dos contratos públicos	-	59	63	118	104	1299	3.78	75.5	4.o
7.	Divulgação limitada de informações na cadeia contratual	-	36	68	124	116	1352	3.93	78.6	2nd
Média geral								**3.73**	**74.6**	

Fonte: Relatório do inquérito de campo do investigador (2022)

As informações constantes do quadro 4.4h indicam que "a falta de uma abordagem integrada da execução do projeto e a concentração nos critérios de seleção baseados no preço" são os principais factores de constrangimento, com uma classificação média de 4,02 e um índice de gravidade de 80,5% cada. O fator menos importante nas variáveis identificadas é o "Tipo de contrato utilizado", com uma classificação média de 3,12 e um índice de gravidade de 62,3%. A pontuação média no item 1 da tabela não é uma variável de fator de constrangimento importante nos factores de aquisição porque está abaixo do valor médio mínimo de 3,25 e do índice de gravidade de 65,0%. A pontuação média geral de 3,73 e um índice de gravidade de 74,6% indicam que a maioria das variáveis dos factores de contratação identificadas são factores de constrangimento para a realização de projectos de construção sustentáveis no Estado de Enugu. O enfoque nos critérios de seleção baseados no preço e a falta de uma abordagem integrada para a entrega do projeto ficaram em primeiro lugar como variáveis dos factores de adjudicação, seguidos da divulgação limitada de informações na reivindicação contratual e da falta de incentivos para estimular a inovação. Estas variáveis de constrangimento devem ser abordadas no âmbito dos factores de adjudicação para que seja possível realizar projectos de construção sustentáveis na área de estudo.

As informações da Tabela 4.4h foram representadas no gráfico da Figura 4.1h.

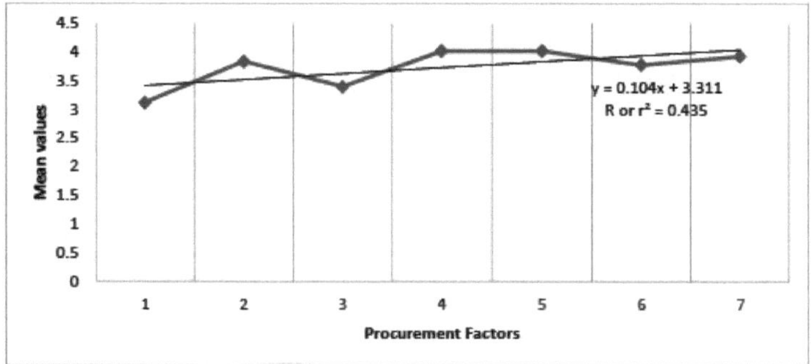

Figura 4.1h: Valores médios em função dos factores de aprovisionamento

Na Figura 4.1h, a estimativa gráfica mostra que, Y= 0,104x + 3,311 e R ou r^2 = 0,435. O coeficiente de correlação, $r = \sqrt{R} = \sqrt{0.435} = 0.6595$. O valor crítico de r ao nível de significância de 0,1 e grau de liberdade (df) = 12 da tabela do coeficiente de correlação é 0,3646. O resultado mostra que, uma vez que o valor crítico do coeficiente de correlação (r) = 0,3646 é inferior ao valor calculado de r = 0,6595, os factores de adjudicação de contratos são os principais obstáculos à realização de projectos de construção sustentáveis no Estado de Enugu.

Quadro 4.4 (i): Perceção dos inquiridos sobre os factores de constrangimento associados aos factores relacionados com o local

S/N	Item	SD	DA	UD	A	SA	$\sum Fx$	Média	S.I.	Classificação
i.	**Factores relacionados com o sítio**									
1.	Custo e localização do sítio em relação ao acesso público	-	57	38	135	114	1338	3.89	77.8	1st
2.	Desenvolvimento em zonas industriais abandonadas (custo adicional de reparação)	-	-	85	112	105	1228	3.57	71.4	3rd
3.	Caraterísticas do sítio, clima e condições locais	-	89	10	56	32	931	2.71	54.1	4.º
4.	Influência das partes interessadas externas no ambiente do projeto	-	49	77	106	112	1313	3.82	76.3	2nd
							Média geral	**3.50**	**70.0**	

Fonte: Relatório do inquérito de campo do investigador (2022)

A informação do Quadro 4.4i indica que "Custo e localização do sítio em relação ao acesso público", com uma pontuação média de 3,89 e um índice de gravidade de 77,8%, é a variável mais elevada identificada nos factores relacionados com o sítio. As caraterísticas do sítio, o clima e as condições locais têm a pontuação média mais baixa, de 2,71, e um índice de gravidade de 54,1%. Isto significa que esta variável não é um fator de constrangimento importante na variável dos factores relacionados com o sítio, porque está abaixo do valor médio de 3,25 e do índice de gravidade de 65,0%. A pontuação média geral de 3,50 com um índice de gravidade de 70,0% indica que os factores relacionados com o local fazem parte dos principais factores de constrangimento identificados para a realização de projectos de construção sustentável no Estado de Enugu. O custo e a localização do local em relação ao acesso público foram classificados em primeiro lugar, seguidos da influência de intervenientes externos no ambiente do projeto e o desenvolvimento de terrenos industriais abandonados (custos adicionais de reparação) são constrangimentos no âmbito dos factores relacionados com o local. Estas e outras variáveis classificadas devem ser devidamente abordadas para se conseguir uma execução sustentável dos projectos de construção no Estado de Enugu.

As informações da Tabela 4.4i foram representadas no gráfico da Figura 4.1i.

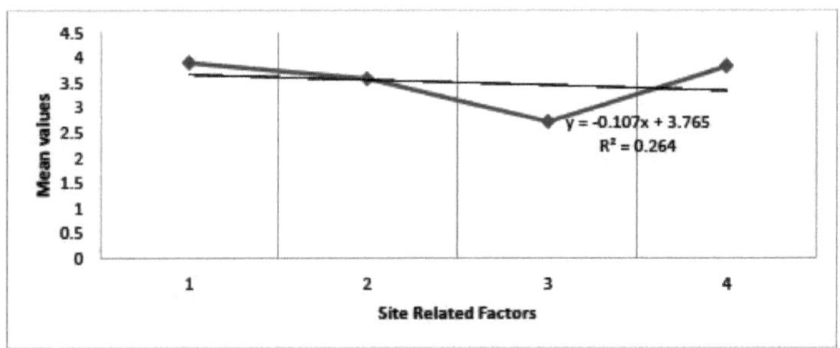

Figura 4.1i: Valores médios em função dos factores relacionados com o local

Na Figura 4.1 (i), a estimativa gráfica mostra que, Y = -0,107x + 3,765 e R ou r^2 = 0,264.O coeficiente de correlação, $r = \sqrt{R} = \sqrt{0.264} = 0.5138$. O valor crítico de r a um nível de significância de 0,1 e grau de liberdade (df) = 6 da tabela do coeficiente de correlação é 0,5067. O resultado mostra que, uma vez que o valor crítico do coeficiente de correlação (r) = 0,5067 é inferior ao valor calculado de r = 0,5138, os factores relacionados com o local são os principais constrangimentos à realização de projectos de construção sustentável na área de estudo.

Tabela 4.4(j): Perceção dos inquiridos sobre os factores de restrição associados aos critérios Factores de risco de custos

S/N	Item	SD	DA	UD	A	SA	$\sum Fx$	Média	S.I.	Classificação
j.	**Critérios de custo Factores de risco**									
1.	Objectivos irrealistas do projeto	-	131	46	107	60	1128	3.28	65.6	4.o
2.	Métodos/materiais de construção não fiáveis e experimentais	-	142	54	78	70	1108	3.22	64.4	5th
3.	Incerteza sobre os custos de desenvolvimento	-	-	83	128	133	1426	4.15	82.9	1st
4.	Incerteza sobre os benefícios económicos	-	50	56	136	102	1322	3.84	76.9	3rd
5.	Incerteza sobre o desempenho do projeto	-	6	95	116	127	1396	4.06	81.2	2nd
							Média geral	**3.71**	**74.2**	

Fonte: Relatório do inquérito de campo do investigador (2022)

As informações constantes do Quadro 4.4j indicam que a "Incerteza sobre o custo do desenvolvimento", com uma pontuação média de 4,15 e um índice de gravidade de 82,9%, é a variável identificada mais elevada no critério Factores de risco de custos. Segue-se a "incerteza sobre o desempenho do projeto", com uma pontuação média de 4,06 e um índice de gravidade de 81,2%. Os métodos/materiais de construção não fiáveis e experimentais têm a pontuação média mais baixa, de 3,22, e um índice de gravidade de 64,4%. Esta variável está abaixo do valor médio mínimo de 3,25 e do índice de gravidade de 65,0%. Por conseguinte, não é considerado como um fator de restrição importante nos critérios relacionados com os custos. A classificação média geral de 3,71 com um índice de gravidade de 74,2% indica que os factores de risco dos custos dos critérios são também factores de grande constrangimento para a realização de projectos de construção sustentável no Estado de Enugu. A incerteza quanto aos custos de desenvolvimento, classificada em primeiro lugar, seguida da incerteza quanto ao desempenho do projeto e da incerteza quanto aos benefícios económicos, foram as variáveis classificadas como de elevada importância nos factores de risco dos critérios de custos. O último lugar na classificação foi ocupado por métodos/materiais de construção não fiáveis e experimentais, o que sugere que não se trata de um obstáculo importante à realização de projectos de construção sustentável na área de estudo.

As informações da Tabela 4.4j foram representadas no gráfico da Figura 4.1j.

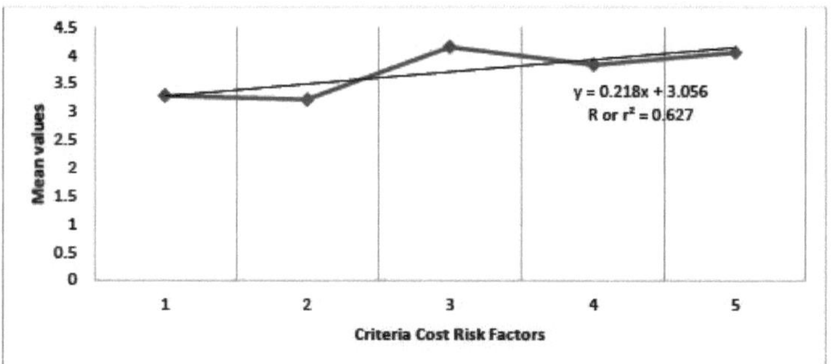

Figura 4.1j: Valores médios em função dos factores de risco dos custos dos critérios

Na Figura 4.1j, a estimativa gráfica mostra que, Y = 0,218x + 3,056 e r^2 ou R = 0,627. O coeficiente de correlação, $r = \sqrt{R} = \sqrt{0.627} = 0.7918.$ O valor crítico de r a um nível de significância de 0,1 e grau de liberdade (df) = 8 da tabela do coeficiente de correlação é 0,4428. O resultado mostra que, uma vez que o valor crítico do coeficiente de correlação (r) = 0,4428 é inferior ao valor calculado de r = 07918, os factores de risco dos custos dos critérios são os principais constrangimentos à realização de projectos de construção sustentável na área de estudo.

Tabela 4.4(k): Respostas dos inquiridos sobre os factores de constrangimento associados aos factores de perceção

S/N	Item	SD	DA	UD	A	SA	$\sum Fx$	Média	S.I.	Classificação
k.	**Factores de perceção**									
1.	Incapacidade de amortizar os custos históricos	-	133	45	122	44	1109	3.22	64.5	4.º
2.	Falta de consciência de que os custos estão a diminuir	-	67	40	112	125	1327	3.86	77.2	1st
3.	Excesso de confiança nos custos de projectos exemplares	-	68	52	128	96	1284	3.73	74.7	2nd
4.	Inflação dos custos exactos dos edifícios sustentáveis	-	126	58	103	57	1123	3.26	65.3	3rd

	Média geral	3.52	70.4	

Fonte: Relatório do inquérito de campo do investigador (2022)

A informação da Tabela 4.4k indica que a falta de consciência de que os custos estão a ser reduzidos tem a pontuação média mais elevada, de 3,86, com um índice de gravidade de 77,2% nos factores de perceção. A pontuação média seguinte, de 3,73, com um índice de gravidade de 74,7%, é a dependência excessiva do custo de projectos exemplares. A incapacidade de libertar os custos históricos, com uma classificação média de 3,22 e um índice de gravidade de 64,5%, tem a classificação média mais baixa nos factores de perceção. Este fator de constrangimento na variável dos factores de perceção não é considerado como um fator de constrangimento importante, uma vez que se situa abaixo da média de 3,25 e do índice de gravidade de 65,0%. A classificação média geral de 3,52, com um índice de gravidade de 70,4%, indica que os factores de perceção são também um dos principais factores de constrangimento à realização de projectos de construção sustentáveis no Estado de Enugu. A falta de consciência de que os custos estão a diminuir, seguida de uma dependência excessiva dos custos de projectos exemplares e da inflação dos custos exactos dos edifícios sustentáveis, são variáveis altamente cotadas como constrangimentos à execução de projectos de construção sustentável na área de estudo. Trata-se de factores de perceção que variam consoante a idiossincrasia dos indivíduos.

As informações da Tabela 4.4k foram representadas no gráfico da Figura 4.1k.

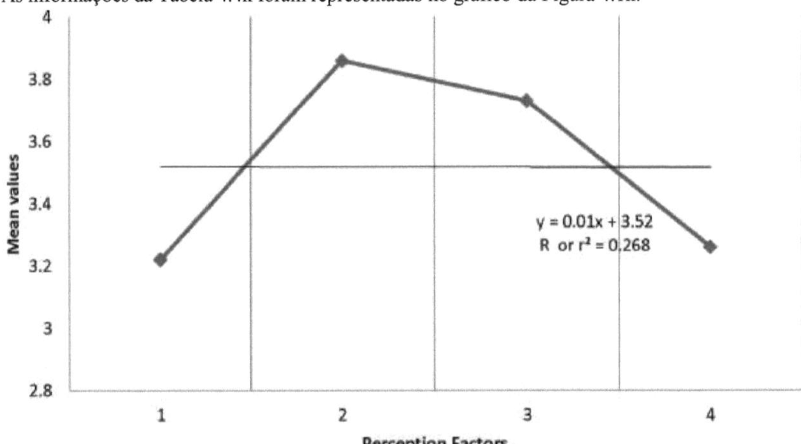

Figura 4.1k: Valores médios em relação aos factores de perceção

Na Figura 4.1k, a estimativa gráfica mostra que, Y= 0,01x + 3,52 e R ou r^2 = 0,268. O coeficiente de correlação $r = \sqrt{R} = \sqrt{0.268} = 0.5177$. O valor crítico de r ao nível de significância de 0,1 e grau de liberdade (df) = 6 da tabela do coeficiente de correlação é 0,5067. O resultado mostra que, uma vez que o valor crítico do coeficiente de correlação (r) = 0,5067 é inferior ao valor calculado de r = 0,5177, os factores de perceção são os principais obstáculos à realização de projectos de construção sustentável no Estado.

Tabela 4.4(L): Perceção dos inquiridos sobre os factores de restrição associados ao processo e aos factores regulamentares

S/N	Item	SD	DA	UD	A	SA	$\sum Fx$	Média	S.I.	Classificação
I.	**Factores processuais e regulamentares**									
1.	Imposto sobre produtos sustentáveis	-	103	62	97	82	1190	3.46	69.2	5th

2.	Taxas de planeamento dispendiosas	-	56	28	110	120	1296	3.77	75.3	4.o
3.	Atrasos no processamento	-	82	73	115	134	1393	4.05	81.0	1st
4.	Resistência dos grupos de pressão	14	68	49	70	43	892	2.59	51.9	6th
5.	Falta de vontade política	-	33	86	127	98	1322	3.84	76.9	2nd
6.	Política e regulamentação públicas inibidoras	-	44	82	124	94	1300	3.78	75.6	3rd
							Média geral	**3.58**	**71.6**	

Fonte: Relatório do inquérito de campo do investigador (2022)

As informações constantes do Quadro 4.4 (L) indicam que as variáveis relativas aos atrasos no processamento, com uma classificação média de 4,05 e um índice de gravidade de 81,0%, são as mais elevadas no âmbito dos factores processuais e regulamentares. Segue-se a falta de vontade política dos decisores políticos, com uma classificação média de 3,84 e um índice de gravidade de 76,9%. A resistência dos grupos de pressão, com uma classificação média de 2,59 e um índice de gravidade de 51,9%, tem a classificação mais baixa nas variáveis identificadas dos factores processuais e regulamentares. Isto significa que não se trata de um constrangimento importante na variável processo e factores reguladores. A classificação média geral de 3,58 e o índice de gravidade de 71,6% indicam que os factores processuais e regulamentares são um dos principais factores de constrangimento à realização de projectos de construção sustentável no Estado de Enugu. No âmbito dos factores de incentivo, a falta de incentivos (acesso fácil a facilidades de crédito, subsídios e descontos de planeamento), com uma classificação média de 4,05 e um índice de gravidade de 81,0%, é um dos factores de constrangimento identificados para a realização de projectos de construção sustentável no Estado de Enugu. Os atrasos no processamento, seguidos da falta de vontade política e de políticas e regulamentos públicos inibidores, são os três primeiros na classificação dos factores processuais e regulares. Estes foram identificados como alguns dos constrangimentos que têm de ser resolvidos para que seja possível realizar projectos de construção sustentável no Estado. Também as dispendiosas taxas de planeamento, os impostos sobre produtos sustentáveis e a resistência de grupos de pressão constituem um obstáculo à execução de projectos de construção na área de estudo.

As informações da Tabela 4.4(L) foram representadas no gráfico da Figura 4.1(L)

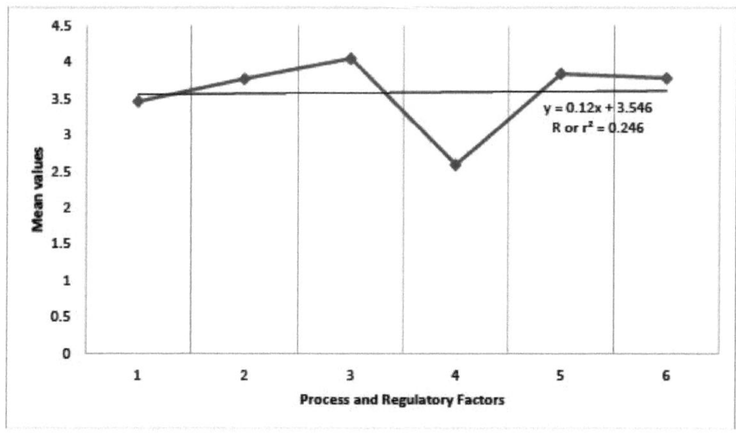

Figura 4.1L: Valores médios em função do processo e dos factores regulamentares

Na Figura 4.1L, a estimativa gráfica mostra que, Y= 0,12x + 3,546 e R ou r^2 = 0,246. O coeficiente de correlação, $r = \sqrt{R} = \sqrt{0.246} = 0.4960$. O valor crítico de r ao nível de significância de 0,1 e grau de liberdade (df) = 10 da tabela do coeficiente de correlação é 0,3981. O resultado mostra que, uma vez que o valor crítico do coeficiente de correlação (r) = 0,3981 é inferior ao valor calculado de r = 0,4960, os factores processuais e regulamentares são os principais obstáculos à realização de projectos de construção sustentáveis no Estado de Enugu, na Nigéria.

Quadro 4.5: Resumo da perceção dos inquiridos sobre os factores de constrangimento identificados, média
classificação de pontuação e índice de gravidade para a realização de projectos de construção sustentável no Estado de Enugu.

S/N	Factores de constrangimento identificados	Pontuação média geral	Índice de gravidade (%)	Classificação
A	Factores económicos	4.02	80.4	2nd
B	Educação, formação, competências e défice de conhecimentos	3.92	78.4	4.o
C	Factores de projeto	4.00	80.0	3rd
D	Factores relacionados com a conceção	3.46	69.2	12th
E	Factores técnicos e tecnológicos	3.25	65.0	13 th
F	Factores de construção	3.70	73.9	7ª
G	Factores de gestão de projectos	3.62	72.4	8th
H	Factores de aquisição	3.73	74.6	5th
I	Factores relacionados com o sítio	3.50	70.0	11th
J	Critérios Custo Factores de risco	3.71	74.2	6th
K	Factores de perceção	3.52	70.4	10th
L	Factores processuais e regulamentares	3.58	71.6	9º.
M	Factores de incentivo	4.05	81.0	1st
	Pontuação média geral	**3.70**	**73.9**	

Fonte: Relatório do inquérito de campo do investigador (2022)

A informação na tabela 4.5 indica que, entre os factores de constrangimento identificados, os factores de incentivo ficaram em primeiro lugar com uma média geral de 4,05 e um índice de gravidade de 81,0%, seguidos pelos factores económicos com uma média geral de 4,02 e um índice de gravidade de 80,4%. Em terceiro lugar na classificação estão os factores de projeto, com uma média geral de 4,00 e um índice de gravidade de 80,0%. O menos importante é o constrangimento dos factores técnicos e tecnológicos com uma média geral de 3,25 e um índice de gravidade de 65,0%. Em todos os factores de constrangimento identificados, nenhum foi inferior ao valor médio de 3,25 e ao índice de gravidade de 65,0%. Por conseguinte, todos estes factores identificados constituem constrangimentos à realização de projectos de construção sustentáveis no Estado de Enugu. As variáveis identificadas como factores de constrangimento dos factores de incentivo ficaram em primeiro lugar e a observação é que, para se conseguir uma construção sustentável, o incentivo desempenhará um papel pioneiro, uma vez que o conceito de sustentabilidade é estranho aos trabalhadores da construção na área. A falta de incentivos desencorajará os trabalhadores do projeto, o que constitui um grande constrangimento. Os factores económicos, que ficaram em segundo lugar, mostram que os principais constrangimentos, como a acessibilidade, o elevado custo dos produtos sustentáveis, a inflação e os juros sobre as facilidades de crédito, impedirão a realização de projectos de construção sustentável. As variáveis dos factores técnicos e tecnológicos podem não constituir constrangimentos importantes porque a tecnologia acessível, a mão de obra experiente e outros não podem impedir a realização de projectos de construção sustentável. É necessário que os decisores políticos e as partes interessadas sejam orientados para a necessidade de alcançar os objectivos de sonho da construção sustentável na área de estudo.

A informação acima referida na Tabela 4.5 foi representada num gráfico da pontuação média geral em relação aos factores de constrangimento identificados nos itens (a) a (m) na figura 4.2.

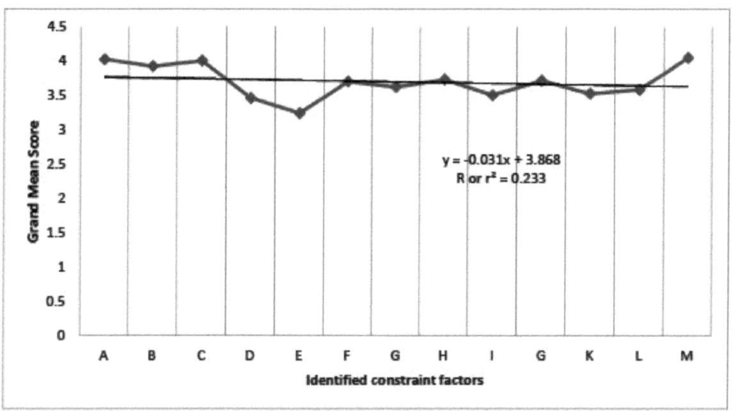

Figura 4.2: Pontuação média geral em relação aos factores de constrangimento identificados

Na Figura 4.2, o gráfico da função de regressão da pontuação média geral em relação aos factores de restrição identificados para a realização de projectos de construção sustentável é uma relação linear que mostrou que a linha de melhor ajuste em Y= 0,031x + 3,868. A estimativa da função gráfica para o coeficiente de determinação (R ou r^2) = 0,233. O coeficiente de correlação (r) $= \sqrt{R} = \sqrt{0.233} = 0.4827$. Os resultados mostram que a variação total dos valores das classificações médias é explicada pela variação das variáveis dos factores de constrangimento identificados. O valor crítico de r ao nível de significância de 0,1 e grau de liberdade (df) = 24 é 0,2598. O resultado mostra que, uma vez que o valor crítico do coeficiente de correlação (r) = 0,2598 é inferior ao valor calculado de r = 0,4827, todos os factores de constrangimento identificados afectam a execução de projectos de construção sustentável no Estado de Enugu.

4.1.3 Impacto dos factores de constrangimento na execução de projectos de construção sustentável no Estado de Enugu (Objetivo 2)

O impacto dos factores de constrangimento na execução de projectos de construção sustentável na área de estudo foi analisado a partir dos quinze (15) impactos identificados, utilizando as respostas dos inquiridos numa escala de likert de cinco pontos, conforme indicado na Tabela 4.6.

A regra de decisão é que qualquer uma das variáveis com uma pontuação média ponderada inferior a 3,25 ou um índice de gravidade inferior a 65% dos resultados das respostas dos inquiridos não é considerada como tendo um impacto importante nos factores de constrangimento.

As informações constantes do Quadro 4.6 indicam que a pontuação média mais elevada, de 4,69 e um índice de gravidade de 93,7%, se refere à "Base de dados para projectos de construção e procedimento simplificado para implementar a sustentabilidade dos projectos de construção". O terceiro na classificação é a "falta de um plano de ordenamento normalizado com infra-estruturas físicas funcionais", com uma pontuação média de 4,59 e um índice de gravidade de 91,5%. Segue-se o "bloqueio das instalações de drenagem quando existem e a falta de instalações de drenagem nas infra-estruturas rodoviárias", com uma pontuação média de 4,58 e um índice de gravidade de 91,5%. Os factores de constrangimento menos importantes, com uma pontuação média de 3,91 e um índice de gravidade de 78,1%, são "disposições inadequadas para a proteção de questões ambientais existentes e futuras no plano diretor da área de estudo para uma aplicação adequada" e "falta de desenvolvimento controlado e de cumprimento das regras e regulamentos de planeamento". Todos os factores de impacto estavam acima da média de 3,25 e do índice de gravidade de 65,0%. Por conseguinte, são considerados como tendo um impacto importante sobre os factores de constrangimento. A pontuação média geral de 4,33 e o índice de gravidade de 86,6% indicam que todos os factores variáveis têm um impacto considerável nos factores de constrangimento à realização de projectos de construção sustentável no Estado de Enugu.

Tabela 4.6: Perceção dos inquiridos sobre o impacto dos factores de restrição na execução de projectos de construção sustentável

S/N	Item	SD	DA	UD	A	SA	$\sum Fx$	Média	S.I.	Classificação
1.	Elevados custos de aquisição de terrenos e de obtenção de certificados de ocupação	-	-	32	198	114	1458	4.24	84.8	9º.
2.	Pagamento múltiplo de taxas de desenvolvimento	-	-	13	186	145	1502	4.38	87.7	8th
3.	Taxa ESWAMA para novos projectos que não disponham de instalações de eliminação.	-	12	64	164	104	1392	4.05	80.9	11th
4,	Falta de controlo da aplicação dos planos de desenvolvimento aprovados durante a construção.	-	-	49	172	123	1450	4.22	84.3	10th
5.	Interferência das comunidades locais através da cobrança de taxas arbitrárias durante a construção.	-	-	80	178	86	1382	4.02	80.3	12th
6.	Longo período de aprovação do projeto, que pode ir até um ano ou mais.	-	11	18	114	201	1537	4.47	89.4	6th
7.	Previsão inadequada de proteção dos problemas ambientais existentes e futuros no plano diretor para uma aplicação adequada.	-	20	84	148	92	1344	3.91	78.1	13th
8.	Falta de desenvolvimento controlado e de cumprimento das regras e regulamentos de planeamento.	-	10	81	184	69	1344	3.91	78.1	13th
9.	As áreas não construídas, tal como indicadas nos planos do sítio, necessitam de um projeto paisagístico mais aprofundado para alcançar um desenvolvimento sustentável.	-	-	19	80	245	1602	4.66	93.1	2nd
10.	Falta de infra-estruturas físicas, por exemplo, estradas de acesso normalizadas, fornecimento de eletricidade e abastecimento de água nas parcelas existentes ou nas propriedades de forma sustentável.	-	-	16	122	206	1566	4.55	91.0	5th
11.	Base de dados para projectos de construção e procedimento simplificado para implementar a sustentabilidade dos projectos de construção.	-	-	-	108	236	1612	4.69	93.7	1st
12.	Inexistência de um plano de implantação normalizado com instalações físicas e industriais funcionais.	-	-	14	119	21	1573	4.59	91.5	3rd
13.	Bloqueio das instalações de drenagem onde existiam e construção de outras inexistentes nas infra-estruturas rodoviárias.	-	-	-	146	198	1574	4.58	91.5	4.o
14.	Correção do desequilíbrio entre a oferta de habitação para os grupos de rendimento médio e baixo e a projeção da população futura das cidades.	-	-	4	184	156	1528	4.44	88.8	7ª
15.	Disciplinas adequadas em matéria de instalações de utilização dos solos e	-	-	29	212	103	1450	4.22	84.3	10th

	continuidade no governo com planos diretores, etc.									
						Média geral	**4.33**		**86.6**	

Fonte: Relatório do inquérito de campo do investigador (2022)

4.1.3.1 Análise da função de regressão sobre as informações da Tabela 4.6

As classificações de pontuação média foram traçadas contra as variáveis de impacto na Tabela 4.6 para determinar as funções de regressão num gráfico, como mostra a Figura 4.3.

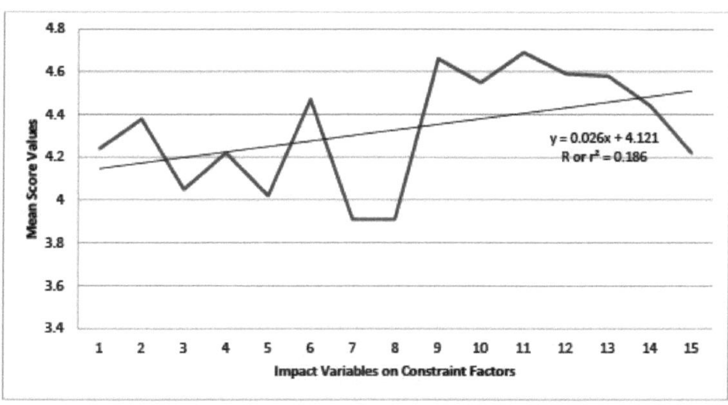

Figura 4.3: Valores de pontuação média em relação ao impacto nos factores de restrição

Na Figura 4.3, o gráfico das funções de regressão dos valores da pontuação média em relação às variáveis de impacto sobre os factores de restrição à execução de projectos de construção sustentável é uma relação linear que mostrou a linha de melhor ajuste em Y = 0,026x + 4,121. A estimativa da função gráfica para o coeficiente de determinação (R ou r^2) = 0,186. O coeficiente de correlação é a raiz quadrada positiva do coeficiente de determinação $r = \sqrt{R} = \sqrt{0.186} =$ 0,4313. Os resultados mostram que a variação total dos valores da classificação média é explicada pela variação do impacto das variáveis dos factores de constrangimento. O valor crítico do coeficiente de correlação (r_c) ao nível de significância de 0,1 e grau de liberdade (df) = 28 é 0,2407. Isto implica que, uma vez que o valor crítico do coeficiente de correlação (r) = 0,2407 é inferior ao valor calculado de r = 0,4313, os impactos dos factores de constrangimento dificultam a realização de projectos de construção sustentável na área de estudo

4.1.4 Integração dos princípios-chave da sustentabilidade na realização de projectos de construção sustentável (objetivo 3)

O objetivo era determinar as respostas dos inquiridos sobre a integração dos princípios-chave da sustentabilidade na execução de projectos de construção na área de estudo. As respostas ao objetivo, tal como constam da Tabela 4.7a, mostram que os inquiridos concordaram que os princípios-chave da sustentabilidade consistem em factores ambientais, económicos e sociais, com uma pontuação média de 4,40 e um índice de gravidade de 88,1%.

Tabela 4.7a: Perceção dos inquiridos sobre os princípios-chave da integração da sustentabilidade na execução de projectos de construção no Estado de Enugu

S/N	Item	SD	DA	UD	A	SA	$\sum Fx$	média	S.I. %	Classificação
A.	Os princípios fundamentais da sustentabilidade consistem em factores ambientais, económicos e sociais	-	-	29	147	168	1515	4.40	88.1	
B.	Os princípios de sustentabilidade ambiental que estão integrados no planeamento e construção de									

	projectos de construção em Enugu incluem									
1.	Otimização de materiais e recursos	-	4	114	139	87	1341	3.90	78.0	10th
2.	A utilização de materiais e recursos sustentáveis	14	58	103	74	95	1210	3.52	70.4	11th
3.	Utilização de produtos energeticamente eficientes para reduzir o elevado custo da energia	-	57	48	105	134	1348	3.92	78.4	9º.
4,	Consumo eficiente de água na construção, extração de operações, fabrico e entrega de materiais e produtos no local.	-	18	83	117	126	1383	4.02	80.4	5th
5.	Utilização eficiente de materiais de controlo do ruído para conforto dos ocupantes.	-	11	104	137	92	1342	3.90	78.0	10th
6.	Requisitos de sustentabilidade na estética e no impacto visual da conceção urbana dos edifícios.	-	23	61	113	147	1416	4.12	82.3	3rd
7.	Seleção de sítios, desenvolvimento de zonas industriais abandonadas, densidade de desenvolvimento e conetividade comunitária, controlo da poluição das actividades de construção e conceção de águas pluviais.	-	22	72	96	154	1414	4.11	82.2	4.o
8.	Preocupação com a qualidade da terra, do rio e do mar.	-	-	83	118	143	1436	4.17	83.5	2nd
9.	A qualidade dos transportes e do acesso ao local por meios públicos e privados para os ocupantes, os trabalhadores ou a entrega de mercadorias.	-	39	50	123	132	1380	4.01	80.2	6th
10.	Poluição do ar e qualidade das emissões dos utilizadores dos edifícios, emissões do tráfego e seu impacto na vida humana, nos edifícios e nas culturas.	-	-	72	115	157	1461	4.25	84.9	1st
11.	Preservar o património e a pegada do projeto no sítio arqueológico	-	30	85	104	125	1356	3.94	78.8	8th
12.	Planeamento, gestão e controlo ambientais eficientes.	-	-	94	116	134	1416	4.12	82.3	3rd
13.	Utilização de métodos sustentáveis adequados para alcançar a sustentabilidade	-	48	52	103	141	1369	3.98	79.6	7th
edifícios. **Grande média**								**4.00**	**80.0**	

Fonte: Relatório do inquérito de campo do investigador (2022)

A informação constante da Tabela 4.7a indica que, no âmbito do princípio da sustentabilidade ambiental, "A poluição atmosférica e a qualidade das emissões dos utilizadores dos edifícios, as emissões do tráfego e o seu impacto na vida humana, nos edifícios e nas culturas" tem a pontuação média mais elevada de 4,25 e um índice de gravidade de 84,9%. Isto é evidente no ambiente, o que pode ser a razão pela qual os inquiridos o classificaram em primeiro lugar. Segue-se o item 8, ou seja, "a preocupação com a qualidade da terra, do rio e do mar", com uma pontuação média de 4,17 e um índice de gravidade de 83,5%. Os "requisitos de sustentabilidade na conceção urbanística dos edifícios, na estética e nos impactos visuais e no planeamento, gestão e controlo ambientais eficientes" têm uma pontuação média de 4,12 e um índice de gravidade de 82,3%, respetivamente. A pontuação média mais baixa, de 3,52 e um índice de gravidade de 70,4%, diz respeito à "utilização de materiais e recursos sustentáveis" nas respostas dos inquiridos sobre a sua perceção dos princípios-chave da integração da sustentabilidade ambiental na execução de projectos de construção na área de estudo. A pontuação média geral de 4,00 e o índice de gravidade de 80,0% indicaram que todos os factores variáveis da sustentabilidade ambiental com classificação superior a 3,25, tal como indicado, devem ser integrados para a execução de projectos de construção sustentável no Estado de Enugu.

4.1.4.1 Análise da função de regressão sobre as informações da Tabela 4.7a

As classificações médias foram comparadas com os princípios de Integração da Sustentabilidade

Ambiental da Tabela 4.7a para determinar as funções de regressão num gráfico, como mostra a Figura 4.4a.

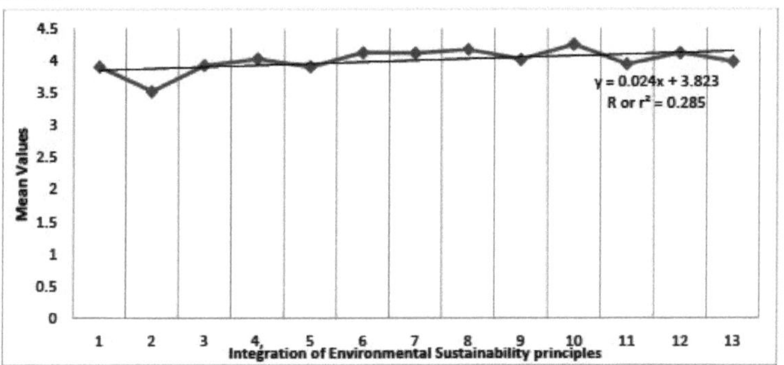

Figura 4.4a: Valores médios em relação aos princípios de Integração da Sustentabilidade Ambiental

Na Figura 4.4a, a estimativa gráfica mostra que, Y = 0,024x + 3,823 e R ou r^2 = 0,285. O coeficiente de correlação, $r = \sqrt{R} = \sqrt{0.285} = 0.5339.$. O valor crítico de r ao nível de significância de 0,1 e grau de liberdade (df) = 24 da tabela do coeficiente de correlação é 0,2598. O resultado mostra que, uma vez que o valor crítico do coeficiente de correlação (r) = 0,2598 é inferior ao valor calculado de r = 0,5339, a partir da função de regressão, todas as variáveis associadas aos princípios de sustentabilidade ambiental devem ser integradas para a execução de projectos de construção sustentável no Estado de Enugu.

Quadro 4.7b. Perceção dos inquiridos sobre os princípios-chave da integração da sustentabilidade económica na execução do projeto de construção

S/N	Item	SD	DA	UD	A	SA	$\sum Fx$	Média	S.I. %	Classificação
C.	**Os princípios de sustentabilidade económica incluem;**									
1.	Benefícios económicos para as partes interessadas (proprietários ou ocupantes)	-	2	70	144	128	1430	4.16	83.1	1st
2.	Considerações sobre a eficiência dos custos ao longo de todo o ciclo de vida.	-	54	42	129	119	1395	3.91	78.2	4.o
3.	Melhorar a presença no mercado local através da preparação de uma avaliação das necessidades em termos de infra-estruturas e outros serviços necessários.	-	13	86	112	133	1397	4.06	81.2	2nd
4,	Impactos económicos indirectos, tais como o impacto adicional gerado à medida que o dinheiro circula através do	-	34	67	125	118	1359	3.95	79.1	3rd
econo o meu'e te.	**Grande média**							**4.02**	**80.4**	

Fonte: Relatório do inquérito de campo do investigador (2022)

As informações constantes do Quadro 4.7b indicam que a pontuação média mais elevada, de 4,16 e um índice de gravidade de 83,1%, diz respeito aos "benefícios económicos para as partes interessadas (proprietários ou ocupantes)", enquanto "melhorar a presença no mercado local através da preparação de uma avaliação das necessidades em termos de infra-estruturas e outros serviços necessários" tem uma pontuação média de 4,06 e um índice de gravidade de 82,1%.A pontuação média mais baixa nos factores variáveis no âmbito da integração da sustentabilidade económica, de 3,91 e um índice de gravidade de 78,2%, diz respeito à "consideração da eficiência dos custos ao longo da vida" para as respostas dos inquiridos sobre a sua perceção dos princípios-chave da integração da sustentabilidade económica na execução de projectos de construção na área de estudo. A pontuação média geral de 4,02 e o índice de gravidade de 80,4% mostram claramente que a integração dos aspectos económicos da sustentabilidade é muito necessária para a execução de projectos de construção na área de estudo.

As informações da Tabela 4.7b foram representadas no gráfico da Figura 4.4b.

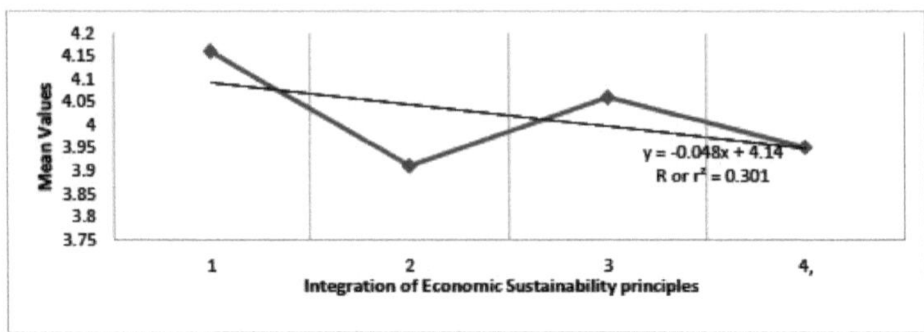

Figura 4.4b: Gráfico dos valores médios em função da integração dos princípios de sustentabilidade económica

Na Figura 4.4b, a estimativa gráfica mostra que, Y = -0,048x + 4,14 e R ou r^2 = 0,301. O coeficiente de correlação, $r = \sqrt{R} = \sqrt{0.301} = 0.5486$. O valor crítico de r ao nível de significância de 0,1 e grau de liberdade (df) = 6 da tabela do coeficiente de correlação é 0,5067. O resultado mostra que, uma vez que o valor crítico do coeficiente de correlação (r) = 0,5067 é inferior ao valor calculado de r = 0,5486, a partir da função de regressão, os princípios de sustentabilidade económica devem ser integrados na execução de projectos de construção sustentável no Estado de Enugu.

Tabela 4.7c: Perceção dos inquiridos sobre os princípios-chave da integração da sustentabilidade social na execução de projectos de construção no Estado de Enugu

D.	Os princípios de sustentabilidade social incluem:	SD	DA	UD	A	SA	$\sum Fx$	média	S.I.	Classificação
1.	Prestações de emprego	-	-	85	114	145	1436	4.17	83.5	3rd
2.	Relações laborais e de gestão	-	13	87	106	138	1401	4.07	81.5	5th
3.	Saúde e segurança no trabalho	-	20	76	117	131	1391	4.04	80.9	7ª
4,	Formação, educação e sensibilização	.	5	63	128	148	1451	4.21	84.4	2nd
5.	Equidade na disponibilização de acesso e instalações para deficientes, igualdade de remuneração, distribuição e oportunidades, etc.	-	46	37	119	142	1389	4.04	80.8	8th
6.	Desempenho do direito humano através da decisão, ação, operações, interação e relação com os outros.	-	31	58	124	131	1387	4.03	80.6	9º.
7.	Impacto do desempenho social do projeto em relação a outras instituições sociais, como o envolvimento do público, as práticas de monopólio, o cumprimento das leis e regulamentos, etc.	-	30	53	132	129	1392	4.05	80.9	6th
8.	Responsabilidade do produto do projeto pelos utilizadores.	-	32	62	136	114	1364	3.97	79.3	10th
9.	Participação das partes interessadas, informação, fórum comunitário e participação dos utilizadores no processo de planeamento e desenvolvimento.	-	-	78	113	153	1451	4.22	84.4	1st
10.	Desempenho macro-social no desempenho ambiental e financeiro de uma região ou nação.	-	8	71	121	144	1433	4.17	83.3	4.o
Média geral								**4.10**	**81.9**	

Fonte: Relatório do inquérito de campo do investigador (2022)

As informações constantes do quadro 4.7c indicam que a pontuação média mais elevada, de 4,22 e um índice de gravidade de 84,4%, no âmbito da integração da sustentabilidade social, diz respeito à "participação das partes interessadas, informação, fórum comunitário e participação dos utilizadores no processo de planeamento e desenvolvimento". Segue-se a "Formação, educação e sensibilização", com uma pontuação média de 4,21 e um índice de gravidade de 84,4%, enquanto os "benefícios para o emprego" e o "desempenho macro-social no desempenho ambiental e financeiro de uma região ou nação" têm uma pontuação média de 4,17 e um índice de gravidade de 83,3%, simultaneamente. A pontuação média mais baixa, de 3,97 e um índice de gravidade de 79,3%, diz respeito à "responsabilidade do produto do projeto para com os utilizadores". A pontuação média geral de 4,10 e o índice de gravidade de 81,9% indicam que a integração das variáveis dos princípios de sustentabilidade social é importante para a execução dos projectos de construção na área de estudo.

As informações da Tabela 4.7c foram representadas no gráfico da Figura 4.4c.

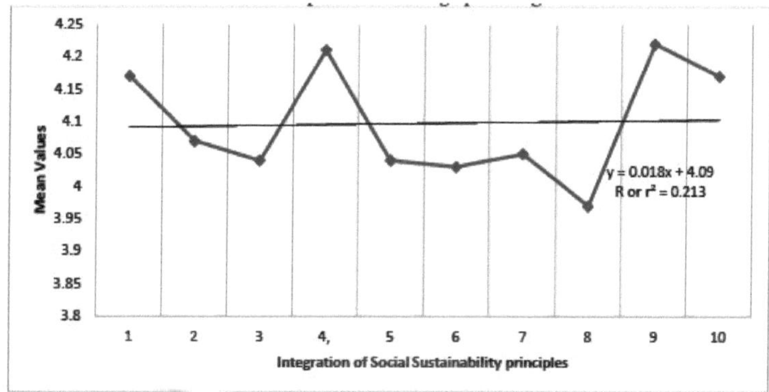

Figura 4.4c: Valores médios em relação aos princípios de Integração da Sustentabilidade Social

Na Figura 4.4c, a estimativa gráfica mostra que, Y = 0,018x + 4,09 e R ou r^2 = 0,213. O coeficiente de correlação, $r = \sqrt{R} = \sqrt{0.213} = 0.4615$. O valor crítico de r ao nível de significância de 0,1 e grau de liberdade (df) = 18 da tabela do coeficiente de correlação é 0,2992. O resultado mostra que, uma vez que o valor crítico do coeficiente de correlação (r) = 0,2992 é inferior ao valor calculado de r = 0,4615, a partir da função de regressão, os princípios de sustentabilidade social têm de ser integrados na execução de projectos de construção sustentável no Estado de Enugu.

Quadro 4.7d: Resumo da perceção dos inquiridos sobre a integração dos princípios-chave de sustentabilidade na execução dos projectos de construção

S/N	Princípios de sustentabilidade Factores de integração	Pontuação média geral	Índice de gravidade (%)	Classificação
A	Os princípios fundamentais da sustentabilidade consistem em factores ambientais, económicos e sociais	4.40	88.1	1st
B	Integração dos factores de sustentabilidade ambiental	4.00	80.0	4.o
C	Integração dos factores de sustentabilidade económica	4.02	80.4	3rd
D	Integração dos factores de sustentabilidade social	4.10	81.9	2nd
	Média geral	**4.13**	**82.6**	

Fonte: Relatório do inquérito de campo do investigador (2022)

A informação na tabela 4.7d indica que as respostas dos inquiridos de que os princípios-chave da sustentabilidade consistem em factores ambientais, económicos e sociais têm a média mais elevada de 4,40 e um índice de gravidade de 88,1%. A integração social, económica e ambiental tem uma média geral de 4,10 e um índice de gravidade de 81,9%; uma média geral de 4,02 e um índice de gravidade de 80,4%; e uma média geral de 4,00 e um índice de gravidade de 80,0%, respetivamente. A média geral é de 4,13 e o índice de gravidade de 82,6%. Este resultado mostra que os princípios-chave da sustentabilidade devem ser integrados na execução de projectos de construção sustentável no Estado de Enugu.

4.1.4.2 Análise da função de regressão das informações da Tabela 4.7d

Os valores da pontuação média geral foram comparados com a integração dos factores dos princípios de sustentabilidade na Tabela 4.7d para determinar a função de regressão num gráfico, como mostra a Figura 4.5.

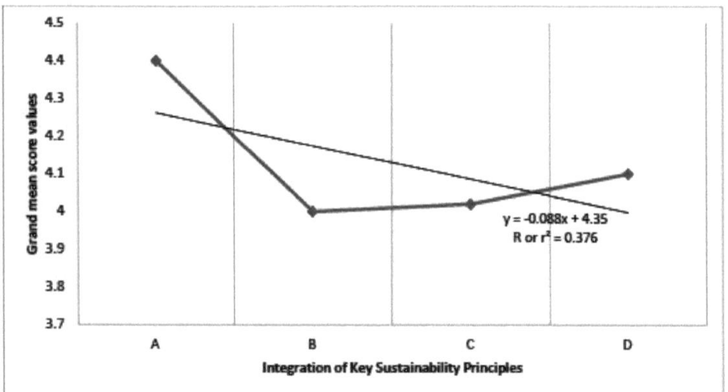

Figura 4.5: Valores da pontuação média geral em relação à integração dos princípios-chave de sustentabilidade

Na Figura 4.5, o gráfico da função de regressão dos valores da pontuação média global em relação aos factores de integração da sustentabilidade para a realização de projectos de construção sustentável é uma relação linear que mostra a linha de melhor ajuste em Y = -0,088x + 4,35. A estimativa da função gráfica para o coeficiente de determinação (R ou r^2) = 0,376. O coeficiente de correlação (r), que é a raiz quadrada positiva do coeficiente de determinação, é calculado como $= \sqrt{r^2 \text{ or } R} = \sqrt{0.376} = 0.6132$. O valor crítico de r ao nível de significância de 0,1 e grau de liberdade (df) = 6 da tabela de valores do coeficiente de correlação é 0,5067. Os resultados mostram que a variação total dos valores das classificações médias é explicada pela variação da integração dos princípios fundamentais de sustentabilidade. Além disso, uma vez que o valor crítico do coeficiente de correlação (r) = 0,5067 é inferior ao valor calculado de r = 0,6132, obtido a partir da função de regressão, os princípios-chave de sustentabilidade devem ser integrados na execução de projectos de construção sustentável na área de estudo.

4.1.5 Factores críticos de sucesso que afectam a realização de projectos de construção sustentável na área de estudo (objetivo 4)

O objetivo era determinar, a partir das respostas dos inquiridos, os factores críticos de sucesso que afectam a execução de projectos de construção sustentáveis no Estado de Enugu. As respostas dos inquiridos são as indicadas na Tabela 4.8.

Quadro 4.8: Perceção dos inquiridos sobre os factores críticos de sucesso da construção sustentável

Entrega de projectos no Estado de Enugu

S/N	Item	SD	DA	UD	A	SA	$\sum Fx$	Média	S.I	Classificação
1.	Custo dentro do orçamento estipulado	-	6	64	126	148	1448	4.21	84.2	9º.
2.	Tempo dentro do período de entrega programado	-	13	70	134	127	1407	4.09	81.8	12th
3.	Construção de acordo com as especificações padrão de qualidade estipuladas.	-	-	55	137	152	1473	4.28	85.6	5th
4.	Satisfação das relações interpessoais com os membros da equipa de projeto	-	-	37	161	146	1485	4.32	86.3	4.o
5.	Satisfação dos participantes	-	-	28	173	143	1491	4.33	86.7	3rd
6.	Eficiência na execução e conclusão do projeto	-	-	67	178	55	1188	3.45	69.1	17th
7.	Satisfação do utilizador com o desempenho do projeto.	-	-	52	147	145	1469	4.27	85.4	6th
8.	Cumprimento da meta e do objetivo do projeto	-	-	29	161	154	1501	4.36	87.3	1st
9.	Realização de desempenho técnico	-	-	36	182	126	1466	4.26	85.2	8th
10.	Saúde e segurança dos ocupantes	-	-	47	131	166	1495	4.35	86.9	2nd
11.	Desempenho ambiental e fácil de utilizar	-	-	69	142	133	1440	4.19	83.7	11th
12.	Funcionalidade dos projectos concebidos e construídos		15	78	142	109	1377	4.00	80.1	13th
13.	Vantagens para o utilizador final	-	26	43	117	158	1439	4.18	83.7	12th
14.	Benefícios para os intervenientes finais	-	-	63	154	127	1440	4.19	83.7	11th
15.	Benefícios para a organização final em desenvolvimento	-	-	55	165	124	1445	4.20	84.0	10th
16.	Benefícios para a infraestrutura tecnológica	-	-	74	128	142	1444	4.20	84.0	10th
17.	Valor e lucro ou benefício comercial	-	32	49	157	106	1369	3.98	79.6	15th
18	Melhoria do valor de mercado (ou da quota) da instalação do projeto	-	22	10	167	145	1467	4.26	85.3	7ª
19	Vantagem comparativa e reputação dos beneficiários	-	41	52	122	129	1371	3.99	79.7	14th
20	Crescimento pessoal e atualização da visão das partes interessadas.		65	37	134	108	1317	3.83	76.6	16th
	Média geral							**4.15**	**82.9**	

Fonte: Relatório do inquérito de campo do investigador (2022)

As informações constantes da Tabela 4.8 indicam que o valor mais elevado da pontuação média de 4,36 e o índice de gravidade de 87,3% se referem ao "Cumprimento do projeto, das metas e dos objectivos", seguido do valor da pontuação média de 4,35 e do índice de gravidade de 86,9% em "Saúde e segurança dos ocupantes". A "satisfação dos participantes" tem uma pontuação média de 4,33 e um índice de gravidade de 86,7%, enquanto a "satisfação das relações interpessoais com os membros da equipa do projeto" tem uma pontuação média de 4,32 e um índice de gravidade de 86,3%. Todas as variáveis dos factores têm uma média superior a 3,25 e um índice de gravidade de 65,0%, o que indica que são factores críticos de sucesso para a realização de projectos de construção sustentáveis no Estado de Enugu. O valor da pontuação média geral de 4,15 e o índice de gravidade de 82,9% mostram que os factores críticos de sucesso estabelecidos afectam certamente a execução de projectos de construção sustentável no Estado de Enugu.

4.1.5.1Análise da Função de Regressão das Informações da Tabela 4.8

Os valores da classificação média foram comparados com os factores críticos de sucesso estabelecidos na Tabela 4.8 para determinar a função de regressão num gráfico, como mostra a Figura 4.6.

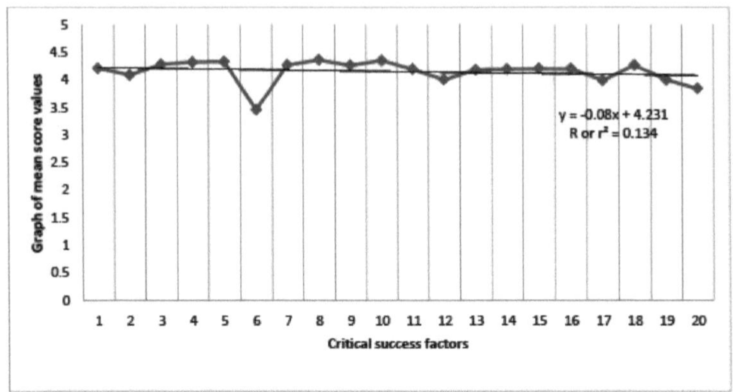

Figura 4.6: Valores de pontuação média em relação aos factores críticos de sucesso

Na Figura 4.6, o gráfico da função de regressão dos valores da pontuação média global em relação aos factores críticos de sucesso para a realização de projectos de construção sustentável é uma relação linear com a linha de melhor ajuste em y = -0,08x + 4,231. A estimativa da função gráfica para o coeficiente de determinação (R ou r^2) = 0,134. O coeficiente de correlação (r), que é a raiz quadrada positiva do coeficiente de determinação, é calculado$\text{as} = \sqrt{r^2 \text{ or } R} = \sqrt{0.134} = 0.3661$. Os resultados mostram que a variação total dos valores da classificação média é explicada pela variação dos factores críticos de sucesso. O resultado mostra que, uma vez que o valor crítico do coeficiente de correlação (r) = 0,2070 ao nível de significância de 0,1 e o grau de liberdade (df) = 1.1.1. é inferior ao valor calculado de r = 0,3661, a partir da função de regressão, as variáveis dos factores críticos de sucesso são necessárias para a realização de projectos de construção sustentáveis no Estado de Enugu.

4.1.6. Desenvolvimento de um quadro para a execução de projectos de construção sustentável no Estado de Enugu.

A análise dos factores críticos de sucesso dos itens 1 a 5 baseia-se nos critérios de sucesso da gestão do projeto e dos itens 6 a 16 baseia-se nos critérios de sucesso do produto, enquanto os itens 17 a 20 se baseiam nos critérios de sucesso do mercado (CIOB, 2010). A análise mostra que os factores de sucesso mais críticos para a realização de projectos de construção sustentável são o cumprimento da meta e do objetivo do projeto, seguido da saúde e segurança dos ocupantes, que se enquadram nos critérios de sucesso do produto, enquanto a satisfação dos participantes, seguida da satisfação da relação interpessoal com os membros da equipa do projeto e a construção de acordo com a especificação da norma de qualidade estipulada se enquadram nos critérios de sucesso da gestão do projeto. A melhoria do valor de mercado (ou da quota) das instalações do projeto, no âmbito dos critérios de sucesso do mercado, foi classificada em 7.º lugar emth nos factores críticos de sucesso.

Na figura 2.21 do capítulo dois, o quadro a adotar para a realização de projectos de construção sustentável no Estado de Enugu também necessita da integração do processo de execução, monitorização e implementação, de modo a considerar a utilização de um grupo de supervisão e monitorização para garantir que todas as informações durante a integração do processo de conceção são efetivamente implementadas, tal como indicado na figura 2.20.

O quadro da figura 4.7 é composto por três níveis: concetual, estratégico e operacional. O nível concetual implica a identificação dos princípios de sustentabilidade utilizados para serem integrados, incluindo a consideração de toda a vida do edifício. O nível estratégico implica a integração no processo de planeamento do projeto; integração de projectos sustentáveis, equipa de projeto integrada, processo de conceção integrado com conformidade com regulamentos e códigos para fornecer um plano de projeto sustentável de orientação para toda a vida do projeto. O nível operacional envolve a aplicação prática da construção, monitorização e implementação de um plano de projeto de construção sustentável de conceitos ideais, definição de projeto sustentável, desenvolvimento, entrega e acumulação de benefícios, utilizando um modelo para a execução de projectos de construção sustentável no Estado de Enugu.

Os critérios de sucesso do projeto para um desempenho bem sucedido do projeto podem ser transmitidos ao nível concetual para uma melhoria contínua. O Gabinete para o Desenvolvimento de Edifícios Sustentáveis (BSBD), que consiste em profissionais selecionados do ambiente construído, com formação sobre a integração da sustentabilidade na execução de projectos de construção, decisores políticos e representantes dos fabricantes, monitorizará continuamente o desempenho e melhorará o modelo de sustentabilidade para a execução de projectos de construção no Estado.

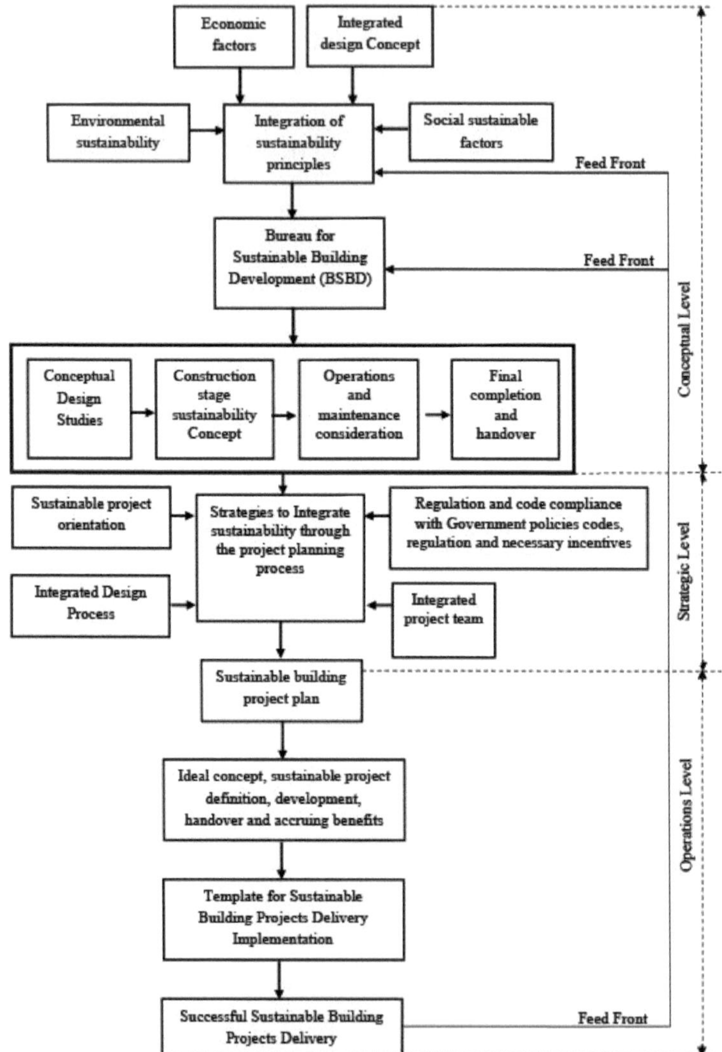

Figura 4.7: Quadro para a execução bem sucedida de projectos de construção sustentável no Estado de Enugu

4.1.7. TESTE DE HIPÓTESES

4.1.7.1. HIPÓTESE I

H01: Não existem factores de constrangimento que afectem a execução de projectos de construção sustentável no Estado de Enugu.

As pontuações médias dos factores de constrangimento identificados para a execução de projectos de construção sustentável foram representadas num gráfico de regressão em relação aos factores de constrangimento identificados no Quadro 4.5 e na Figura 4.2.

O coeficiente de correlação (r) foi calculado a partir da estimativa gráfica do coeficiente de determinação (R ou r^2 = 0,233) como r = 0,4827.

O grau de liberdade (df) = Pi + P2 - 2

Onde,

Pi é o número de factores de constrangimento identificados como variável independente

P2 é o número de valores de pontuação média para cada um dos factores de constrangimento identificados como variável dependente

Por conseguinte, o grau de liberdade (df) => i3+i3 - 2 = 24

O valor crítico do coeficiente de correlação (rc) obtido a partir dos valores críticos da tabela de valores do Coeficiente de Correlação de Pearson com df = 24 a um nível de significância de 0,i é 0,2598.

Uma vez que o valor calculado do coeficiente de correlação (r) = 0,4827 é superior ao valor crítico do coeficiente de correlação (r) com df = 24 a um nível de significância de 0,i = 0,2598, rejeitamos a hipótese nula e aceitamos a hipótese alternativa de que existem factores de constrangimento à execução de projectos de construção sustentável no Estado de Enugu.

4.1.7.2. HIPÓTESE II

H02: Os condicionalismos não têm impacto na execução de projectos de construção sustentável no Estado de Enugu.

O impacto dos factores de constrangimento na entrega dos projectos de construção sustentável foi representado num gráfico de função de regressão contra as variáveis de impacto nos factores de constrangimento, ver quadro 4.6 e figura 4.3.

O coeficiente de correlação (r) foi calculado a partir da estimativa gráfica do coeficiente de determinação (R ou r^2 = 0,186) como r = 0,4313.

O grau de liberdade (df) = Pi + P2 - 2

Onde,

Pi é o número de variáveis de impacto na execução de projectos de construção sustentável como variável independente

P2 é o número de valores de pontuação média para cada uma das variáveis de impacto como variável dependente

Por conseguinte, o grau de liberdade (df) => i5+i5 - 2 = 28

O valor crítico do coeficiente de correlação (rc) obtido a partir dos valores críticos da tabela de valores do Coeficiente de Correlação de Pearson com df = 28 a um nível de significância de 0,1 é 0,2407.

Uma vez que o valor calculado do coeficiente de correlação (r) = 0,43i3 é superior ao valor crítico do coeficiente de correlação (r) com df = 28 a um nível de significância de 0,i = 0,2407, rejeitamos a hipótese nula e aceitamos a hipótese alternativa de que existe um impacto significativo nos factores que condicionam a execução de projectos de construção sustentável no Estado de Enugu.

4.1.7.3. HIPÓTESE III

H03: Os princípios-chave da sustentabilidade não estão integrados no desenvolvimento de projectos de construção no Estado de Enugu.

Para determinar os princípios-chave da integração da sustentabilidade no desenvolvimento dos projectos de construção, a hipótese foi testada através da representação das classificações médias dos inquiridos relativamente à integração dos princípios da sustentabilidade num gráfico de regressão em relação aos princípios-chave dos factores de sustentabilidade, como se mostra na figura 4.5 e na tabela 4.7d

O coeficiente de correlação (r) foi calculado a partir da estimativa gráfica do coeficiente de determinação (R ou r^2 = 0,376) como r = 0,6132.

O grau de liberdade (df) = Pi + P2 - 2

Onde,

Pi é o número de variáveis do fator de integração dos princípios de sustentabilidade como variável independente

P2 é o número de classificações médias gerais para cada um dos factores de integração dos princípios de sustentabilidade como variável dependente

Por conseguinte, o grau de liberdade (df) => 4+4 - 2 = 6

O valor crítico do coeficiente de correlação (r_c) obtido a partir dos valores críticos da tabela de valores do coeficiente de correlação de Pearson com df = 6 ao nível de significância de 0,i é 0,5067.

Uma vez que o valor calculado do coeficiente de correlação (r) = 0,6i32 é superior ao valor crítico do coeficiente de correlação (r) com df = 6 a um nível de significância de 0,i = 0,5067, rejeitamos a hipótese nula e aceitamos a hipótese alternativa de que os princípios fundamentais da sustentabilidade dos factores ambientais, económicos e sociais devem ser integrados na execução de projectos de construção sustentável no Estado de Enugu.

4.1.7.4. HIPÓTESE IV

H04: Os factores críticos de sucesso não afectam a execução de projectos de construção sustentáveis no Estado de Enugu.

Os valores médios dos factores críticos de sucesso para a execução de projectos de construção sustentável foram representados num gráfico de função de regressão em relação aos factores críticos de sucesso estabelecidos, como se mostra na figura 4.6 e na tabela 4.8.

O coeficiente de correlação (r) foi calculado a partir da estimativa gráfica do coeficiente de determinação (R ou r^2 = 0,134) como r = 0,3661.

O grau de liberdade (df) = Pi + P2 - 2

Onde,

Pi é o número de factores críticos de sucesso para a realização de projectos de construção sustentável como variável independente

P2 é o número de classificações médias dos inquiridos para cada um dos factores críticos de sucesso como variável dependente

Por conseguinte, o grau de liberdade (df) => 20+20 - 2 = 38

O valor crítico do coeficiente de correlação (r_c) obtido a partir dos valores críticos da tabela de valores do Coeficiente de Correlação de Pearson com df = 38 ao nível de significância de 0,i é 0,2070.

Uma vez que o valor calculado do coeficiente de correlação (r) = 0,366i é superior ao valor crítico do coeficiente de correlação (r) com df = 38 a um nível de significância de 0,i = 0,2070, rejeitamos a hipótese nula e aceitamos a hipótese alternativa de que os factores críticos de sucesso têm um efeito significativo na execução de projectos de construção sustentável no Estado de Enugu, Nigéria.

4. 2DISCUSSÃO

As discussões dos resultados do estudo foram feitas no contexto dos objectivos específicos.

4.2.1. Factores de constrangimento à realização de projectos de construção sustentável

A tabela 4.4 (a) a 4.4 (L) consiste em todos os factores de constrangimento identificados para a realização de projectos de construção sustentável no Estado de Enugu, a classificação média dos inquiridos, o índice de gravidade e a classificação dos factores de constrangimento associados aos factores económicos mostram que todas as variáveis dos factores na tabela 4.4 (a) têm o valor médio de 3,25 e superior com um índice de gravidade de 65,0% e superior. A pontuação média geral para as variáveis dos factores económicos é de 4,02 com um índice de gravidade de 80,4%. O gráfico dos valores da pontuação média em relação aos factores de restrição económica numa função de regressão (Figura 4.1a) mostra que o coeficiente de determinação R ou r^2 é 0,193, enquanto o coeficiente de correlação calculado (r) é 0,4393. O valor crítico do coeficiente de correlação (r_c) ao nível de significância de 0,1 e grau de liberdade (df) = 14 é 0,3383. O resultado do valor calculado de r = 0,4393, que é superior ao valor crítico de r = 0,3383, mostra que todas as variáveis dos factores económicos são um obstáculo à realização de projectos de construção sustentáveis.

A perceção dos inquiridos sobre os factores de constrangimento associados à educação, formação, competências e lacunas de conhecimento mostra uma média geral de 3,92 e um índice de gravidade de 78,4% na tabela 4.4(b). O gráfico da função de regressão na figura 4.1b mostra que o coeficiente de determinação (R ou r^2) é 0,128, enquanto o coeficiente de correlação calculado (r) é 0,3578. O valor crítico do coeficiente de correlação ($_{rc}$) ao nível de significância de 0,1 e grau de liberdade ($_{df}$) = 16 é 0,3170. O resultado do valor calculado de r = 0,3578 é superior ao valor crítico de r = 0,3170. Isto mostra que as variáveis dos factores educação, formação, competências e lacunas de conhecimento são factores de constrangimento à execução de projectos de construção sustentável na área de estudo.

A perceção dos inquiridos sobre os factores de constrangimento associados aos factores do projeto mostra uma média geral de 4,00 e um índice de gravidade de 80,0% na tabela 4.4(c). O gráfico da função de regressão na figura 4.1c mostra que o coeficiente de determinação (R ou r^2) é 0,937 enquanto o coeficiente de correlação calculado (r) é 0,9683. O valor crítico do coeficiente de correlação ($_{rc}$) ao nível de significância de 0,1 e grau de liberdade ($_{df}$) = 6 é 0,5067. O resultado do valor calculado de r = 0,9683 é superior ao valor crítico de r = 0,5067. Isto mostra que as variáveis do fator projeto são factores de constrangimento para a realização de projectos de construção sustentável na área de estudo.

A perceção dos inquiridos sobre os factores de constrangimento associados aos factores relacionados com a conceção apresenta uma média geral de 3,46 e um índice de gravidade de 69,2% na tabela 4.4(d). O gráfico da função de regressão na figura 4.1d mostra que o coeficiente de determinação (R ou r^2) é 0,236, enquanto o coeficiente de correlação calculado (r) é 0,4858. O valor crítico do coeficiente de correlação ($_{rc}$) ao nível de significância de 0,1 e grau de liberdade ($_{df}$) = 12 é 0,3646. O resultado do valor calculado de r = 0,4858 é superior ao valor crítico de rc = 0,3646. Isto mostra que as variáveis dos factores relacionados com a conceção constituem factores de constrangimento à execução de projectos de construção sustentável na área de estudo.

A perceção dos inquiridos sobre os factores de constrangimento associados aos factores técnicos e tecnológicos mostra uma média geral de 3,25 e um índice de gravidade de 65,0% na tabela 4.4(e). O gráfico da função de regressão na figura 4.1e mostra que o coeficiente de determinação (R ou r^2) é 0,271, enquanto o coeficiente de correlação calculado (r) é 0,5206. O valor crítico do coeficiente de correlação ($_{rc}$) ao nível de significância de 0,1 e grau de liberdade ($_{df}$) = 8 é 0,4428. O resultado do valor calculado de r = 0,5206 é superior ao valor crítico de r = 0,4428. Isto mostra que as variáveis dos factores técnicos e tecnológicos constituem factores de constrangimento à execução de projectos de construção sustentável na área de estudo.

A perceção dos inquiridos sobre os factores de constrangimento associados aos factores de construção mostra uma média geral de 3,70 e um índice de gravidade de 73,9% na tabela 4.4(f). O gráfico da função de regressão na figura 4.1(f) mostra que o coeficiente de determinação (R ou r^2) é 0,277 enquanto o coeficiente de correlação calculado (r) é 0,5263. O valor crítico do coeficiente de correlação ($_{rc}$) ao nível de significância de 0,1 e grau de liberdade ($_{df}$) = 18 é 0,2992. O resultado do valor calculado de r = 0,5263 é superior ao valor crítico de r = 0,2992. Isto mostra que as variáveis do fator construção constituem factores de constrangimento para a realização de projectos de construção sustentável na área de estudo.

A perceção dos inquiridos sobre os factores de constrangimento associados aos factores de gestão do projeto mostra uma média geral de 3,62 e um índice de gravidade de 72,4% na tabela 4.4(g). O gráfico da função de regressão na figura 4.1g mostra que o coeficiente de determinação (R ou r^2) é de 0,275, enquanto o coeficiente de correlação calculado (r) é de 0,5244. O valor crítico do coeficiente de correlação ($_{rc}$) ao nível de significância de 0,1 e grau de liberdade ($_{df}$) = 14 é 0,3383. O resultado do valor calculado de r = 0,5244 é superior ao valor crítico de r = 0,3383. Isto mostra que as variáveis do fator de gestão do projeto constituem factores de constrangimento para a realização de projectos de construção sustentáveis na área de estudo.

A perceção dos inquiridos sobre os factores de constrangimento associados aos factores de aquisição mostra uma média geral de 3,73 e um índice de gravidade de 74,6% na tabela 4.4(h). O gráfico da função de regressão na figura 4.1(h) mostra que o coeficiente de determinação (R ou r^2) é 0,435, enquanto o coeficiente de correlação calculado (r) é 0,6595. O valor crítico do coeficiente de correlação ($_{rc}$) ao nível de significância de 0,1 e grau de liberdade ($_{df}$) = 12 é 0,3646. O resultado do valor calculado de r = 0,6595 é superior ao valor crítico de r = 0,3646. Isto mostra que as variáveis dos factores de aquisição constituem factores de constrangimento à realização de projectos de construção sustentáveis na área de estudo.

A perceção dos inquiridos sobre os factores de constrangimento associados aos factores relacionados com o local mostra uma média geral de 3,50 e um índice de gravidade de 70,0% na tabela 4.4(i). O gráfico da função de regressão na figura 4.1(i) mostra que o coeficiente de determinação (R ou r^2) é 0,264 enquanto o coeficiente de correlação calculado (r) é 0,5138. O valor crítico do coeficiente de correlação ($_{rc}$) ao nível de significância de 0,1 e grau de liberdade ($_{df}$) = 6 é 0,5067. O resultado do valor calculado de r = 0,5138 é superior ao valor crítico de r = 0,5067. Isto mostra que as variáveis dos factores relacionados com o local constituem factores de constrangimento à realização de projectos de construção sustentável na área de estudo.

A perceção dos inquiridos sobre os factores de constrangimento associados aos factores de risco dos custos dos critérios mostra uma média geral de 3,71 e um índice de gravidade de 74,2% na tabela 4.4 (j). O gráfico da função de regressão na figura 4.1(j) mostra que o coeficiente de determinação (R ou r^2) é de 0,627, enquanto o coeficiente de correlação calculado (r) é de 0,7913. O valor crítico do coeficiente de correlação ($_{rc}$) ao nível de significância de 0,1 e grau de liberdade ($_{df}$) = 8 é 0,4428. O resultado do valor calculado de r = 0,7913 é superior ao valor crítico de r = 0,4428. Isto mostra que as variáveis do fator de risco dos critérios de custo constituem factores de constrangimento para a realização de projectos de construção sustentável na área de estudo.

A perceção dos inquiridos sobre os factores de constrangimento associados aos factores de perceção mostra uma média geral de 3,52 e um índice de gravidade de 70,4% na tabela 4.4(b). O gráfico da função de regressão na figura 4.1(k) mostra que o coeficiente de determinação (R ou r^2) é 0,268 enquanto o coeficiente de correlação calculado (r) é 0,5177. O valor crítico do coeficiente de correlação ($_{rc}$) ao nível de significância de 0,1 e grau de liberdade ($_{df}$) = 6 é 0,5067. O resultado do valor calculado de r = 0,5177 é superior ao valor crítico de r = 0,5067. Isto mostra que as variáveis do fator de perceção constituem factores de constrangimento à realização de projectos de construção sustentável na área de estudo.

A perceção dos inquiridos sobre os factores de constrangimento associados ao processo e aos factores regulamentares mostra uma média geral de 3,58 e um índice de gravidade de 71,6% na tabela 4.4 (l). O gráfico da função de regressão na Figura 4.1(l) mostra que o coeficiente de determinação (R ou r^2) é 0,246, enquanto o coeficiente de correlação calculado (r) é 0,4960. O valor crítico do coeficiente de correlação ($_{rc}$) ao nível de significância de 0,1 e grau de liberdade ($_{df}$) = 10 é 0,3981. O resultado do valor calculado de r = 0,4960 é superior ao valor crítico de r = 0,3981. Isto mostra que as variáveis do processo e dos factores regulamentares constituem factores de constrangimento à realização de projectos de construção sustentável na área de estudo.

O resumo da perceção dos inquiridos sobre os factores de constrangimento identificados mostra uma média geral de 3,70 e um índice de gravidade de 73,9% na tabela 4.5. O gráfico da função de regressão na figura 4.2 mostra que o coeficiente de determinação (R ou r^2) é 0,233 enquanto o coeficiente de correlação calculado (r) é 0,4827. O valor crítico do coeficiente de correlação ($_{rc}$) ao nível de significância de 0,1 e grau de liberdade ($_{df}$) = 24 é 0,2598. O resultado do valor calculado de r = 0,4827 é superior ao valor crítico de rc = 0,2598. Isto mostra que as variáveis dos factores de constrangimento identificados constituem um obstáculo à realização de projectos de construção sustentáveis no Estado de Enugu. Estes resultados obtidos para a discussão precedente confirmam o resultado do teste da hipótese I, rejeitando a hipótese nula e aceitando a hipótese alternativa de que estes factores constituem constrangimentos à realização de projectos de construção sustentável na área de estudo.

4.2.2 Impacto dos factores de constrangimento na execução de projectos de construção sustentável no Estado de Enugu

A Tabela 4.6 consiste na perceção dos inquiridos sobre o impacto das variáveis dos factores de constrangimento na execução de projectos de construção sustentável na área de estudo. O resultado mostra uma média geral de 4,33 e um índice de gravidade de 86,6%. O gráfico da função de regressão na figura 4.3 mostra que o coeficiente de determinação (R ou r^2) é 0,186, enquanto o coeficiente de correlação calculado (r) é 0,4313. O valor crítico do coeficiente de correlação (rc) ao nível de significância de 0,1 e grau de liberdade (df) = 28 é 0,2407. O resultado do valor calculado de r = 0,4313 é superior ao valor crítico de rc = 0,2407. Isto mostra que existe um impacto significativo dos factores de constrangimento na execução de projectos de construção sustentável, o que confirma o resultado obtido no teste da hipótese II.

4.2.3 Integração dos princípios-chave da sustentabilidade na realização de projectos de construção sustentável

As Tabelas 4.7 (a) a 4.7 (d) consistem na perceção dos inquiridos sobre os princípios-chave da integração da sustentabilidade na execução de projectos de construção sustentável no Estado de Enugu, na pontuação média, no índice de gravidade e na classificação das classificações dos inquiridos.

A perceção dos inquiridos sobre os princípios-chave de sustentabilidade associados aos princípios ambientais apresenta uma média geral de 4,00 e um índice de gravidade de 80,0% na tabela 4.7(a). O gráfico da função de regressão na figura 4.4(a) mostra que o coeficiente de determinação (R ou r^2) é 0,285 enquanto o coeficiente de correlação calculado (r) é 0,5339. O valor crítico do coeficiente de correlação (rc) ao nível de significância de 0,1 e grau de liberdade (df) = 24 é 0,2598. O resultado do valor calculado de r = 0,5339 é superior ao valor crítico de rc = 0,2598. Isto mostra que as variáveis dos princípios ambientais devem ser integradas na execução de projectos de construção sustentável na área de estudo.

A perceção dos inquiridos sobre os princípios-chave da integração da sustentabilidade económica mostra uma média geral de 4,02 e um índice de gravidade de 80,4% na tabela 4.7(b). O gráfico da função de regressão na figura 4.4(b) mostra que o coeficiente de determinação (R ou r^2) é de 0,301, enquanto o coeficiente de correlação calculado (r) é de 0,5486. O valor crítico do coeficiente de correlação (rc) ao nível de significância de 0,1 e grau de liberdade (df) = 6 é 0,5067. O resultado do valor calculado de r = 0,5486 é superior ao valor crítico de rc = 0,5067. Isto mostra que as variáveis dos princípios económicos devem ser integradas na execução de projectos de construção sustentável na área de estudo.

A perceção dos inquiridos sobre os princípios-chave da integração da sustentabilidade social mostra uma média geral de 4,10 e o índice de gravidade de 81,9% na tabela 4.7c. O gráfico da função de regressão na figura 4.4c mostra que o coeficiente de determinação (R ou r^2) é de 0,213, enquanto o coeficiente de correlação calculado (r) é de 0,4615. O valor crítico do coeficiente de correlação (rc) ao nível de significância de 0,1 e grau de liberdade (df) = 18 é 0,2992. O resultado do valor calculado de r = 0,4615 é superior ao valor crítico de rc = 0,2992. Isto mostra que as variáveis dos princípios de sustentabilidade social devem ser integradas na execução de projectos de construção sustentável na área de estudo.

O resumo da perceção dos inquiridos sobre a integração das variáveis dos princípios-chave da sustentabilidade mostra uma média geral de 4,13 e um índice de gravidade de 82,6% na tabela 4.7(d). O gráfico da função de regressão na figura 4.5 mostra que o coeficiente de determinação (R ou r^2) é 0,376, enquanto o coeficiente de correlação calculado (r) é 0,6132. O valor crítico do coeficiente de correlação (rc) ao nível de significância de 0,1 e grau de liberdade (df) = 6 é 0,5067. O resultado do valor calculado de r = 0,6132 é superior ao valor crítico de rc = 0,5067. Isto mostra que a integração dos princípios-chave da sustentabilidade é significativa, o que confirma o resultado obtido no teste da hipótese III.

4.2.4 Factores críticos de sucesso para a realização de projectos de construção sustentável

A Tabela 4.8 apresenta a perceção dos inquiridos sobre os factores críticos de sucesso para a execução de projectos de construção sustentável na área de estudo. O resultado mostra uma média geral de 4,15 e um índice de gravidade de 82,9%. O gráfico da função de regressão na figura 4.6 mostra que o coeficiente de determinação (R ou r^2) é 0,134, enquanto o coeficiente de correlação calculado (r) é 0,3661. O valor crítico do coeficiente de correlação ($_{rc}$) ao nível de significância de 0,1 e grau de liberdade ($_{df}$) = 38 é 0,2070. O resultado do valor calculado de r = 0,3661 é superior ao valor crítico de rc = 0,2070. Isto mostra que as variáveis do fator crítico de sucesso são significativas para os projectos de construção sustentável na área de estudo. Este facto confirma o resultado obtido a partir do teste da hipótese IV. Os parâmetros baseados nos factores críticos de sucesso foram utilizados para desenvolver um quadro para a execução de projectos de construção sustentável no Estado de Enugu na Secção 4.7.

4.2.5. Desenvolvimento de um quadro para a execução de projectos de construção sustentável no Estado de Enugu

O quadro desenvolvido para a realização de projectos sustentáveis no Estado de Enugu reforçará a integração da equipa de projeto, a eficiência da execução e a conclusão dentro dos custos, do prazo e do padrão de boa qualidade, com a satisfação dos participantes e dos utilizadores, o desempenho técnico, a saúde e a segurança dos ocupantes.

CAPÍTULO 5

RESUMO DOS RESULTADOS, CONCLUSÃO E RECOMENDAÇÃO

5.1 Resumo das conclusões

O desenvolvimento sustentável visa melhorar a qualidade da vida humana a nível económico, social, ambiental (harmonia na coexistência natural) e político. Do ponto de vista económico, implica a minimização das fontes de energia não renováveis, a reutilização, a redução, a reciclagem e a recuperação. A nível social, implica a redução da pressão da população sobre os recursos e, a nível político, implica uma boa governação. Os resultados são os seguintes:

1. A perceção dos inquiridos sobre os factores de constrangimento identificados para a execução de projectos de construção sustentável, conforme indicado no quadro 4.5, mostra que os factores de incentivo estão em primeiro lugar, seguidos dos factores económicos; factores de projeto; e educação, formação, competências e lacunas de conhecimento. Os factores técnicos e tecnológicos ocupam o lugar mais baixo na classificação. Isto mostra que, para que os projectos de construção sustentável sejam bem sucedidos, os incentivos aos participantes no projeto são fundamentais. Os factores técnicos e tecnológicos são os menos prioritários porque podem sempre ser aplicados a todos os tipos de projectos.
2. A perceção dos inquiridos sobre o impacto dos factores de constrangimento à realização de projectos de construção sustentável no Estado de Enugu, conforme indicado na tabela 4.6, mostra que o impacto mais significativo é a base de dados para projectos de construção e a simplificação do procedimento para implementar a sustentabilidade dos projectos de construção, seguido das áreas não construídas, conforme indicado nos planos do local, que necessitam de um desenho paisagístico mais aprofundado para alcançar o desenvolvimento sustentável. Os menos importantes na classificação são as disposições inadequadas para a proteção de questões ambientais existentes e futuras no plano diretor para uma aplicação adequada; e a falta de desenvolvimento controlado e de adesão às regras e regulamentos de planeamento. A base de dados para projectos de construção e a simplificação dos procedimentos para implementar a sustentabilidade, classificada em primeiro lugar, mostra que é muito essencial para realizar projectos de construção sustentáveis. O menor lugar na classificação mostra que outros factores de impacto implementados podem sempre levá-los adiante no decurso da implementação.
3. A integração dos princípios-chave de sustentabilidade nos projectos de construção sustentável, no quadro 4.7d, mostra que os princípios-chave dos factores ambientais, económicos e sociais são os mais bem classificados, seguidos da integração dos factores de sustentabilidade social e dos factores de sustentabilidade económica, respetivamente. A integração dos factores de sustentabilidade ambiental é a que ocupa o lugar mais baixo na classificação. A primeira classificação é esperada porque esta é a mensagem geral da integração da sustentabilidade nos projectos de construção de edifícios. A sustentabilidade ambiental será levada a cabo em conjunto com outros princípios.
4. A perceção dos inquiridos sobre os factores críticos de sucesso para a construção sustentável na área, na tabela 4.8, mostra que o cumprimento da meta e do objetivo do projeto foi classificado em primeiro lugar, seguido da saúde e segurança dos ocupantes, da satisfação dos participantes e da satisfação das relações interpessoais com os membros da equipa de projeto. O último lugar na classificação é ocupado pela eficiência da execução e conclusão do projeto. O cumprimento da meta e do objetivo do projeto é fundamental, seguido da saúde e segurança dos ocupantes em qualquer projeto. A eficiência da execução e da conclusão do projeto será levada a cabo quando os outros factores forem implementados.
5. Os factores críticos de sucesso do desempenho do projeto baseados nos critérios dos pontos 1 a 4 acima foram utilizados para desenvolver um quadro para a realização de projectos de construção sustentável bem sucedidos no Estado de Enugu.

5.2 Conclusão

No Estado de Enugu, alguns edifícios incorporam uma ou mais das caraterísticas verificáveis da conceção ecológica, mas a construção de edifícios com uma abordagem holística da realização de projectos sustentáveis é uma realidade distante. O desenvolvimento de projectos de construção sustentável implica o desafio de satisfazer as crescentes necessidades humanas de recursos naturais, produtos industriais, poupança de energia incorporada, alimentos, transportes e gestão eficaz de resíduos, conservando e protegendo simultaneamente a qualidade ambiental e a base de recursos naturais essenciais para a vida presente e futura, com uma política e uma estratégia de desenvolvimento bem articuladas. A conservação do sistema natural, físico e químico da Terra, com a integração da satisfação das necessidades humanas actuais e a longo prazo, será difícil sem uma estratégia de desenvolvimento devidamente articulada.

Os conceitos de desenvolvimento sustentável aplicados à conceção, construção, funcionamento e manutenção, com avaliação do ciclo de vida dos edifícios, melhorariam o bem-estar económico, a saúde ambiental e o bem-estar social das comunidades do Estado de Enugu. Isto é adequado nesta era de alterações climáticas, em que o desenvolvimento sustentável emergiu mais fortemente nos pontos de vista ambiental, económico e social, o que fez do conceito uma força motriz.

A análise dos factores de constrangimento à realização de projectos de construção sustentável no Estado de Enugu identificou os factores de constrangimento, examinou o impacto dos factores de constrangimento, determinou os princípios-chave de sustentabilidade para integração em projectos de construção sustentável, estabeleceu os factores críticos de sucesso e os indicadores de desempenho, e desenvolveu um quadro para atingir os objectivos.

Os princípios-chave da sustentabilidade para a integração em projectos de construção sustentável abrangem os aspectos económicos, sociais e ambientais. O aspeto económico diz respeito ao crescimento, à eficiência e à estabilidade. O aspeto social diz respeito à pobreza, à conservação do património cultural e ao emprego, ao passo que o aspeto ambiental diz respeito à biodiversidade/resiliência, à conservação dos recursos naturais, à poluição do ar, da água e do solo através dos esforços humanos para realizar projectos de construção sustentáveis. Estes objectivos podem ser difíceis de alcançar sem a sinergia de todos os profissionais do sector da construção civil. A integração destes conceitos contribuirá em muito para atenuar os riscos de erosão, inundações e catástrofes associadas que assolam a nossa sociedade atual.

Na maior parte dos estaleiros de construção do Estado de Enugu, não existem construtores profissionais, o que constitui uma grande ameaça à realização de projectos de construção sustentáveis.

Há também falta de integridade e práticas pouco éticas por parte de alguns intervenientes envolvidos na aprovação e no acompanhamento da execução de projectos de construção, o que constitui uma grande ameaça à realização de projectos de construção sustentáveis.

5.3 Implicações dos resultados

i. Na análise dos factores de constrangimento dos projectos de construção sustentável, foram identificados muitos factores de constrangimento. Estes factores de constrangimento serão difíceis de atenuar se não houver sinergia com os decisores políticos, os administradores políticos, os profissionais e consultores do ambiente construído, tanto no sector público como no privado, os promotores imobiliários, os fabricantes e importadores de materiais de construção, os proprietários dos edifícios, os utilizadores/ocupantes dos edifícios e os grupos de interesse associados.

ii. Os esforços de colaboração de agências governamentais, organizações não-governamentais, empresas e proprietários de casas individuais (clientes), fabricantes de materiais/produtos de construção, empreiteiros de construção com a participação da comunidade utilizarão o resultado deste trabalho de investigação.

iii. Os princípios-chave de sustentabilidade dos factores ambientais, económicos e sociais exigiriam o esforço do governo e das pessoas que habitam a área em termos de financiamento, participação ativa, educação, formação e sensibilização para alcançar o objetivo desejado.

iv. Os factores críticos de sucesso são essenciais como bons indicadores de desempenho para a execução bem sucedida de projectos de construção sustentável no Estado de Enugu.

v. O desenvolvimento de um quadro para a execução bem sucedida de projectos de construção sustentável beneficiará as partes interessadas na construção no ambiente construído, o meio académico, os estudantes e os fabricantes de produtos de construção, e aumentará o valor de mercado dos edifícios sustentáveis.

5.4 Recomendações

Com base nas conclusões, o estudo fez as seguintes recomendações

1. O Governo do Estado de Enugu deveria criar um Gabinete para o Desenvolvimento de Edifícios Sustentáveis (BSBD), encarregado da responsabilidade de ;

(a) Desenvolver um modelo para a execução de projectos de construção sustentável, a fim de incorporar medidas de atenuação das restrições aos projectos de construção sustentável nas fases pré-contratual e pós-contratual, tornando obrigatória a utilização do quadro desenvolvido para a execução de projectos de construção sustentável no Estado.

(b) Envolver-se no desenvolvimento de capacidades através da educação, formação, competências e lacunas de conhecimento para a integração sustentável dos constrangimentos identificados, impacto nos factores de constrangimento com os factores críticos de sucesso para alcançar projectos de construção sustentáveis no Estado.

(c) Incentivar a inovação de produtos para materiais de construção sustentáveis.

(d) Reorientação do conceito de tipo de edifício, de modo a tender mais para a resolução das necessidades de habitação dos grupos de baixo e médio rendimento, através da introdução de condomínios com inovações de conceção sustentável em alguns edifícios do Estado.

(e) Incentivar a participação ativa da comunidade, fazendo com que as comunidades anfitriãs se apropriem dos projectos no seu local e ambiente, a fim de colmatar o fosso entre os clientes, os ocupantes dos edifícios, os profissionais da construção, os empreiteiros e os fabricantes de materiais de construção para a realização de projectos de construção sustentáveis.

(f) Criar uma base de dados para a realização de projectos de construção sustentável.

(g) Estabelecer a ligação com as agências existentes no desenvolvimento de projectos de construção para a articulação de estratégias para projectos de construção sustentáveis bem sucedidos no Estado.

(h) O governo deve conceber estratégias para subsidiar os projectos de construção sustentável, de modo a que possam ser acessíveis a grupos com rendimentos médios e baixos.

2. O Governo do Estado de Enugu deve incentivar as parcerias público-privadas para acelerar o programa de renovação urbana com vista à realização de projectos de construção sustentáveis no Estado.

3. O governo deveria ter uma legislação que apoiasse todas as propostas recomendadas para uma aplicação correta.

5.5 Contribuição para o conhecimento

A investigação analisou os factores de constrangimento à execução de projectos de construção sustentável no Estado de Enugu, que constituem ameaças para a geração presente e futura dos habitantes da área de estudo. As contribuições para o conhecimento incluem o seguinte:

a) O estudo gerou uma avaliação qualitativa e quantitativa dos factores de constrangimento à execução de projectos de construção sustentável na área de estudo.

b) O estudo forneceu uma solução para a integração de princípios-chave de sustentabilidade no planeamento, execução e desempenho bem sucedido de projectos de construção sustentável na área de estudo.

c) O trabalho de investigação também desenvolveu um quadro para a execução bem sucedida de projectos de construção sustentável no Estado de Enugu, na Nigéria.

5.6 Sugestões para investigação futura

O estudo abordou principalmente as propostas de desenvolvimento de projectos de construção e os desafios associados e a forma de integrar princípios de sustentabilidade no decurso do seu planeamento e execução. As áreas recomendadas para estudos futuros são;

i. Integração da sustentabilidade nas infra-estruturas de edifícios existentes para o programa de renovação urbana no Estado de Enugu.

ii. Integração da sustentabilidade nos edifícios e seus efeitos nas alterações climáticas no Estado de Enugu.

iii. Manutenção sustentável das infra-estruturas de construção existentes para o desenvolvimento sustentável no Estado de Enugu.

iv. Integração dos desenhos As Built e do Manual de Manutenção do Edifício como uma verdadeira ferramenta para a realização de projectos de construção sustentáveis.

REFERÊNCIAS

Acharibasam, J. B. e Noble B. G. (2014). Avaliando os impactos da avaliação ambiental estratégica. *Avaliação de Impacto e Avaliação de Projetos,* **32** (3): 177 - 187.

Ackoff, R. L. (1981). The art and science of mess management, *Interfaces,* **11**; 20-26.

Adebayo, A. A. (2000). Architecture and Cities for Tourism Paper apresentado na Conferência de Turismo para a Arquitetura na Maurícia.

Adebayo, A. A. e Adebayo, P. (2000). Sustainable Housing Policy and Practice-reducing constraints and expanding horizons within delivery. Documento apresentado na 2nd Conferência Sul-Africana sobre Desenvolvimento Sustentável no Ambiente Construído, 23-25 de agosto, Pretória, África do Sul.

Adindu C., Musa, A., Nwajagu, U., Yusuf, S. e Yisa, S. (2020). Citado em Taylor e Norval (1994). Aplicabilidade da construção sustentável em projectos de infra-estruturas na Nigéria. Estudo empírico das seis zonas geopolíticas. *Journal of Infrastructure Development*, **3**(2): 129 - 141.

Adler, A., Amstrong, J. E., Fuller, S., Kallin, M., Karolides, A. e Macaluso, J. (2006). Green building: Project planning and cost estimating (2ª ed.). Kingston: R.S Means.

Agyeman, J. (2005). Sustainable communities and the challenge of environmental justice (Comunidades sustentáveis e o desafio da justiça ambiental). Nova Iorque: New York University Press.

Akabuike, B.O. (1990). Um pequeno texto sobre Geografia, Pegant Ventures, Enugu.

Akadiri, P. O., Chinyio, E. A. e Olomolaiye, P. O. (2012). Conceção de um edifício sustentável: Um Quadro Conceptual para a Implementação da Sustentabilidade no Setor da Construção. *Buildings*, **2**: 126-152.

Akotia, J. K. (2014). Um Quadro para a Avaliação dos Benefícios de Sustentabilidade Social e Económica de Projectos de Regressão Sustentável no Reino Unido. Tese de doutoramento de Salford, Reino Unido, 326.

Alias, A., Isa, N.K.M. e Samad, Z. A. (2014). Construção sustentável através do processo de planejamento do projeto. *Revista Europeia de Desenvolvimento Sustentável*, **3**(4):207-218 ISSN: 2239-5938.

Allen, C, Metternicht, G. e Wiedmann, T. (2019). Priorização das metas dos ODS: avaliação de linhas de base, lacunas e interligações. *Sustain Sci.*, **14**(2):421-38.

Aluko, O. (2000). O controlo do desenvolvimento e o novo programa de governo civil da Nigéria. *Jornal NITP*, **12**:79-88.

Aluko, O. (2011). Funcionalidade das autoridades de planeamento urbano na aplicação das leis e do controlo do planeamento urbano e regional na Nigéria: o caso do estado de Lagos. African Research Review. *An International Multidisciplinary Journal, Etiópia*, **5**(6): 156 - 177.

Al-Yami, A. M. e Price, A. D. F. (2006). Um quadro para a implementação da construção sustentável no projeto de briefing de edifícios. Portal de investigação.

Instituto Americano de Arquitectos (2010). A Baixa da Habitação e o Interesse Crescente na Contenção dos Custos Energéticos Resultam em Volumes de Anúncio de Tamanho de Casa Menor. http:// www.aia.org/press/AIAB080345.

Ametepy S. O., Ansah, S. e Gyadu-Asiedu W. (2020). *Jornal de Investigação sobre Construção e Planeamento de Edifícios*, **8** (3).

Anthoff, D. R. N. e Tol, R. (2010). *Mitigation and Adaptation Strategies for Global Change*, **15**(4) 321-335.

Anyadike, A. N. C. (2009). Statistical Methods for Social and Environmental Sciences Ibadan, Nigéria: Spectrum Books Limited.

APM (2012). Corpo de conhecimento da APM: Sixth edn. Buckinghamshire: Association for project Management.

Atikinson, C., Yates, A. e Wyatt, M. (2009). Sustainability in the built Environment: An

introduction to its definition and measurement. HIS BRE Press, Watford.
Banister, D. e Button, K. (ed) (2016). Transport, the Environment and sustainable development. Ebook https://doi.org/10,4324/9780203857151. Londres
Barlett, E. e Howard, N. (2000).Informar os decisores sobre o custo e o valor da construção ecológica. *Building Research and Information*, **28**(5/6):315 - 324.
Barry, B. (1997). Sustentabilidade e justiça intergeracional. *Theoria*, **45**: 43-65.
BCA (2007). Materiais de construção sustentáveis para edifícios. Obtido em 14 de outubro de 2010, de http://www.bca.gov.sa/sustainable construction/others.se materials book.pdf.
BCA (2013). Snippet of 3rd Green Building Master Plan, Build Green and Live Green. Marina Sand Bay, Singapura. Pp. 11-13.
BCA (2013a), About BCA Green Mark Scheme. Recuperado de http://www.bca.gov.sg/ GreenMark/Greenmark buildings.html
BCA (2013b). BCA Green Mark Assessment Criteria and Application Forms, Retrieved from http://www.bca.gov.sg/ Green Mark/green_mark Criteria html
BCA. (2012). Marca Verde da BCA: Norma de Certificação para Novos Edifícios (versão GM 4.1) Recuperado de
http://www.bca.gov.sg/Envsus_Legislation/others/GM_CertificationStd2012.pdf
Beatley, N. (2008). Pathways to green building and sustainable design: A policy primer for funders, funders Network for smart growth and liveable communities. http://www.fundersnetwork.org/files/learn/pathways to green building_policy_ primer_ 081112pdf
Bebbington, J. (2001). Sustainable Development: A review of the international development, business and accounting literature. *Accounting Forum*, **25**(2):128-157.
Bell, S. e Morse, S. (2008). Indicadores de sustentabilidade: Measuring the Immeasurable? 2nd Ed., Earthscan, Londres.
Bertalanffy, L. (1971). Teoria Geral dos Sistemas: Foundations, Development, Applications, Penguin, 1971, XX11, 311p.
Bhattaeherjee, A. (2012). Social Science Research Principles, Methods: and Practice. ISBN-13:978-1475146127.
Bogenstatter, U. (2000). Previsão e otimização dos custos do ciclo de vida na conceção inicial. *Building Research Information*, **28**(5):376-386.
Boto-Alvarez, A. e Garda-Fernandez, R. (2020).Implementação dos Objectivos de Desenvolvimento Sustentável da Agenda 2030 em Espanha. *Sustentabilidade*, **12**: 2546.
Boyden, B. (2000). Custo e valor: Factos e ficção. *Building Research Information*, **28**(5/6):338-352.
BRE. (2002). Guia MaSC: Proofing from sustainability. BRE, Londres.
Brenda, B. e Vale, R. (2006).Principles of Green Architecture in Stephen M., Wheeler and Beatley T. Ed (2006).
Brent, A..C. e Labuschange, C. (2004). Gestão do ciclo de vida sustentável: Indicadores para avaliar a sustentabilidade de projectos e tecnologias de engenharia. Trabalho apresentado na Conferência de Gestão de Engenharia, 2004.
Brent, A.C. e Pretorius, M.W. (2008). Desenvolvimento sustentável: Um quadro concetual para o campo de conhecimento da gestão da tecnologia e um ponto de partida para novas investigações. *South African Journal of Industrial Engineering*, **19**: 31-52.
Broman, G. I. e Robert K. H. (2017). Um quadro para o desenvolvimento estratégico sustentável. Journal of cleaner production, vol 140, parte 1 (17-310 janeiro).
Brundtland, F. H. (1987). O Nosso Futuro Comum: Relatório da Comissão Mundial sobre Ambiente e Desenvolvimento. Oxford University Press, Oxford Reino Unido.
Autoridade da Construção Civil (BCA) (2006). Enquadramento: Prémios BCA março/abril 307.
Bungau, C. C., Bungau, T., Prada, M. e Prada, I. F. (2023). Desenvolvimento Sustentável através da Construção Verde: Análise bibliométrica actualizada da literatura no terreno. Jornal Romeno de

Materiais = RRM **5391**: 82-93.
Cassidy, R. (2003). Livro Branco sobre Sustentabilidade, Build Des Construction (1), 1-48, CBRE (CB Richard Ellis). (2009). Who Pays for Green? The Economics of Sustainable Buildings. Investigação EMEA. CB Richard ELLIS
CBRE (CB Richard Ellis) (2009). Quem paga pelo verde? A economia dos edifícios sustentáveis: (CB Richard Ellis).
Cheland, P. B. (1981). Systems Thinking Practice, J. Wiley 1981.
Cheng X. (2023).Looking through goal theories in language learning: A review on goal setting and achievement goal theory. Jan 5:13:1035223.DOI: 10.3389/fpsyg.2022.1035223
Cheng, C., Pouffary, S., Svenningsen, N. e Callaway, M. (2008). The Kyoto protocol, the clean development Mechanism and the building and construction sector - A report for the UNEP Sustainable Buildings and Construction initiative. Programa das Nações Unidas para o Ambiente, Paris, França.
Chime, O.A. (2009). Efeitos dos resíduos urbanos na qualidade do rio Asata em Enugu, sudeste da Nigéria. *Global J. Environ. Sciences*, **8**(1): 31-39.
Choi, C. (2009). Removing Market barriers to Green Development: Principles and Action Projects to Promote Widespread Adoption of Green Development Practices [Princípios e projectos de ação para promover a adoção generalizada de práticas de desenvolvimento ecológico]. *JOSCRE*, **1**:107 - 138.
Chukwu, D.U., Anaele, E.A., Omeje, H.O. e Ohanu, I.B. (2019). Adaptação da construção de edifícios verdes nos países em desenvolvimento através da estratégia de capacitação: Survey of Enugu State, Nigéria. Revista Edifícios Sustentáveis. Publicado pela EDP Sciences.www. Sustainable Buildings Journal.org.
CIB (2004). 50 anos de cooperação internacional para construir um mundo melhor, CIB, Roterdão
CIDB (Conselho de Desenvolvimento da Indústria da Construção), (2003). Roteiro do IBS 2003-2010, CIDB, Malásia.
CIDB (Conselho de Desenvolvimento da Indústria da Construção), (2008). Estatísticas da construção. CIDB, Malásia.
CIDB, (2007a). Plano diretor da indústria da construção da Malásia 2006-2015, Malásia: CIDB
CIDB, (2007b). Diretrizes para a implementação do Sistema de Gestão Ambiental na Indústria da Construção Kuala Lumpur: CIDB.
CIOB (The Chartered Institute of Building), (2010). Code of Practice for Project Management for Construction and Development, Wiley-Blackwell, Reino Unido.
Clark, T.A. (2002). Project Management for Planners. A. Practical Guide. Estados Unidos: Planners Press, American Planning Association.
Cleland D. T., e King, W. R. (1988). Systems Analysis and Project Management, McGraw Hill 1988.
Clement e Gido (2006). Effective Project Management Canada: Thompson South-Western.
Clement F. D., Cheng, Y. e Hong, Z. (2018). *Revista Mundial de Engenharia e Tecnologia,* **6** (2B):22.
Cole, R. J. (2006). Mercado Partilhado: Coexisting Building Environmental Assessment Methods. *Building Research Information*, **34**(4): 357 - 371.
Cole, R. J. (2007). Utilização de energia e edifícios urbanos. Em N. Munier e Dordrecht (eds). Handbook on Urban Sustainability (389 - 438). The Neatherlands: Springer.
Cole, R. J. e Larsson, N.K. (1999). GBC' 98 e GBTool: Background. *Building Research Information*, **27**(4-5): 221 - 229.
Converys, D. e Peter, H. (1994). "An Institution to Development Planning" in David Adams (ed.). Urban Planning and the Development Process, Inglaterra.
Creswell, J. W. e Plano, C. V. (2011). Designing and Conducting Mixed Methods Research (2.ª ed.), Thousand Oaks, Califórnia: Sage Publications Inc.

Creswell, J. W. e Plano, C. V., Gutmann, M. e Hanson, W. (2003). Advanced Mixed Methods Designs, em A. Tashakkori e C. Teddlie (eds.). *Handbook of Mixed Methods in Social and Behavioural Research* (209 - 240). Thousand Oaks, Califórnia: Sage Publications Inc.

Crouzevialle, M. e Butera, F. (2017). Objectivos de desempenho e desempenho de tarefas: Considerações integrativas sobre a hipótese da distração. *European Psychologist,* **22**(2), 73-82. https://doi.org/10.1027/1016-9040/a000281

Daly, H. (1996) "The Economic Growth Debate: What some Economists have Learned but Many have not. *Journal of Environmental Economics and Management*, **14**:4.

Darko, A. e Chan, A.P.C. (2018). Estratégias para promover a adoção de tecnologias de construção verde nos países em desenvolvimento: *O caso do Gana, Build Environment*, **130**: 74 - 84.

Darwish M. M., Agnello, M. F. e Burgess, R. (2010). Incorporando o Desenvolvimento Sustentável e a Ética Ambiental no Ensino de Engenharia de Construção. 8th Conferência Latino-Americana e do Caribe de Engenharia e Tecnologia. Arequipa, Peru.

Darwish, M. M. e Agnello, M. F. B. (2009). Sustentabilidade Verde: Desafios e Mudanças para a Educação, Construção no Século XXI, Istanbuh, Turquia.

Darwish, M. M. e Agnello, M. F. B. (2009). Sustentabilidade/Verde: Desafios e mudanças para educadores e currículo. ASEE 116th Annual Conference Proceedings and Presentation Conference, June 14 - 17 Austin TX 2009.

Darwish, M. M. e Agnello, M. F. B. (2009). Porquê a construção sustentável, porquê agora"? Fifth International Conference on Construction in the 21st Century Istanbuh, Turquia maio de 2009.

Davoudi, S., Layard, A. e Betty, S. (2001). Planning for Sustainable future, Routledge, 1.ª ed.

Doyle, J.T., Brown, R. B., De Leon, D. P. e Ludwig, L. (2009). Building Green-Potential Impacts to the Project Schedule. International Transactions, Pp. 1 - 11.

Dresner, S. (2008). The Principles of Sustainability, 2 Ed., Earthscan, Londres.

Du Plessis, C. (2002). Agenda 21 para a construção sustentável nos países em desenvolvimento. Relatório para o CIB e UNEP-IETC, Pretória, África do Sul: CSIR Building and Construction Technology.

Du Plessis, C. (2005). Action for Sustainability: Preparing an African for Sustainable Building and Construction" *Building Research& Information*, **33**(5): 1-11

Du Plessis, C. (2007). A strategic framework for Sustainable Construction Developing Countries". *Construction Management and Economics*, **25**: 67 - 76.

Dumont, P., Gibson, G. e Fish, J. (1997). Gestão do âmbito utilizando o Project Definition Rating Index (PDRI). *Journal of Management in Engineering*, **13**: 54-60.

Dunphy, D. C., Griffiths, A. e Benn, S. (2007). Mudança organizacional para a sustentabilidade empresarial: um guia para líderes e agentes de mudança do futuro. 2a ed. London: Routledge.

Edwards, B. (1998). Green Building Pay, E e FN Spon, Londres.

Emmanuel A. J., Ibrahim, A.D.F. e Adogbo K. J. (2014). Uma avaliação da perceção dos profissionais sobre o desempenho da sustentabilidade dos projectos de infra-estruturas na Nigéria. *Jornal de Gestão e Inovação de Projectos de Construção.*

Governo do Estado de Enugu (2004). Responsabilidade estatutária da ESWAMA. *Diário Oficial,* Edital n.º 8, 2004".

Ambiente: Sustainable Building and Construction. *Programa das Nações Unidas para o Ambiente*, **26**(2-3):53-57.

Ezemerihe, A. (2002). Problemas que militam contra o papel dos clientes e consultores na execução eficaz de projectos de construção na Nigéria. IBN 978-2897 - 71- x. Rexcharles and Patrick Publishers.

Faber, N., Jorna, R. e Van Engelen, J. (2005). A sustentabilidade da sustentabilidade: A study into the concetual foundations of the notion of sustainability. *Journal of c Policy and Management*, **7**(1): 1 - 33.

Falade, B. (1992). O planeador profissional e o âmbito do serviço de planeamento à luz do decreto 88 de 1992
Fangel, M. (1988). A abordagem Viking à gestão de projectos ELSEVIER *International Journal of Project Management*, **6** (2): 102-105
Farmer G. e Guy S. (2002).Interpretação do design verde: Para além do desempenho e da ideologia. Sustainable Building: Meaning Process, Users Pp. 11 - 21.
Fay, R., Treloar, H., e Iyer-Raniga, U. (2000). Life cycle Energy analysis of buildings: *A Case Study Building Research and Information*, **28**(1), 31-41.
Fellow, R. e Liu, A. (2015).Research Method for Construction. Terceira edição Blackwell publishing Limited, Chichester, Pp. 322.
Flood R. L. e Jackson M. C. (1991). Creative Problem Solving - Total Systems Intervention, Wiley 1991.
Fodor, E. (1999). Better not Bigger. How to take control of Urban Growth and Improve your community, Toronto, Canadá.
Gandus, Y. J. (2015). Desenvolvimento de um Modelo de Gestão de Custos Práticos para Projectos de Construção na Nigéria. Tese de doutoramento. Universidade Ahmadu Bello, Zaria, Pp. 337.
Gething, B. and Bordass, B. (2006).Rapid Assessment Checklist for Sustainable Buildings. *Building Research and Information*, **34**(4):416 - 426.
Gibson, G. E., Gebken, R. J. (2003). Qualidade da conceção no planeamento pré-projeto: Applications of the project definition rating index. Building Research and Information, 31: 346-356.
Glavinch, T. E. (2008). Contractor's Guide to green building Construction Management, project delivery, documentation and risk reduction. Nova Iorque, Wiley.
Gordon, A. A. e Gordon, D. L. (ed) (2013). Understanding Contemporary Africa 1st Virginia De Lancey - The Economies of Africa; Pp. 107.
Gottfried, D.A. (1996). The Economics of Green Buildings in Sustainable Technical Manual, Public technology Inc., EUA. U.S.A.
Green Building Council Australia (GBCA) (2008). Green Star - Office v3 Technical Manual Retrieved from http://www. gbca.org.au/green-star/rating-tools/green-star-office- v3/1710.html
GRI (2011) Diretrizes para a elaboração de relatórios de sustentabilidade (Diretrizes G3.1 2000-2011). Recuperado de https:www/globalreporting.org/reporting/G3andG3-1/Pages/default.aspx
GRI (2014). As Diretrizes para a Elaboração de Relatórios da GRI Principais caraterísticas da G4. Recuperado de https://www.globalreporting.org/resourcelibrary/main-features-of-g4.pdf
GSB (2009). Green Building Index for Non-Residential New Construction (NRNC) Malaysia. Green-Building, Index Green Building Index sdn, bhd, Malásia.
GSB (2012b). O que é a Construção Verde? Recuperado de http://www.greenbuildingindex.org/why-green-buildings, html
GSB (2013a). O que é o Índice de Construção Verde? Recuperado de https:// www. greenbuil dingindex.org/index.html.
GSB (2013b). Organização da GSI em https://www.greenbuildingindex.org/organization.html.
GSB (2013c). O Sistema de Classificação GBI. Recuperado de http://www.greenbuildingindex. org/how-GBI-works2.html.
Halliday, S. (2008). Sustainable Construction, Oxford: Butterworth-Heinemann.
Hamilton, M. R., Gibson, G. E., (1996). Benchmarking pre-project planning efforts. *Gestão em Engenharia*, **12**: 25-33.
Harackiewicz, J. M., Barron, K. E., Pintrich, P. R., Elliot, A. J., & Thrash, T. M. (2002). Revisão da teoria dos objectivos de realização: Necessary and illuminating. *Journal of Educational Psychology*, **94**: 562-575.
Hayles, C. S. (2003). Value Management in the Construction of Sustainable Communities, A

World Value, Hong Kong Institute of Value Management 6th Conference: Centro de Convenções e Exposições de Hong Kong, p. 26-27.

Hayles, C. S. (2004). The Role of Value Management in the Construction of Sustainable Communities (O Papel da Gestão de Valor na Construção de Comunidades Sustentáveis). *The Value Manager*, **10**(1).

Hayles, C. S. e Holdsworth, S.E. (2005). Constructing Stimulus: Teaching Sustainability to Engender Change. Fabricating Sustainability: 39th Annual Conference of the Architectural Science Association, Victoria University of Wellington, New Zealand, Pp. 17-19.

Hayles, C. S. e Kooloos, T. (2008). Os desafios e as oportunidades das práticas sustentáveis. Construction in Developing Countries: Procurement, Ethics and Technology: Simpósio Internacional Construção nos Países em Desenvolvimento. 16-18 de janeiro. Trinidad e Tobago.

Heerwagen, J. (2000). Green Building, Organisational Success and Occupant Productivity (Edifício Verde, Sucesso Organizacional e Produtividade dos Ocupantes). *Building Research and Information*, **28** (516): 353 - 367.

Heerwagen, J. H., e Orians, G. H. (1993). Human, Habitats and Aesthetics in S. R. Kellent and E. O. Wilson (Eds.). The Biophilia Hypothesis. Washington D.C.: Island Press Shear Water Books.

Hendrickson, C. (2000). Project Management for Construction Fundamental Concepts for Owners, Engineers, Architects and Builders (2ª Ed.): World Wide Web Publications. Pittsburgh.

Hill, R.C. e Bowen, P.A. (1997). Sustainable Construction, Principles and Framework for Attainment, *Construction Management and Economics,* **15**:223 - 239.

Hornby, A.S. e Wehmeier, S. (2000). Oxford Advanced Learners Dictionary of Current English 6th Edition. Oxford University Press. Jan. https://en.wikipedia.org /w/ index. php? title = Enugu & oldid=903961749.

Hornby, A.S., GatenBy, E.V. e Wakefield, H. (2000) Oxford Advanced Learners Dictionary of Current English, Oxford University Press.

Hosey L. (2012). The shape of green: aesthetics, ecology, and design [A forma do verde: estética, ecologia e design]. Washington (EUA): Island Press; 2012.

Howes, R. (1996) "Citizens, Consumers and the Environment: Reflections on the Economy of the Earth". *Environmental Values*, **3**:4.

HRDC (Human Research Development Canada) (2003). Introdução aos princípios de gestão de projectos.

Hwang, B. G., e Ng, W. J. (2013). Conhecimento e habilidades de gerenciamento de projetos para a construção verde: Superando desafios. *Jornal Internacional de Gestão de Projectos*, **31**: 272 - 284.

Ibrahim, A. D. e Price A.D.F. (2005). Impact of Social and Environmental Factors in the Procurement of Healthcare Infrastructure (Impacto dos factores sociais e ambientais na aquisição de infra-estruturas de cuidados de saúde). *Journal of Project Management and Innovation.*

Ikejiofor, U.C. (2009). Planning within the Context of Informality: Issues and Trends in land Delivery in Enugu, Nigeria. http://www.unihabitat.org/gohs 2009. Comissão Nacional da População (2014): Diário Oficial.

Ikejiofor, U.C. (2009). Planning within the Context of Informality: Issues and Trends in land Delivery in Enugu, Nigeria. http://www.unihabitat.org/gohs 2009. Comissão Nacional da População (2014): Diário Oficial.

Associação Internacional para a Avaliação de Impactos (IAIA) (2002). Statement on Assessment to the third preparatory Committee Meeting of the World Summit on Sustainable Development (WSSD) New York. Fargo. EUA.

Conselho Internacional para as Iniciativas Ambientais Locais (ICLEI) (1996). The Local Agenda 21 Planning Guide. Toronto: ICLEI

International Council for Research and Innovation in Building and Construction (ICRI) e Programa das Nações Unidas para o Ambiente (PNUA) (2002) Agenda 21 for Sustainable

Construction in Developing Countries. A Discussion Document. Pretória CSIR Building and Construction Technology.
Iniciativa Internacional para o Ambiente Construído Sustentável (iiSBE) (2012). SB Tool 2012, Retrieved from http://www.iisbe.org/ Sbtool-2012.
IPCC, (1990). Alterações climáticas: The IPCC Assessment. Genebra: Organização Meteorológica Mundial.
IPCC, (2014). Alterações climáticas: Relatório de Síntese.
IUCH/UNEP (1991). Cuidar da Terra. Uma estratégia para uma vida sustentável. Suíça: IUCH/UNEP.
Jabareen, Y. (2004). A knowledge map for describing variegated and conflict domains of Sustainable Development (Um mapa de conhecimentos para descrever domínios variados e conflituosos do desenvolvimento sustentável). *Journal of Environmental Planning and Management*, **47**(4): 623 - 642.
Jallendram, T. (2011). Sustentabilidade na gestão de edifícios verdes. Recuperado de http://www.mgbc.org.my/Resources/1rThirukumaramJallendran-Gerir_Projectos_Verdes.Pdf
Jankowiez, P. I. (1991). A história do desenvolvimento de parques na Nigéria: um trabalho apresentado na primeira palestra anual da Sociedade de Horticultura de Lagos. Acesso à Flora. Ipaja.
Jenkins, W. (2008). Global ethics, Christian theology, and sustainability (Ética global, teologia cristã e sustentabilidade). Worldviews: *Global Religions, Culture, and Ecology*, **12**:197-217.
John, G., Clements-Croome, D. e Jeronimids, G. (2005). Soluções de construção sustentável: A review of lessons from the natural world. *Building and Environment*, **40**: 319 - 328.
Johnson, N., Creasy, T. e Yang, F. (2016). Tendências recentes em teoria, uso e aplicação na disciplina de gerenciamento de projetos. *Journal of Engineering Project and Production Management*, **6**(1):25-52.
Kaatz, E., Root, D. S., Bowen, P., e Hill R. C. (2006). Advancing Key Outcomes of sustainability Building Assessment. *Building Journal and Information*, **34**(4) 308 - 320.
Kaatz, E., Roots, D., Bowen, P. (2005). Alargamento da participação no projeto através de uma avaliação modificada da sustentabilidade do edifício. *Building Research and Information*, **33** (5): 441454.
Karaitiana, R. (2004). Sustainability and the building and the construction Industry. Journal of United Nations sustainable development. *Centro Canadiano para a Ciência e a Educação*, **2**(4).
Karl, S. (1970). Damp Diffusion and Buildings (Difusão de humidade e edifícios). Elsevier Publishing Company Limited UK.
Kasala, S. E. e Burra M. M. (2016). O papel da parceria privada e da entrega de terrenos com serviços na Tanzânia. Business vol 8 Boi. 1 de março, 7.
Kayoed, O. (1998). Modern urban and regional planning law and administration in Nigeria.
Kerzner, H. (2003). Gestão de Projectos: A system approach to planning, scheduling and controlling (8 ed.). Nova Iorque; Willey.
Kibert, C. J. (2004). Green Buildings: An overview of progress. *Journal of Land Use*, **19**(2): 491-502
Kibert, C. J. (2005). Construção sustentável: Green building design and delivery. Hoboken N. Y. Wiley.
Kibert, C., Sendzimir, J. e Gu, G.B. (Eds). (2000). Definição de uma Ecologia da Construção. Ecologia da construção: Nature as the Basis for Green Buildings. Nova Iorque: Spon Press, Pp. 7 - 28.
Kibert, C.J. (1994). Prefácio. Primeira Conferência Internacional do CIB TG 16 sobre Construção Sustentável Tampa, Universidade da Florida.
Kibert, C.J. (2008). Sustainable Construction: Green Building Design and Delivery, Hoboken, N.

J: Willey.
Kibert, C.J. (2008). Sustainable Construction: Green Building Design and Delivery, 2 Ed., John Wiley and Sons, Inc., New Jersey.
Kibert, C.J. e Grosskopf, K. (2005). Radical Sustainable Construction: Envisioning NextGeneration Green Buildings, Livro Branco, Next-Generation Green Buildings: The Rethinking Sustainable Construction 2006 (RSC06), Sarasota, Florida, USA, Pp. 19-22.
Kiewiet, D. J. e Vos, J.F.J. (2007). Sustentabilidade organizacional: um caso para a formulação de uma definição à medida. *Journal of environmental assessment policy and Management,* **9**(1):1-18.
Knoema, (2019). Nigeria Population 1960 - 2017- Knoema. comhttp://Knoema.com/atlas Nigeria/Population.
Kohler, N. e Lutzkendorf, T. (2002). Análise integrada do ciclo de vida. *Building Research and Information*, **30**(5): 338 - 348/
Kombo, D.K. e Tromp, D.L.A. (2006). Introdução à redação de propostas e teses. Makuyu, Quénia: Pualines Publications Africa.
Korkmaz, S., Horman, M., Molennar, K. e Gransberg, D. (2010). Influence of project delivery methods on achieving sustainable high performance buildings. Relatório sobre estudos de caso, Fundação Charles Pankow.
Kothari, C. R. (2004). Metodologia, métodos e técnicas de investigação. Third edition, New New Delhi: Age International publishing Limited.
Kothari, C. R. e Garg, G. (2014). Metodologia, métodos e técnicas de investigação. Terceira edição, New Age International publishers.
Labuschagne, C. e Brent, A.C. (2005). Gestão sustentável do ciclo de vida do projeto. A necessidade de integrar os ciclos de vida no sector transformador. *Jornal Internacional de Gestão de Projectos,* **23**(2): 159 - 168.
Labuschagne, C. e Brent, A.C. e Classen, S. J. (2005). Environmental and Social Impact Considerations for Sustainable Project life cycle management in the Process Industry, *Corporate Social Responsibility and Environmental Management*, **12**:38 - 54.
Labuschagne, C., Brent, A.C. e Van Erck, R.P. (2005).Assessing the sustainability performances of industries. *Journal of Cleaner Production*, **13**: 373-385.
Laloe, F. (2007). Modelação da sustentabilidade: From applied to involved Modeling. *Informação em Ciências Sociais*, **46**(1): 87 - 107.
Lanthing, R. (1995). Desenvolvimento sustentável e o futuro da construção, CIBW 82.
Larson, N. K. (2012). Guia do utilizador para o quadro de avaliação SBYool.
Latham, G. P. e Seijts, G. H. (2016). Ensaio convidado de um académico distinto: Similarities and Differences among Performance, Behavioral, and Learning Goals (Semelhanças e diferenças entre objetivos de desempenho, comportamentais e de aprendizagem). *Journal of Leadership and Organizational Studies.*
Lee, T.e Mitchell, T. (2000). Controlar a rotatividade através da compreensão das suas causas. Handbook of Principles of Organizational Behaviour. Malden: Blackwell Publishers Ltd.
Levin, H. (1997). Avaliação sistemática e avaliação do desempenho ambiental dos edifícios (ASEABEP). *Procedimentos da Segunda Conferência Internacional sobre Edifícios e Ambiente, CSTB e CIB*, 2, Paris, Pp. 3-10.
Locke, E. A., e Latham, G. P. (2002). Building a practically useful theory of goal setting and task motivation: A 35-year odyssey. *American Psychologist,* **57**(9):705-717. https://doi.org/10.1037/0003-066X.57.9.705
Lockwood, C. (2006). Building the Green Way, Harvard Business Review, Pp. 129 - 137.
Lucas, G. e Rubel, W. (2004). The Moral Foundations of Leadership, Boston, M.A: Pearson Education, Pp. 116.
Lutzkendorf, T. e Lorenz, D. (2008).Sustainability in property valuation. Teoria e prática. *Journal of Property Development Investment and Finance*, **24**(6): 402-421.

Mansur, S.A., Che Wan Putra, C.W.F. e Mohammed, A.H. (2003) Productivity Assessment and Schedule Compression Index (PASCI) for Project Planning. 5th Conferência de Engenharia e Construção Estrutural da Ásia-Pacífico (ASPEC, 2003) Johor Bahru, Malásia.
Mantatov, V. V. (2002). Filosofia do desenvolvimento sustentável (pelo exemplo do realismo dia-elétrico de V. S. Soloviev): Klyuchevskaya 40a, 670013. Instituto de Desenvolvimento Sustentável, ESSUT. Ulanude, Rússia.
McCoach, D. B. (2002). Um estudo de validação do inquérito de avaliação da atitude escolar. *Measurement and Evaluation in Counselling and Development*, **35**: 66 - 77.
McDonough, W. e Broungart, C. (2007). Cradle to Cradle: Remarkable the way We Make Things, Nova Iorque: North Point Press.
McGraw Hill Construction (2006).Green Buildings smart market report: Design and Construction intelligence. Nova Iorque: McGraw Hill Construction.
McKee, W. (1998). Capítulo 2: Green Buildings and the UK Property Industry in Edwards, B. (1998) Green Buildings Pay, E. and FN Spon, London.
McKee, W. (1998). Green Buildings and the UK Property Industry. Em B. Edwards (ed.).
McKeown, L. e Dendinger, D. (2000). Socio-political Foundations of Environmental Education (Fundamentos sociopolíticos da educação ambiental). *Journal of Environmental Education*, **31**(4): 37 - 45.
McKeown, L. e Dendinger, D. (2003). Teaching Sustainability at Universities: Towards Curriculum Greening, Universidade de Michigan.
Mebratu, D. (1998). Sustentabilidade e Desenvolvimento Sustentável: Historical and Conceptual Review. *Environmental Impact Assessment Review,* **18**(6):493 - 520.
Mensah J. (2019). Desenvolvimento sustentável: Significado, história, princípios, pilares e implicações para a ação humana. *Cogent Social Sciences*, **5** 91) 219.
Midgley, C., Kaplan, A., & Middleton, M. (2001). Objectivos de desempenho: Bom para quê, para quem, em que circunstâncias e a que custo? *Journal of Educational Psychology,* **93**: 77-86.
Mikesell, R.F. (1994). Environmental Assessment and Sustainability at the Project and Program level. Em Goodland, R e Edmundson V. (editores) Environmental Assessment and Development, 20-25 World Bank. Washington, D.C
Miyatake, Y. (1996). Desenvolvimento tecnológico e construção sustentável. *Journal of Management in Engineering*, **12**(4):23-37.
Mochal, T. e Krasnoff, A. (2010). Green Project Management: Apoiar a Norma ISO 14000 através do Processo de Gestão de Projectos. Recuperado de http:// green economypost.com/green-project-management-greenpem-ISO-14000-11040.htm
Morris, P.W.F. (2011). Gerir o Front End: Back to the Beginning. Project Perspectives, **33**: 4-8.
Mugeda, O.M. e Mugeda, A.G. (2003). Métodos de investigação: Quantitative and Qualitative Approaches. Narobi, Quénia: ACTS.
Muldavin Company Inc. Estados Unidos. Munasignhe, M. (1993). Environmental Economics and Sustainable Development. Banco Mundial, Washington DC
Muldavin, S.R. (2010). Valor para além da poupança de custos, como subscrever propriedades sustentáveis,
Munasinghe, M. (1993). Towards Sustainable Development: An Implementing Framework Springer Link Journal.
Mustafa, Y. e Adem, B. (2015). Sustentabilidade no sector da construção. *Procedia-Social and Behavioral Sciences*, 195: 2253-2262.
Myers, D. (2005). A Review of construction companies' attitude to sustainability. *Construction Management and Economics*, **23**: 781-785.
Associação Nacional de Construtores de Casas (NAHB) (2009). Norma Nacional de Construção Verde. Obtido em 2 de agosto de 2009, em http://nahbfreen.org/ guidelines/ ansistandard.aspx.
Gabinete Nacional de Auditoria (NAO) (2007). Building for the Future: Sustainable Construction

and Refurbishment on the government estate. Rep. n.º HC 324 sessão 2006-2007, Stationary Office, Londres.
Gabinete Nacional de Estatística (2023). Estado de Enugu da Nigéria. Retirado de https://citypopulation.de/Php/Nigeria-admin.
Comissão Nacional da População (2006). República Federal da Nigéria. *Jornal Oficial*, **96**(2): 923. Impressora do Governo Federal de Abuja.
Comissão Nacional da População (CNP) (2002). Sentinel survey of the national population programme baseline report, (NPC, Abuja, 2002).
Comissão Nacional da População NPC (1991). Censo Nacional da População e da Habitação, Quadro de prioridades, Vol. 111, Abuja Nigéria.
Newton, J. (2001a). Povoamento sustentável através de uma conceção urbana sustentável. Sprinter
J. Newton, J. (2001b) Sustainable Planning of land use Activity, Subdivision and Housing.
Nfor, B.N. (2006). Uma Avaliação do Sistema Artesiano da Bacia de Anambra, Sudeste da Nigéria. *Jornal Europeu de Investigação Científica*, **15** (2): 140-150.
Nicholls, J. G., Cobb, P., Wood, T., Yackel, E. e Patashnick, M. (1990). Avaliação das teorias de sucesso dos alunos em matemática: Individual and classroom differences. *Journal for Research in Mathematics Education*, **21**: 109-122.
Nnaemeka-Okeke, R.C., Okeke, F.O. e Sam-Amobi, C. (2020). A Agenda 2030 para o Desenvolvimento Sustentável na Nigéria: O papel do Arquiteto. Ciência, Tecnologia e Políticas Públicas, *Science Publishing Group*, **4**(1): 15 - 21.
Norton, P. (2005) 'A Critique of Generative Class Theories of Environmentalism and of the Labour-Environmentalist Relationship. *Environmental Politics,* **12**:4.
Nwafor, J.C. (2006). Environmental Impact Assessment for Sustainable Development (Avaliação do Impacto Ambiental para o Desenvolvimento Sustentável), Eldermark Publishers, Enugu, Nigéria.
Nwokoro, H. O. (2011). Construção sustentável ou ecológica em Lagos, Nigéria: Principles, attitudes and framework. *Journal of Sustainable Development*, **4**: 166 - 174.
Ofori, G. (1998). Construção sustentável: Principles and a Framework for attainment - Comment. *Construction Management and Economics*, **16**(2):141-145.
Ofori, G. (2000). Desafios das indústrias de construção nos países em desenvolvimento: Lições de vários países. Actas da 2ª Conferência Internacional da UB TG29 sobre Construção nos Países em Desenvolvimento Desafios da Indústria da Construção nos Países em Desenvolvimento 15 - 17, novembro de 2000, Gabarone, Botswana, Pp. 1 - 3.
Oformata, G.E. e Phil-Eze, P.O. (2004). A survey of Igbo National. Warri. African First Publishers Limited.
Ogunoh, P. E. (2008). Maintenance of Public Estates in Awka, Anambra State. A Case Study of Iyiagu and Real Housing Estate (Tese de Mestrado não publicada) Universidade Nnamdi Azikiwe, Awka, Nigéria.
Okolie, K. C. (2011). Avaliação do desempenho de edifícios em instituições de ensino: A Case of Universities in South-east Nigeria (Tese de Doutoramento publicada), nelson Mandela Metropolitan University, Port Elizabeth, África do Sul.
Okoye, J.O. e Omolabi, A. (1996). The cities in Southern Nigeria, Onitsha: Varsity Industrial Press.
Okpala, D. I. C. (1999). Upgrading Slum and Squatter Settlement in Developing Countries. Is there a cost effective alternative. *Third World Planning Review*, **21**(1):1-17.
Omolabi, A. (2008). Integrated urban Planning Framework for Enhancing Sustainable Spatial Development (Quadro de Planeamento Urbano Integrado para Melhorar o Desenvolvimento Espacial Sustentável). *Journal of Building and Construction Management*, **1**(1):
Omolabi, A. O. (2003). The Need for a New Approach to an Effective Urban Environmental Planning and Management in Ethiopia". 3rd Conferência Nacional sobre Planeamento Urbano e

Questões Selecionadas, Perspectivas Alargadas e Melhoria das Capacidades - Tarefa Central para o Planeamento das Cidades. Instituto Nacional de Planeamento Urbano, Adis Abeba, Etiópia.
Onibokun, A. (1989). Urban Growth and Urban Management in Nigeria (Crescimento Urbano e Gestão Urbana na Nigéria). African Cities in Crisis Managing rapid Urban Growth. Blackwell.
Onibokun, A. (1996). Conceitos de cidade sustentável e de cidade saudável. New Dimension in Pragmatic Urban Management. Imprensa da Universidade de Ibadan.
Onokerhoranye, A. G. (2006). Four Decades of Town Planning in Nigeria: The Challenges Ahead" Proceedings of 37th Annual Conference of NITP, Nov. 8-11 Abuja.
Ordonez, L.D., Schweitzer, M.E., Galinsky, A. D. e Bazerman, M.H. (2009), Goals Gone Wild: The Systemic Side Effects of Overprescribing Goal Setting. *Academy of Management Perspectives*, **23**(1).
Organização para a Cooperação e Desenvolvimento Económico (OCDE) (2006). Projeto de norma sobre a avaliação do desenvolvimento, Comité de Ajuda ao Desenvolvimento
Organização para a Cooperação e Desenvolvimento Económico (OCDE) (2003). Executive summary: Environmentally Sustainable Buildings: Challenges and Policies, OCDE, consultado em 7 de junho de 2006, http://www.oecd.org.
Organização para a Cooperação e Desenvolvimento Económico (OCDE) (2006) projeto de norma sobre a avaliação do desenvolvimento. Comité de Ajuda ao Desenvolvimento.
Osei-Nimo, S. e Kyaruzi, I.S. (2015). Poder e controlo em empresas intensivas em conhecimento: Empresas pós-burocráticas e cultura empresarial.
Otegbulu, A.C. (2011). Economia do design verde e sustentabilidade ambiental. *Journal of Sustainable Development*, **4** (2): 240.
Pallant, J. (2016). *SPSS Survival Manual*. Um guia passo a passo para a análise de dados usando o IBM SPSS, Londres: Open University Press.
Perkin, S., Sommer, F. e Uren, S. (2011). Desenvolvimento sustentável: Compreender o conceito e o desafio prático. Actas da Instituição de Engenheiros Civis. *Engineering Sustainability*, **156**(1):19 - 26.
Peter, C. e Charles, C. (2000). HKBEAM (Hong Kong building Environmental Assessment Method) Assessing Healthy Buildings charles@bec.org.hk)
Plank, R. (2008). Os princípios da construção sustentável. *IES J. Part A: Civil Structural Engineering*, **1**: 301-307.
Plant, P. O. (2006). The intra-household choices regarding commuting and housing. Transport Research Part A: *Policy and Practice*, **40** (7): (561-571).
Plaut, J. M. (2006). Experiências Pivotais e a Defesa da Sustentabilidade na Indústria da Construção. Tese de Mestrado no Departamento de Gestão da Construção. Universidade Estadual do Colorado, Fort Collins, Colorado.
Plumwood, V. (2012). Relação Descolonizadora com a Natureza. e-book ISBN 9781849770927
PMI (2008). A Guide to the Project Management Body of Knowledge (PMBOK) (Quarta ed.) Estados Unidos: Project Management Institute Inc.
PMI (2012). A Guide to the Project Management Body of Knowledge (PMBOK) (Sexta ed.) Estados Unidos: Project Management Institute Inc.
Pourebrahimi, M., Eghbali, S. e Roders, A. (2020). Identificação da obsolescência do edifício para aumentar a vida útil dos edifícios. *Jornal Internacional de Patologia e Adaptação*, 6 de abril de 2000.
Practical Action (2007). Gordon, Do you get the Climate Change Yet? www.makethehint.org.uk.
Practical Action (2009). Climate Change Diaries, http://practicalaction.org/?id=climate change diaries.
Qian, Q. K., Chan, E.H.W. e Khalid, A.G. (2015). Desafios na entrega de projectos de construção verde: Unearthing the transaction costs (TCs). *Sustainability*, **7**:3615 - 3636.
Qian, Q.K., Chan, E.H.W e Khalid, A. G. (2015) Challenge in Delivering Green Building projects.

Desenterrando as camadas de transação (TCs). *Desenvolvimento Urbano e Rural Sustentável*, **7** (4): 10.3390

Ramon, D., Allacker, K., Trigaux, D., Wouters, H. e Lipzig, N.P.M. (2023). Modelação dinâmica da utilização de energia operacional numa avaliação do ciclo de vida de um edifício (LCA). Um estudo de caso de um edifício de escritórios belga.

Reid, N. J. (2000). Participação da comunidade. Escritório de Desenvolvimento Rural do USDA.

Reyes, J.P., San-Jose, J.T., Cuadrado, J. e Sancibrian, R. (2014). Critérios de saúde e segurança para determinar o valor sustentável da construção, *Projects Safety Science*, **62**:221232.

Riley, D. R., Grommes, A. e Thatcher, C. E. (2007).Teaching Sustainability in Building Design and Engineering. *Journal of Green Building*, **2**(1): 175 - 195.

Riley, D. R., Thatcher, C. E. e Workman, E. A. (2006). Desenvolvimento e aplicação de tecnologia de construção ecológica numa comunidade indígena: Uma abordagem empenhada na educação para a sustentabilidade. *Revista Internacional de Ensino Superior Sustentável*, **7**:142 - 157.

Roaf, S., Wooley, T. e Ghosh, S. (2011). Sustainable building indicators. Oxford School of Architecture e Centre for Green Building Research - Queens University Belfast.

Robichaud, L.B. e Anantatinula, V.S. (2011). Greening Project Management Practices for Sustainable Construction. *Journal of Management in Engineering*, **27**(1):48-57.

Robinson, J. (2004). Squaring the Circle? Some thoughts on the idea of sustainable development" *Ecological Economics*, **48**:369-384

Rohracher, H. (2001). Managing the Technological Transition to Sustainable Construction of Buildings: A Socio-Technical perspective. *Análise tecnológica e gestão estratégica,* **13**(1): 137-150.

Rolston, H. (1994). Conserving natural value. New York: Columbia University Press.

Roodman, D.M. e Lessen, N. (1995). World Watch Report 124, A building revolution; how ecology and health concerns are transforming construction. World Watch Institute, março

Rowe, D. (2009). Heritage Buildings and Sustainability (Edifícios Patrimoniais e Sustentabilidade). Retirado de http://www.dpcd.vic.gov.au/data/assets/pdffile/003/44859/Sustainability-Heritage-Tech-Leaflet.pdf.

Samset, K. (2010). Aprovação antecipada de projectos: Fazer as escolhas iniciais. Palgave Macmillan, Hampsher.

Sappe, R. (2007). Soluções de gestão de projectos para proprietários e promotores de edifícios. *Building*, **101** (4): 22 - 22.

Sayce, S., Walker, A. e McIntosh, A. (2004). Construir a sustentabilidade no equilíbrio: Promoting Stakeholder Dialogue. London: Estate Gazette.

Schumann, B. (2010). Impacto da sustentabilidade no valor da propriedade. Tese de mestrado não publicada, Universidade de Regenburg, Regenburg.

Schunk, D.H., Meece, J.L. e Pintrich, P.R. (2014). Motivação na Educação: Theory Research and Applications. 94ª edição, Pearson, Boston.

Schweber, L. (2015). Colocando a teoria para funcionar. The Use of Theory in Construction Research. *Gestão e Economia da Construção*, **33**(10):840 - 860.

Sev, A. (2009). Como é que a indústria da construção pode contribuir para o desenvolvimento sustentável? A Conceptual Framework. *Desenvolvimento Sustentável*, **17**: 161-173.

Shari, Z. (2011). Development of a Sustainable Assessment Framework for Malaysian Office Buildings Using a Mixed-Methods Approach Unpublished Ph.D, Thesis. Universidade de Ademide Adelaide.

Shelbourn, M.N., Bouchlaghem, D.M., Anumba, C.J., Carillo, P.M., Khalfan, M.M.K. e Glass, J. (2006). Gerir o conhecimento no contexto do desenvolvimento sustentável. *Edição especial sobre o papel da construção eletrónica no apoio à sustentabilidade*, **11**: 57 - 71.

Shen, L. Y., Yao, H. e Griffith, A. (2006). Improving environmental performance by means of

empowerment of contractors, Management of Environmental Quality, *An International Journal*, **17**(3): 242 - 257.
Sherif, G. e Carmela, C. (2019). Integrando os Objetivos de Desenvolvimento Sustentável em Projetos de Construção. *Journal of Sustainable Research*, **2019**; 1:e190010.
Smith, P. (2007). Climate Change 2007 mitigation Contribution of Working Group III to the Fourth Assessment Report of the Intergovernmental Panel on Climate Change, Cambridge University Press UK e New York USA.
Smith, T. F. (2006). Green Building Rating Systems. Minnesota: Universidade de Minnesota
Solow R. (1993). Um passo quase prático para a sustentabilidade Recursos para o futuro. Washington DC 20036 - 1400 USA.
Spence, R. e Mulligan, H. (1995).Sustainable development and the construction industry. *Habitat International*, **19**(3): 279-292.
Streiner, D. L. e Norman, G. R. (2008). Heath Measurement Scales: A Practical Guide to their Development and Use. Quarta edição, Oxford University Press, Oxford.
Desenvolvimento sustentável (2019). Instituto Internacional para o Desenvolvimento Sustentável, consultado em www.iisd.org/.
Sustainable Development Research Network (2002). A New Agenda for Sustainable Development Research, Policy Studies Institute, Londres.
Suttell, R. (2006). The True Cost of Building Greens, Pp. 46 - 48.
Taylor, R.G. e Norval, G.H.M. (1994). Developing Appropriate Procurement Systems for Developing Communities, CIB W92 Symposium CIB Publication No. 175
Taylor, S. (2003). The human resource side of sustainability, apresentação na Portland State University.
Taylor, S. J. (2016). Uma revisão dos princípios do desenvolvimento sustentável: Centro de estudos ambientais. África do Sul: Universidade de Pretória.
Tetlow, M. F. e Hanusch, M. (2012). Avaliação Ambiental Estratégica: The state of the Art. *Avaliação de Impacto e Avaliação de Projectos*, **20**(1): 15-24.
O Planeamento Urbano e Regional da Nigéria (Decreto n.º 88, 1992). Lei do Planeamento Urbano e Rural da Nigéria Ocidental de 1959.
Relatório sobre os Objectivos de Desenvolvimento Sustentável (2019). Documento das Nações Unidas consultado em https://unstats.un.org/sdgs/report/2019.
Relatório sobre os Objectivos de Desenvolvimento Sustentável (2019). Documento das Nações Unidas consultado em https://unstats.un.org/sdgs/report/2019/The-Sustainable-Development-Goals-Report- 2019.pdf.
Thomson C. e El-Haram, Mohands (2018). Is the evolution of Building Sustainability Assessment Methods Promoting the desired sharing of knowledge among project stakeholders. *Gestão e Economia da Construção*, **37** (7) 1-28.
Tomkiewicz, H.S. (2011). Banners para a implementação de práticas de construção sustentável na indústria de construção de casas: Um estudo de caso de Rochester, N.Y. University of Nebraska-Lincoln.
Townsend, A. (2015). Cidades de dados: Examinar a nova ciência urbana. *Cultura Pública*, **27**(2), 201-212.
Townsend, A. K. (1997). Novas opções para o sector da construção. *In Business*, **19** (5): 12 - 14.
Trading Economics (2019). Nigéria PIB da construção Obtido em: httpps:// trading economics.com/Nigeria/gde- from-Construction.
Tubbs, M. E. (1986). Definição de objectivos: A meta-analytic examination of the empirical evidence. *Journal of Applied Psychology,* **71**(3): 474-483. https://doi.org/10.1037/0021-9010.71.3.474
Udegbunam, D. O., Agbazue, V. E. e Ngang, B.U. (2017). Avaliação do impacto ambiental: Uma verdadeira ferramenta para o desenvolvimento sustentável na Nigéria. IOSR *Journal of Applied*

Chemistry (IOSR-YAC) e-ISSN2278-5736 10(9) Ver. III setembro .38.43'
Ugwu, O.O., e Haupt, T.C. (2007). Key Performance Indicators and Assessment Methods for Infrastructure Sustainability A South African Construction Industry Perspective" [Indicadores-chave de desempenho e métodos de avaliação da sustentabilidade das infra-estruturas: uma perspetiva da indústria da construção sul-africana]. *Building and Environment*, **42**: 665-680.
UK Green Building Council (2009). Making the Case for a Code for Sustainable Building, (disponível em linha http://www.ukgbc.org/site/news/show-news-details?id=133)
ONU (2007). Relatório sobre os Objectivos de Desenvolvimento do Milénio. Nova Iorque: Nações Unidas.
UNCHS (Habitat) (1991). Energy for Building Improve Energy Efficiency in Construction and Production of Building Materials in Developing Countries, (Habitat). Nairobi
UNCHS (Habitat) (1992). Global Shelter Strategy to the Year 2000, Nairobi UNCHS (Habitat).
UNFCCC (2007). Alterações climáticas: Impacts Uninerablilities and Adaptation in Developing Countries. Convenção-Quadro das Nações Unidas sobre as Alterações Climáticas (CQNUAC).
UN-Habitat e PNUA (2008). Programa das Nações Unidas para os Assentamentos Humanos (UNHABITAT) e Programa das Nações Unidas para o Ambiente (PNUA). Programa Cidades Sustentáveis da Nigéria 1994 - 2006: Building platforms for environmentally sustainable urbanization, volume, 7.
Nações Unidas (2015). Transformar o nosso mundo até 2030: Uma nova agenda para a ação global Zero. Projeto do documento final da Cimeira das Nações Unidas para a adoção da Agenda de Desenvolvimento Pós-2015. Nova Iorque: Nações Unidas.
Nações Unidas (2015). Transformar o nosso mundo até 2030. Uma nova agenda para a ação global zero. Projeto do documento final da Cimeira das Nações Unidas para a adoção da Agenda de Desenvolvimento pós-2015. Nova Iorque, Nações Unidas.
Nações Unidas (2018). An Architecture Guide to The UN 17 Sustainable Development Goals recuperado de https://www.nagel.ie/single-post/2018/12/20/An-Architecture- Guide-to- the-UN-17-Sustainable-Development-Goals.
Conferência das Nações Unidas sobre Meio Ambiente e Desenvolvimento (UNCED), (1992). Agenda 21: programa de ação para o desenvolvimento sustentável, Nova Iorque: Nações Unidas.
Programa das Nações Unidas para o Ambiente PNUA/GRID Arendal (2011). Rumo a uma economia verde: Pathways to Sustainable Development and Poverty Eradication (Caminhos para o desenvolvimento sustentável e a erradicação da pobreza). PNUA/GRID Arendal, Nairobi.
Nações Unidas, (2009). Relatório sobre os Objectivos de Desenvolvimento do Milénio, Nova Iorque: Relatório das Nações Unidas E09.I.12.
Nações Unidas, Cimeira da Terra (2017). Conferência das Nações Unidas sobre ambiente e desenvolvimento. Recuperado de: www.un.org/geninfo bp/enviro.htmlaccessado: 4 de agosto de 2017.
United States Green Building Council (USGBC) (2010). Green building incentive strategies.http://www.slocountry ea.gov.accessed on 21st January, 2016.
Agência de Proteção Ambiental dos EUA (EPA) (2007). Sustainability Research Strategy. Office of Research and Development. Washington DC.
Vale, R. e Vale, B. (1994). Towards a green Architecture RIBA Publishers, Londres
Van Bueren, E.M. e Priemus, H. (2002). Institutional Barriers to Sustainable Construction (Barreiras institucionais à construção sustentável). Environment and Planning B. *Planning and Design,* **29**(1):75 - 86.
Velasquez, M., Andre, C., Shanks, S.J. e Meyer, M. (1987). O que é a ética? *Journal of Issues in Ethics, IIE*, **1**(1).
Walker, A. (1982). Gestão de Projectos de Construção, 2ª Ed., BSP Professional, 1982.
Wates, N. (2003). The Community Planning Handbook, Londres, Reino Unido.
WCED (1987). Our Common Future. Oxford University Press Oxford.

Weber, C. (2005). O Efeito Casa Verde, Residential Architect, 51 - 58.

Wikipédia (2016). Estado de Enugu. Recuperado de https://en.wikipedia.org/w/ index.php?title = Enugu & oldid=903961749.

Wikipédia (2016). Estado de Enugu. Retrieved from Wikipedia (2019), Estado de Enugu, Retrieved fromhttps://en.wikipedia.org/wiki/Enugu, Estado de Enugu.

Wirzba, N. (2003). O futuro da Cultura, da Comunidade e da Terra, livros. goggle.com

Banco Mundial (2008). Climate Resident Cities: 2008 Primer Reducing Vulnerability to Climate Change Impacts and Strengthening Disaster Risk Management in East Asian Cities (Cidades Residentes no Clima: Cartilha de 2008 Redução da Vulnerabilidade aos Impactos das Alterações Climáticas e Reforço da Gestão do Risco de Catástrofes nas Cidades da Ásia Oriental). Banco Internacional para a Reconstrução e o Desenvolvimento/Banco Mundial, Mecanismo Global para a Redução e Recuperação de Catástrofes e Estratégia Internacional para a Redução de Catástrofes.

Conferência Mundial sobre o Ambiente e o Desenvolvimento (1987). Our Common Future Oxford University Press, Nova Iorque.

Wu, P. e Low, S.P. (2010). Gestão de projectos e edifícios verdes: Lesson from the Rating systems. *Journal of Professional Issues in Engineering Education and Practice*, **136**: 64-67.

Wyatt, D. P. (1994). Deconstruction: An Environmental Response for Construction Sustainability - Sustainable Construction Proceedings of the First International Conference of CIB TG 16 November 6-9, 1994, Tampa: Florida.

Wyatt, D.P., Sobotka, A. e Rogalska, M. (2000). Rumo a uma prática sustentável. Facilities, **18**(1/2): 76-82.

Yates, A. (2011). Quantifying the Business Benefits of Sustainable Building, Martford, BRE, 1-24.

Young, F (2011). Plantando a cidade viva. Melhores práticas no planeamento de infra-estruturas verdes - resultados das principais cidades dos EUA. Jornal da Associação Americana de Planeamento. Vol. 77, 2011 - número 4.

Yudelson, J. (2009). The Green Building Revolution. Island Press. Springer, Nova Iorque.

Zainul, A., e Abidin, N. (2010). Investing the Awareness and Application of Sustainable Construction Concept by Malaysian Developers (Investir na consciencialização e aplicação do conceito de construção sustentável pelos promotores malaios). *Habitat International*, **34**: 421 - 426.

Zainul-Abidin, B. (2010a). Environmental Concerns in Malaysian Construction Industry, Pulau Pinang, Malaysia University Sains Malaysia.

Zerkin, A. J. (2006). Mainstreaming high performance building in New York City: A comprehensive roadmap for removing barriers, *Technology in Society*, **28**: 137 - 155.

Zuo, J. e Zhao, Z.Y. (2014). Green Building research - Current status and future agenda: A review. *Renewable and Sustainable Energy Reviews*, Elsevier, **30**:271-281.

Zwikael, O. (2009). Processos críticos de planeamento em projectos de construção. *Inovação na Construção*, **9**: 372 - 387.

APÊNDICE 1
QUESTIONÁRIO

Departamento de Construção Nnamdi Azikiwe
Universidade de Awka, Estado de Anambra.

Caro inquirido,

Este questionário faz parte da dissertação de investigação de doutoramento sobre "Análise dos constrangimentos à execução de projectos de construção sustentável no Estado de Enugu, Nigéria". A essência do estudo consiste em desenvolver um quadro para integrar a sustentabilidade no planeamento do projeto e na execução do processo de construção, a fim de realizar com êxito projectos de construção sustentáveis no Estado de Enugu. O seu convite e participação permitir-nos-ão tirar partido da sua experiência e conhecimentos para recolher dados deste questionário. O inquérito destina-se essencialmente a fins académicos e as suas respostas serão tratadas de forma confidencial. A secção A contém informações de base sobre o inquirido, mas as informações não são pessoais e destinam-se apenas a ajudar-nos a analisar as principais informações nas secções seguintes. Obrigado por nos dispensar o seu tempo e pela sua cooperação.

Ezemerihe, A. N.
Investigador (08033841903)

INFORMAÇÃO DE BASE

1. Categoria dos inquiridos

(a). Profissionais da construção (assinalar o que for adequado) (i). Construtor (ii) Arquiteto (iii) Agrimensor (iv) Agrimensor (v) Agrimensor Imobiliário (vi) Urbanista (vii) Geógrafo e Meteorologista (viii) Engenheiro/Gestor do Ambiente (ix) Engenheiros (Civil/Estrutural) Elétrico, Mecânico Geotécnico

(b). Empreiteiro de construção e engenharia civil

(c). Fabricantes e fornecedores de materiais de construção

(d). Outros especificados: ....

B. Caraterísticas sócio-demográficas

1. Género (a) Masculino (b) Feminino

2. Qualificação académica mais elevada dos inquiridos ' (a). HND/B.Sc. (b) M.Sc./M.Eng. (c) Doutoramento (d) Outros Especificar:...............

3. É membro de algum organismo profissional (a) SIM (b) NÃO |

4. Em caso afirmativo no ponto 3, qual é a sua situação profissional? (a). Membro registado/fundador (b). Membro mas não registado (c). Nenhuma das anteriores

5. Assinale as áreas da organização em que trabalha (por favor, classifique) (a) Setor privado (b) Setor público (i). Organização de clientes (ii). Organização de consultores (iii). Organização de construção (iv). Outros, especificar: ....

6. Há quanto tempo trabalha na sua organização? (a) Menos de cinco (5) anos (b) Cinco (5) a dez (10) anos (c) Mais de dez (10) anos

7. Há quanto tempo vive no Estado de Enugu? (a) Menos de cinco (5) anos (b) Cinco (5) a dez (10) anos (c) Dez (10) anos a quinze (15) anos (d) Quinze (15) anos a vinte (20) anos (e). Mais de vinte (20) anos

8. Qual é o seu estatuto residencial no Estado de Enugu? (a) Proprietário (proprietário do edifício) (b) Inquilino (c) Ocupante da casa de família/ocupante do anexo

Nesta secção B - E, deve assinalar (Ö) em que medida concorda com as seguintes afirmações. É utilizada a escala de Likert de 1 a 5, sendo 1 = Discordo totalmente, 2 = Discordo, 3 = Indeciso, 4 = Concordo, 5 = Concordo totalmente

Secção B: Factores de restrição à execução de projectos de construção sustentável no Estado de Enugu

Secção B: Factores de restrição à execução de projectos de construção sustentável no Estado de Enugu

S/N	Item	1 (DP)	2 (DA)	3 (UD)	4 (A)	5 (SA)
a.	**Factores económicos**					
1.	Falta de procura por parte dos clientes para estimular a concorrência					
2.	Conclusão limitada entre fornecedores, subcontratantes e empreiteiros.					
3.	Custo inflacionado dos projectos de construção					
4.	Taxa de câmbio elevada sobre os produtos de construção importados					
5.	Taxas de juro elevadas para um período de reembolso longo					
6,	Prémio elevado para as inovações (por exemplo, painéis solares)					

7.	Falta de infra-estruturas básicas adequadas por parte do governo					
8.	Escassez de recursos económicos básicos					
b.	**Educação Lacuna de formação, competências e conhecimentos**					
1.	Conceito errado e perceção errada dos custos reais					
2.	Pouco conhecimento e compreensão da sustentabilidade					
3.	Nafit-cesii familiaridade com produtos ecológicos					
4.	Falta de uma fonte de informação acessível e fiável sobre produtos e processos sustentáveis					
5.	A escassez de competências resulta em exigências desnecessárias					
6,	Lacunas de competências que inibem a adoção e a qualidade do produto final					
7.	Falta de profissionais formados em construção ecológica					
8.	Falta de experiência dos programadores					
9.	Resistente à mudança (resistente a adotar a inovação)					
c.	**Factores de projeto**					
1.	Tipo, dimensão, capacidade dos edifícios					
2.	Nível de certificação (ecológico) pretendido					
3.	Localização do projeto					
4.	Norma de conceção sustentável utilizada (LEED)					
d.	**Factores relacionados com a conceção**					
1.	Falta de experiência e poucos conhecimentos da equipa de conceção					
2.	Grau de normalização necessário					
3.	Inclusão de caraterísticas sustentáveis de luxo					
4.	Falta de um objetivo de conceção claro em matéria de sustentabilidade					
5.	Falta de competências internas					
6,	Adaptação das estratégias de conceção passiva (saliência alargada, iluminação eficiente, paredes de dupla camada, proteção natural, etc.)					
7.	Fenxibation ofb)iilding used and design					
e.	**Factores técnicos e tecnológicos**					
1.	Falta de tecnologia acessível					
2.	Falta de mão de obra experiente					
3.	Falta de casos de projectos exemplares para retirar ensinamentos					
4.	Variabilidade na conceção e nos conhecimentos do contratante					
5.	Código e regulamentos complexos					
f.	**Factores de construção**					
1.	Má qualidade do acabamento					
2.	Ordens de modificação (variação do âmbito)					
3.	Eficiência do controlo					
4.	Falta de materiais sustentáveis de origem local					
5.	Empreiteiro inexperiente					
6.	Fraco controlo orçamental/custo					
7.	Escassez e elevado custo da mão de obra para uma construção sustentável					
8.	Custo elevado dos materiais de construção sustentáveis					
9.	Custo elevado dos materiais e produtos sustentáveis					
10.	Falta de conhecimento de produtos económicos alternativos					
g.	**Factores de gestão de projectos**					
1.	Planeamento inadequado devido a inexperiência					
2.	Objectivos irrealistas do projeto					
3.	Má comunicação entre os membros da equipa de projeto					
4.	Delimitação fraca/não clara dos objectivos/requisitos do projeto					
5.	Custo da charette (integração de equipas de elevado custo)					

6.	Tempo insuficiente para pesquisar produtos sustentáveis					
7.	Má qualidade dos documentos de construção					
8.	Inclusão tardia de objectivos ecológicos no projeto					
h.	**Factores de aquisição**					
1.	Tipo de contrato utilizado					
2.	Falta de incentivos nos contratos para estimular a inovação					
3.	Abordagem fragmentada do desenvolvimento de projectos					
4.	Falta de uma abordagem integrada da execução dos projectos					
5.	Foco nos critérios de seleção baseados no preço					
6.	Falta de integração na abordagem dos contratos públicos					
7.	Divulgação limitada de informações na cadeia contratual					
i.	**Factores relacionados com o sítio**					
1.	Custo e localização do sítio em relação ao acesso público					
2.	Desenvolvimento em zonas industriais abandonadas (custo adicional de reparação)					
3.	Caraterísticas do sítio, clima e condições locais					
4.	Influência das partes interessadas externas no ambiente do projeto					
j.	**Critérios Custo Factores de risco**					
1.	Objectivos irrealistas do projeto					
2.	Método/materiais de construção não fiáveis e experimentais					
3.	Incerteza sobre os custos de desenvolvimento					
4.	Incerteza sobre os benefícios económicos					
5.	Incerteza sobre o desempenho do projeto					
k.	**Factores de perceção**					
1.	Incapacidade de amortizar os custos históricos					
2.	Falta de consciência de que os custos estão a diminuir					
3.	Excesso de confiança nos custos de projectos exemplares					
4.	Inflação dos custos exactos dos edifícios sustentáveis					
l.	**Factores processuais e regulamentares**					
1.	Imposto sobre produtos sustentáveis					
2.	Taxas de planeamento dispendiosas					
3.	Atrasos no processamento					
4.	Resistência dos grupos de pressão					
5.	Falta de vontade política					
6.	Política e regulamentação públicas inibidoras					
m.	**Factores de incentivo**					
1.	Falta de incentivos (empréstimos fáceis, subsídios e descontos de planeamento)					

Secção C: O impacto dos factores de constrangimento na execução de projectos de construção no Estado de Enugu

S/N	**Item**	**1 (SD)**	**2 (DA)**	**3 (UD)**	**4(A)**	**5 (SA)**
1.	Elevado custo de aquisição de terrenos e de obtenção de certificados de ocupação					
2.	Pagamento múltiplo de taxas de desenvolvimento					
3.	Taxa ESWAMA para novos projectos que não disponham de instalações de eliminação.					
4,	Falta de controlo da aplicação dos planos de desenvolvimento aprovados durante a construção.					
5.	Interferência das comunidades locais através da cobrança de taxas arbitrárias durante a construção.					
6.	Longo período de aprovação do projeto, que pode ir até um ano ou mais.					
7.	Previsão inadequada de proteção dos problemas ambientais existentes e futuros no plano diretor para uma aplicação adequada.					
8.	Falta de desenvolvimento controlado e de cumprimento das regras e regulamentos de					

	planeamento.					
9.	As áreas não construídas, tal como indicadas nos planos do sítio, necessitam de um projeto paisagístico mais aprofundado para alcançar um desenvolvimento sustentável.					
10.	Falta de infra-estruturas físicas, por exemplo, estradas de acesso normalizadas, fornecimento de eletricidade e abastecimento de água nas parcelas existentes ou nas propriedades de forma sustentável.					
11.	Base de dados para projectos de construção e procedimento simplificado para implementar a sustentabilidade dos projectos de construção.					
12.	Plano de disposição standard com instalações funcionais.					
13.	Bloqueio das instalações de drenagem e construção de outras não existentes nas infra-estruturas rodoviárias.					
14.	Correção do desequilíbrio entre a oferta de habitação para os grupos de rendimento médio e baixo e a projeção da população futura da cidade.					
15.	Disciplinas adequadas em matéria de instalações de utilização dos solos e continuidade no governo com planos diretores, etc.					

Secção D: Princípios-chave da integração da sustentabilidade na execução de projectos de construção no Estado de Enugu

S/N	Item	1(SD)	2(DA)	3(UD)	4(A)	5 (SA)
A.	Os princípios fundamentais da sustentabilidade consistem em factores ambientais, económicos e sociais					
B.	Os princípios de sustentabilidade ambiental que estão integrados no planeamento e construção de projectos de construção em Enugu incluem					
1.	Otimização de materiais e recursos					
2.	A utilização de materiais e recursos sustentáveis					
3.	Utilização de produtos energeticamente eficientes para reduzir o elevado custo do consumo de energia					
4.	Consumo eficiente de água na construção, extração de operações, fabrico e entrega de materiais e produtos no local.					
5.	Utilização eficiente de materiais de controlo do ruído para conforto dos ocupantes.					
6.	Requisitos de sustentabilidade na estética e no impacto visual da conceção urbana dos edifícios.					
7.	Seleção de sítios, desenvolvimento de zonas industriais abandonadas, densidade de desenvolvimento e conetividade comunitária, controlo da poluição das actividades de construção e conceção de águas pluviais.					
8.	Preocupação com a qualidade da terra, do rio e do mar.					
9.	A qualidade dos transportes e do acesso ao local por meios públicos e privados para os ocupantes, os trabalhadores ou a entrega de mercadorias.					
10.	Poluição atmosférica e qualidade das emissões devido à utilização de edifícios, às emissões do tráfego e ao seu impacto na vida humana, nos edifícios e nas culturas.					
11.	Preservar o património e a pegada do projeto no sítio arqueológico					
12.	Planeamento, gestão e controlo ambientais eficientes					
13.	Utilização de métodos sustentáveis adequados para obter edifícios sustentáveis.					
C.	Os princípios de sustentabilidade económica incluem,					
1.	Benefícios económicos para as partes interessadas (proprietários ou ocupantes)					
2.	Considerações sobre a eficiência dos custos ao longo de todo o ciclo de vida					
3.	Melhorar a presença no mercado local através da preparação de uma avaliação das necessidades em termos de infra-estruturas e outros serviços necessários.					
4.	Impactos económicos indirectos, como o impacto adicional gerado pela					

	circulação de dinheiro na economia, etc.					
D.	Os princípios de sustentabilidade social incluem,					
1.	Prestações de emprego					
2.	Relações laborais e de gestão					
3.	Saúde e segurança no trabalho					
4.	Formação, educação e sensibilização					
5.	Equidade na disponibilização de acesso e instalações para deficientes, igualdade de remuneração, distribuição e oportunidades, etc.					
6.	Desempenho do direito humano através da decisão, ação, operações, interação e relação com os outros.					
7.	Impacto do desempenho social do projeto em relação a outras instituições sociais, como o envolvimento do público, práticas de monopólio, cumprimento de leis e regulamentos, etc.					
8.	Responsabilidade do produto do projeto pelos utilizadores.					
9.	Participação das partes interessadas, informação, fórum comunitário e participação dos utilizadores no processo de planeamento e desenvolvimento.					
10.	Desempenho macro-social no desempenho ambiental e financeiro de uma região ou nação.					

Secção E: Os seguintes factores críticos de sucesso afectam a execução de projectos de construção sustentável no Estado de Enugu

S/N	Artigo	1(SD)	2(DA)	3(UD)	4(A)	5 (SA)
1	Custo dentro do orçamento estipulado					
2	Tempo dentro do período de entrega programado					
3	Construção de acordo com as especificações de qualidade estipuladas					
4	Satisfação das relações interpessoais com os membros da equipa de projeto					
5	Satisfação dos participantes					
6	Eficiência na execução e conclusão do projeto					
7	Satisfação do utilizador com o desempenho do projeto					
8	Cumprimento da meta e do objetivo do projeto					
9	Realização de desempenho técnico					
10	Saúde e segurança dos ocupantes					
11	Desempenho ambiental e fácil de utilizar					
12	Funcionalidade dos projectos concebidos e construídos					
13	Vantagens para o utilizador final					
14	Benefícios para as partes interessadas					
15	Benefícios para a organização em desenvolvimento					
16	Benefício para a infraestrutura tecnológica					
17	Valor e lucro ou benefício comercial					
18	Melhoria do valor de mercado (ou da quota) da instalação do projeto					
19	Vantagem comparativa e reputação dos beneficiários					
20	Crescimento pessoal e atualização da visão das partes interessadas					

Lista de perguntas da entrevista

Estamos a realizar uma investigação sobre "Análise dos obstáculos à execução de projectos de construção sustentável no Estado de Enugu, Nigéria". Por favor Por favor, responda-me a estas perguntas para que possamos facilitar o resultado do processo de investigação.

1. Reside no Estado de Enugu?
2. É inquilino ou senhorio?
3. Qual é a sua profissão?
4. Tem conhecimento do apelo ao desenvolvimento sustentável dos projectos de construção?
5. Com base na sua avaliação, considera que os projectos de construção no Estado de Enugu são sustentáveis ao longo do tempo?
6. Reparaste que, durante a chuva em Enugu, há inundações nas estradas devido à falta de drenagem adequada. Como é que acha que podemos resolver este problema?
7. O que pensa que resolverá o problema da construção de edifícios sustentáveis para os residentes do Estado de Enugu?
8. Tem consciência de que, à medida que se constroem mais edifícios, o ambiente construído está ameaçado de inundações, erosão e aumento da temperatura do ambiente devido à limpeza de arbustos e ao abate de árvores?
9. Em que medida acha que os promotores consideram a escolha de materiais sustentáveis no processamento dos seus materiais de construção?
10. Existe alguma especificação sobre a forma como o edifício é ajardinado antes de os desenhos de trabalho serem aprovados pela autoridade local de planeamento?
11. Na sua opinião, o que é que o governo deveria fazer para reduzir os elevados custos de aquisição de terrenos, de modo a permitir que os grupos de rendimentos médios e baixos possam adquirir terrenos para a construção de habitações sustentáveis?
12. Quais são as medidas necessárias que, na sua opinião, ajudarão a integrar os princípios do desenvolvimento sustentável no nosso ambiente construído?
13. Na sua opinião, o que é que vai equilibrar a procura de alojamento para os grupos de baixo, médio e alto rendimento?
14. Tendo em conta os princípios de sustentabilidade ambiental, económica e social, respetivamente, quais são os critérios que, na sua opinião, conduzirão a um bom desempenho do projeto?
15. Que outras medidas pensa que ajudarão a alcançar o desenvolvimento sustentável dos projectos de construção no Estado de Enugu?

Apêndice 2

Coeficiente de Correlação de Pearson

Critical Values for Pearson's Correlation Coefficient

	Proportion in ONE Tail					
	.25	.10	.05	.025	.01	.005
	Proportion in TWO Tails					
DF	.50	.20	.10	.05	.02	.01
1	.7071	.9511	.9877	.9969	.9995	.9999
2	.5000	.8000	.9000	.9500	.9800	.9900
3	.4040	.6870	.8054	.8783	.9343	.9587
4	.3473	.6084	.7293	.8114	.8822	.9172
5	.3091	.5509	.6694	.7545	.8329	.8745
6	.2811	.5067	.6215	.7067	.7887	.8343
7	.2596	.4716	.5822	.6664	.7498	.7977
8	.2423	.4428	.5494	.6319	.7155	.7646
9	.2281	.4187	.5214	.6021	.6851	.7348
10	.2161	.3981	.4973	.5760	.6581	.7079
11	.2058	.3802	.4762	.5529	.6339	.6835
12	.1968	.3646	.4575	.5324	.6120	.6614
13	.1890	.3507	.4409	.5140	.5923	.6411
14	.1820	.3383	.4259	.4973	.5742	.6226
15	.1757	.3271	.4124	.4821	.5577	.6055
16	.1700	.3170	.4000	.4683	.5425	.5897
17	.1649	.3077	.3887	.4555	.5285	.5751
18	.1602	.2992	.3783	.4438	.5155	.5614
19	.1558	.2914	.3687	.4329	.5034	.5487
20	.1518	.2841	.3598	.4227	.4921	.5368
21	.1481	.2774	.3515	.4132	.4815	.5256
22	.1447	.2711	.3438	.4044	.4716	.5151
23	.1415	.2633	.3365	.3961	.4622	.5052
24	.1384	.2598	.3297	.3882	.4534	.4958
25	.1356	.2546	.3233	.3809	.4451	.4869
26	.1330	.2497	.3172	.3739	.4372	.4785
27	.1305	.2451	.3115	.3673	.4297	.4705
28	.1281	.2407	.3061	.3610	.4226	.4629
29	.1258	.2366	.3009	.3550	.4158	.4556
30	.1237	.2327	.2960	.3494	.4093	.4487
31	.1217	.2289	.2913	.3440	.4032	.4421
32	.1197	.2254	.2869	.3388	.3972	.4357
33	.1179	.2220	.2826	.3338	.3916	.4296
34	.1161	.2187	.2785	.3291	.3862	.4238
35	.1144	.2156	.2746	.3246	.3810	.4182
36	.1128	.2126	.2709	.3202	.3760	.4128
37	.1113	.2097	.2673	.3160	.3712	.4076
38	.1098	.2070	.2638	.3120	.3665	.4026
39	.1084	.2043	.2605	.3081	.3621	.3978
40	.1070	.2018	.2573	.3044	.3578	.3932
41	.1057	.1993	.2542	.3008	.3536	.3887
42	.1044	.1970	.2512	.2973	.3496	.3843
43	.1032	.1947	.2483	.2940	.3457	.3801
44	.1020	.1925	.2455	.2907	.3420	.3761
45	.1008	.1903	.2429	.2876	.3384	.3721
46	.0997	.1883	.2403	.2845	.3348	.3683
47	.0987	.1863	.2377	.2816	.3314	.3646
48	.0976	.1843	.2353	.2787	.3281	.3610
49	.0966	.1825	.2329	.2759	.3249	.3575
50	.0956	.1806	.2306	.2732	.3218	.3542

Critical Values for Pearson's Correlation Coefficient

	Proportion in ONE Tail					
	.25	.10	.05	.025	.01	.005
	Proportion in TWO Tails					
DF	.50	.20	.10	.05	.02	.01
51	.0947	.1789	.2284	.2706	.3188	.3509
52	.0938	.1772	.2262	.2681	.3158	.3477
53	.0929	.1755	.2241	.2656	.3129	.3445
54	.0920	.1739	.2221	.2632	.3102	.3415
55	.0912	.1723	.2201	.2609	.3074	.3385
56	.0904	.1708	.2181	.2586	.3048	.3357
57	.0896	.1693	.2162	.2564	.3022	.3328
58	.0888	.1678	.2144	.2542	.2997	.3301
59	.0880	.1664	.2126	.2521	.2972	.3274
60	.0873	.1650	.2108	.2500	.2948	.3248
61	.0866	.1636	.2091	.2480	.2925	.3223
62	.0858	.1623	.2075	.2461	.2902	.3198
63	.0852	.1610	.2058	.2441	.2880	.3173
64	.0845	.1598	.2042	.2423	.2858	.3150
65	.0838	.1586	.2027	.2404	.2837	.3126
66	.0832	.1574	.2012	.2387	.2816	.3104
67	.0826	.1562	.1997	.2369	.2796	.3081
68	.0820	.1550	.1982	.2352	.2776	.3060
69	.0814	.1539	.1968	.2335	.2756	.3038
70	.0808	.1528	.1954	.2319	.2737	.3017
71	.0802	.1517	.1940	.2303	.2718	.2997
72	.0796	.1507	.1927	.2287	.2700	.2977
73	.0791	.1497	.1914	.2272	.2682	.2957
74	.0786	.1486	.1901	.2257	.2664	.2938
75	.0780	.1477	.1888	.2242	.2647	.2919
76	.0775	.1467	.1876	.2227	.2630	.2900
77	.0770	.1457	.1864	.2213	.2613	.2882
78	.0765	.1448	.1852	.2199	.2597	.2864
79	.0760	.1439	.1841	.2185	.2581	.2847
80	.0755	.1430	.1829	.2172	.2565	.2830
81	.0751	.1421	.1818	.2159	.2550	.2813
82	.0746	.1412	.1807	.2146	.2535	.2796
83	.0742	.1404	.1796	.2133	.2520	.2780
84	.0737	.1396	.1786	.2120	.2505	.2764
85	.0733	.1387	.1775	.2108	.2491	.2748
86	.0728	.1379	.1765	.2096	.2477	.2732
87	.0724	.1371	.1755	.2084	.2463	.2717
88	.0720	.1364	.1745	.2072	.2449	.2702
89	.0716	.1356	.1735	.2061	.2435	.2687
90	.0712	.1348	.1726	.2050	.2422	.2673
91	.0708	.1341	.1716	.2039	.2409	.2659
92	.0704	.1334	.1707	.2028	.2396	.2645
93	.0700	.1327	.1698	.2017	.2384	.2631
94	.0697	.1320	.1689	.2006	.2371	.2617
95	.0693	.1313	.1680	.1996	.2359	.2604
96	.0689	.1306	.1671	.1986	.2347	.2591
97	.0686	.1299	.1663	.1975	.2335	.2578
98	.0682	.1292	.1654	.1966	.2324	.2565
99	.0679	.1286	.1646	.1956	.2312	.2552
100	.0675	.1279	.1638	.1946	.2301	.2540

Printed by Books on Demand GmbH, Norderstedt / Germany